ADLER
world record 357 km/

Die große Geschichte der Eisenbahn in Deutschland

DIE ILLUSTRIERTE CHRONIK

ANDREAS KNIPPING

GeraMond

Unser komplettes Programm:

www.geramond.de

Produktmanagement: Dr. Wolf-Heinrich Kulke, Aurel Butz
Lektorat u. Korrektur: Thomas Theise, Regensburg;
Thilo Kreier, Blaichach
Layout: Rüdiger Wagner, Nördlingen; Peter Schneider, Germering
Repro: Cromika s.a.s., Verona
Umschlaggestaltung: Thomas Uhlig
Herstellung: Thomas Fischer, Anna Katavic
Printed in Germany by Stürtz GmbH, Würzburg

Alle Angaben dieses Werkes wurden vom Autor sorgfältig recherchiert und auf den aktuellen Stand gebracht sowie vom Verlag geprüft. Für die Richtigkeit der Angaben kann jedoch keine Haftung übernommen werden. Für Hinweise und Anregungen sind wir jederzeit dankbar. Bitte richten Sie diese an:

GeraMond Verlag
Lektorat
Infanteriestraße 11a
D-80797 München
e-mail: lektorat@geramond.de

Die Deutsche Nationalbibliothek verzeichnet diese Publikation in der Deutschen Nationalbibliografie; detaillierte bibliografische Daten sind im Internet über http://dnb.d-nd.de abrufbar.

ISBN 978-3-86245-131-9

Oben: Lokomotiven und Wagen kommen und vergehen. Das stählerne Schienennetz hingegen hat jede Abschiedsrede und jedes vermeintliche Nachfolgesystem überlebt. Die „doppelte Kreuzungsweiche“ verdeutlicht, wie gut die Eisenbahn der modernen Forderung nach „Vernetzung“ gerecht wird.

Seite 2: Der ADLER führte am 7. Dezember 1835 den ersten für das Publikum freigegebenen Eisenbahnzug in Deutschland ab Nürnberg. Am 2. September 2006 erzielte der von Siemens für Österreich gebaute „Taurus“ mit 357 km/h auf einer Strecke nach Nürnberg einen neuen Geschwindigkeitsweltrekord für Lokomotiven.

Bildnachweis:
Falls nicht anders angegeben, stammen die Abbildungen aus der Sammlung des Autors. Carl Bellingrodt, Slg. Knipping: 6-7, 52 u, 57 u, 65 u, 66 o, 88-89, 92 o, 93 u, 103 u, 108 u, 104-105; 131 u, 133 u; Berliner Stadtmuseum: 41; Helmut Brinker: 124 l u, Bundesarchiv: 116 u, 116 o, 117, 156 o, 156 m; Classical geographer, creative commons: 172; DB AG/Bartolomej Banaszak : 182; DB AG/Reiner Garbe: 188; DB AG/Günter Jazbeck: 189 u; DB AG/Lautenschläger: 190; Deutsche Reichsbahn, Slg. Knipping: 109 u, 123 o, 124 u, 126 u, 156 u, 160 u l, 162 (3 x); Deutsches Technik-Museum Berlin: 15; Edgar Fischer, Archiv GeraMond: 146 o, 147 o, 147 u, 148 o, 153 o; Slg. Alfred B. Gottwaldt: 106 u, 111 u; Großmann, Slg. Knipping: 139 u, 129 u; H. G. Hesselink: 141 o; Rudolf Heym: 131; 119 o; Slg. Daniel Hörnemann: 12 u; 35; 43 o; Walter Hollnagel, Sammlung Gerd Neumann: 146 u, 146-147 mitte; Werner Hubert, Slg. Gottwaldt: 113 o; Werner Hubert, Slg. Knipping: 96 u, 98 o, 98 u; Gerhard Illner, Slg. Knipping: 157 u; Jürgen Karla-Brauner: 176, 178 u, 170 (3 x), 179 o, 180 u, 181 o, 179 u, 171 o, 171 u, 191; Stadtarchiv Kraków: 118 u; J. Krantz: 149 o; Dr. Peter Kristl, Slg. Thomas Wunschel: 142, 143 o; T. Kunsch: 18 u r; Landesbildstelle Berlin, Slg. Knipping: 48, 49; Felix Löffelholz: 192; Markus Lohneisen: 149; Hermann Maey, Sammlung Knipping: 59 o, 70 u, 71, 109 o, 110 o; Uwe Miethe: 2, 4, 36, 74 o; 176, 181 u, 186 (o, u l), 188, 177; Hermann Ott, Slg. Knipping: 111 kleines Bild; Reinhold Palm: 141 u; Udo Paulitz: 163 o; picture-alliance/dpa: 166-167, 173 o r, 187; Slg. Dr. Brian Rampp: 91 o, 110-111 mitte, 125 u, 129 o; Reichsverkehrministerium, Slg. Gottwaldt: 124 u; Helmut Säuberlich: 144-145, 155; A. Schöppner: 150-151; Schreiber, Slg. Knipping: 127 o; Peter Schricker: 151 o; Slg. Heinz Skrzypnik: 107 o; Schweitzer, Slg. Knipping: 125 o, Wolfgang Vennemann (Bundesarchiv): 108 o; Georg Wagner: 165 o; Martin Weltner: 164 u; 185, Slg. Burkhard Wollny: 93 o, 148 o, 158 -159; Slg. Thomas Wunschel: 18, 33, 44 o.

Inhalt

Vorwort 6

Dampf, Kohle, Stahl und Geld 8

Aktionäre und Arbeiter 28
Eisenbahnbau als Geschäftsidee, technische Herausforderung und soziales Problem

Die Länderbahnzeit 46
Private Investitionen und staatliche Verwaltung

Schwert und Schiene 76
1866–1918: Moltkes schärfste Waffe zwischen Königgrätz und Compiègne

Höhen und Abgründe 88
Die Reichsbahnzeit 1920–1945
Die Ära der Einheitslokomotiven 96
Elektrische Klassiker der Reichsbahnzeit 108
Mit der Reichsbahn in die Gaskammer 116
Universum Eisenbahn im 20. Jahrhundert 122

Deutschlands Eisenbahnen in zwei Staaten 134
Reichsbahn und Bundesbahn 1949–1989
Die Ära Defizit 152

Vom Defizit zur Bahnreform 166
Umstrittene Verkehrspolitik im vereinten Deutschland
Neubaustrecken und ICE 172
Im 175. Jahr 182

Vorwort

Carl Bellingrodt avancierte zum wohl berühmtesten deutschen Eisenbahnfotografen. Seine Aufnahmen dokumentieren den Bahnbetrieb der 20er- bis 60er-Jahre und wurden Stil bildend. 1938 gelang ihm dieses Foto: Zwei D-Züge, links mit badischer IV h, rechts mit 03, begegnen sich bei Düsseldorf.

Ein Buch über die Geschichte der deutschen Eisenbahnen zu schreiben: eine so ehrenvolle wie schwierige Aufgabe! Wo anfangen, wo aufhören? Lokomotiven und Wagen! Netzentwicklung mit kühnen Brücken, Tunnels und triumphalen Bahnhöfen! Gewiss. Aber Eisenbahngeschichte ist auch Verwaltungs-, Rechts- und Kulturgeschichte; die Eisenbahn wurde Voraussetzung für Kriege nie gekannter Dimension, sie veränderte die Welt und unser Land und spiegelte zugleich alle Veränderungen wider, die Staat und Gesellschaft im dynamischsten Abschnitt der Menschheitsgeschichte erlebten. Wie schnell sind mit jedem der angeschnittenen Themen schon hundert Seiten gefüllt! Und doch wird der Kenner noch beanstanden können: Wo bleiben die städtebaulichen Aspekte, wo bleibt das Zeitgemälde vom Luxus in Schlaf- und Speisewagen? Wo bleiben die technischen Rekorde, die Unglücke? Wo bleibt die Vernetzung mit dem Schiffsverkehr auf Flüssen, Seen und Meeren? Die Bahnpost und die Architektur, das Personalwesen und die Verbände der Arbeiter und Beamten? Der kritische Blick auf Anpassung und Widerstand in Zeiten der Diktatur? Die legitimen Kinder der Eisenbahn in Gestalt von Straßenbahnen und U-Bahnen …?
Unerwartet fasziniert hat mich sogleich die Vorgeschichte des Eisenbahnwesens. Seit meiner Jugend ausgestattet mit ein paar literarischen Überlieferungen von „mutigen und vorausschauenden Eisenbahnpionieren“, wurde ich sofort in den Bann gezogen von der geschichtlichen Dramatik an der Schwelle des Industriezeitalters, die mit einer „guten alten Zeit“ so gar nichts zu tun hat. Von jener Epoche ausgehend, versuche ich mich an einer Erzählung, die neben Schienen und Rädern auch die Macht und das Geld, den militärischen Leichtsinn und das politische Verbrechen nicht vergisst, zu mancher Spezialmaterie jedoch vorbehaltlos auf die weiterführende Literatur verweisen muss.
Der bisherige Erfolg des Buches und der Blick auf die bis zur Mitte des Jubiläumsjahres nur bescheidene literarische Konkurrenz ermutigen Autor und Verlag zu einer erweiterten und aktualisierten Luxusausgabe.
Die Komplexität des Themas Mobilität holt uns bei der Betrachtung der jüngsten Zeit wieder ein, die ich nicht nur als öden Nachklang der Eisenbahngeschichte gelten lassen will. Es lohnt sich, weltweite Entwicklungen in der Verkehrswirtschaft unserer Zeit von der einen oder anderen Anekdote zu unterscheiden, über die sich Kunden und Beobachter amüsieren oder ärgern können. Bahnreform und Beteiligung privater Träger, Spezialisierung auf Marktsegmente und Globalisierung auch auf der Schiene sind für sich genommen weder gut noch böse. Wer der Eisenbahn eine starke Zukunft gönnt, darf sich nicht mit dem nostalgischen Befund begnügen, ihre große Zeit sei eben vorbei. Und diese starke Zukunft müssen wir ihr gönnen und für diese Zukunft der Eisenbahn müssen wir die Politik mit unserer Kraft als Wähler, als Konsumenten und als kritische Beobachter aus einer Vielzahl ökologischer und energiepolitischer Gründe in die Pflicht nehmen.
Gute Fahrt in die nächsten Jahrhunderte, liebe Eisenbahn! Du wirst noch gebraucht!

Andreas Knipping
im Sommer 2011

Dampf, Kohle, Stahl und Geld

Die Urszene des deutschen Eisenbahnwesens am 7. Dezember 1835. Bilder wie dieses lassen uns glauben, der „Dampfwagen" habe die Gemütlichkeit des Biedermeier abgerundet. In Wirklichkeit sprengten die neuen Energien eine ohnehin brüchige Harmonie. Die Eisenbahn fuhr ins Industriezeitalter und in die Massengesellschaft.

Reisen kann als Erfüllung von Sehnsucht oder Tragödie erlebt werden, als Erholung oder lästige Routine, als repräsentatives Ritual oder trostloser Transport. Kutsche, Segelyacht, Auto, Jet oder Luxuszug taugen als Statussymbole und Neidobjekte. Das Schiff, das Flugzeug und das Straßenfahrzeug können als Transportmittel wie auch als Kriegswaffe verwendet werden. Motorräder und Lastkraftwagen fahren für fernwehbewegte Kinobilder aus amerikanischen Steppen und Wüsten genauso zuverlässig wie für Geräuschbelästigungen in deutschen Städten. Zu Straßen und Zügen, Flughäfen und Kreuzfahrtschiffen, Geländewagen und Radwegen, Linienbussen und „Brummis" auf der Autobahn hat jeder seine Meinung und sein Amateurwissen. Kein idyllisches Vorspiel, sondern eine technische und wirtschaftliche Revolution ohnegleichen läutete die Geschichte der Eisenbahn ein. Es ging nicht um einen etwas schnelleren Ersatz für die Postkutsche, sondern um die Basis der Wirtschaft in Europa, um Holz und Kohle, um Stahl und Dampfkraft, um Technik und Mobilität – und um ganz viel Geld.

175 Jahre deutsche Eisenbahngeschichte sind im Bewusstsein der Minderheit, die sich näher für vergangene Epochen interessiert, nach Kenntnisstand und Bewertungen sehr ungleichmäßig repräsentiert.

Eisenbahn in ihrer Zeit

Man sollte meinen, das Bild gegenwärtigen Schienenverkehrs sei am schärfsten durchgezeichnet. Doch scheint gerade aufgrund der Aktualität des Geschehens und der tagespolitischen Aufladung von Verkehrsproblemen oftmals Meinung vor Wissen zu gehen. Nichts und niemand wird angeblich noch mit der Bahn befördert; die wenigen Züge auf den noch nicht stillgelegten Strecken sind unbequem und unpünktlich, die Fahrkartenautomaten kaputt und ihre Produkte zu teuer. Jeder Arbeitskollege, jeder Partygast, auch jeder Eisenbahner hat seine Anekdote über DB und ICE parat. Aber ob die Summe der Anekdoten als Analyse taugt, werden wir überprüfen müssen.

Einig sind sich alle Betrachter und Kommentatoren darin, dass früher alles besser war. Ein nicht ganz seltenes Geschichtsbild zu einer Zeit, da sogar eine politisch angeblich „Linke“ ihre Gesellschaftskritik in die Kernthese münden lässt, der Kapitalismus sei früher gemütlicher gewesen. Irgendwann vor oder nach dem Ersten Weltkrieg muss ein goldenes Zeitalter des Eisenbahnwesens begonnen haben, das bis etwa Mitte der 1970er-Jahre gedauert haben mag. Diese Ära betrachtet der Buchkäufer am liebsten in seinen Bildbänden, diese Ära lässt der Modellbahner auf seiner häuslichen Anlage weiterleben, an dieser Ära misst der kritische Beobachter alle tagtäglich erlebten Folgen Mehdornscher Misswirtschaft. Schließen wir die Augen, und schon kommt uns die „gute alte“ P 8 oder die „brave“ T 18 mit ihrer langen Kette grüner Abteilwagen entgegen, zuverlässig beherrscht vom damals noch so angesehenen Lokomotivführer mit seiner ruhigen Hand und seinem unbestechlichen Auge, gewissenhaft versorgt vom Heizer mit seinen schwieligen Fäusten, in ihrem Laufe durch Stadt und Land bei Tag und bei Nacht treu bewacht von pflichtbewussten Stellwerkern und Schrankenwärtern. Im Zug muntere Reisende, die sich noch nicht mit dem Stau auf der Autobahn plagen müssen, die noch Zeit für das gemütliche Schwätzchen oder das zünftige Kartenspiel haben …

Man könnte solche Lyrik seitenlang zitieren. Ich schließe mich von der Sehnsucht nach einer vermeintlich heilen Eisenbahnwelt mit viel Dampf und einem alles in allem gemächlicheren Takt selbst nicht aus, sammle leidenschaftlich Fotos aus jener Zeit und zahle teure Teilnehmergebühren für Veranstaltungen, die uns auf ein paar Tage und auf ein paar Kilometer jene Zeit zurückzuholen scheinen. Aber die Sehnsucht nach

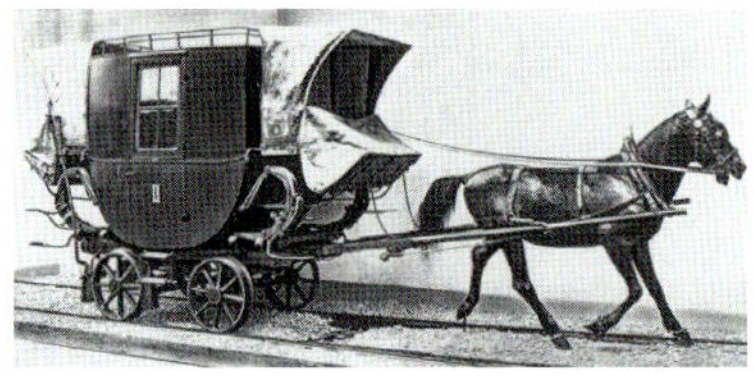

Die Pferdebahn war die Kombination aus Kutsche und Eisenbahn. Hier ein Gespann der Pferdebahn Linz–Budweis als Schaustück; der Wagen „Hannibal“ blieb der Nachwelt erhalten.

Wäre es nur um die Unzufriedenheit mit Geschwindigkeit und Komfort der Postkutsche gegangen, hätte die Welt noch lange auf ein neues Verkehrssystem gewartet. Dieses Bild eines Hüttenwerks des 20. Jahrhunderts neben vielen Gleisen und Güterwagen erinnert an die Wurzeln der Eisenbahngeschichte im frühen Kohle- und Stahlzeitalter.

der guten alten Zeit kann die historische Einordnung nicht ersetzen, sollte unseren Blick auf Entwicklungslinien, übergeordnete Zusammenhänge und gesellschaftsrelevante Konflikte genauso wenig trüben wie die oben karikierte wohlfeile Kritik an der Gegenwart. Jede Beschwörung einer früheren Idylle muss sich ja vorhalten lassen, dass die Zeitgenossen von einst doch nichts von jenem Paradies ahnten, in das wir sie projizieren. Ganz abgesehen von den beispiellosen Krisen, Kriegen und Verbrechen, die genau in der Epoche der „guten alten" Eisenbahn stattfanden oder verübt wurden, war ja doch auch schon ganz einfach der Berufsverkehr in den Ballungsräumen um Essen, Hamburg oder Leipzig auf den Holzbänken altersschwacher Wagen 1925 oder 1955 nicht allein deshalb „schön", weil vorne noch die Dampflok qualmte. Die Arbeitsbedingungen der Eisenbahner waren stets hart, gesellschaftliche Konventionen und politische Zwangssysteme „sorgten" für eine höchst ungerechte Verteilung der Chancen auf berufliches Fortkommen. Kein Zeitzeuge berichtet von dem Bewusstsein, in einem ruhigen Hochsommer des Industriezeitalters zu leben. Eine aktive Minderheit schärfte die Waffen für den Kampf um eine bessere Zukunft; die deprimierten älteren Teilnehmer an der „guten alten Zeit" träumten die Sehnsucht nach der – guten alten Zeit; und die breite Mehrheit kümmerte sich weder um Vergangenheit und Zukunft, sondern hatte alle Hände voll damit zu tun, den schlichten Alltag zu meistern.

Als „gute alte Zeit" galt in der von den Glocken der Bahnschranken begleiteten Epoche, da unsere schönen S 3/6, P 8, 01 und E 18 noch neu waren und die beschaulichen Bimmelbahnen in der Provinz noch alle fuhren, die Zeit des Biedermeiers. Ja damals, im ersten oder zweiten Drittel des 19. Jahrhunderts, da ließ es sich doch noch leben. Kein Auto hupte, kein Radio quakte, kein Telefon schreckte uns auf, die Welt ging ihren ruhigen Gang, und wenn die Mächtigen wieder einmal Krieg führen wollten, taten sie es wenigstens noch ohne Maschinengewehr, Giftgas und Bombenflugzeug. Mit der Lebenswirklichkeit von einst haben solche Genrebilder nun aber auch wieder nichts zu tun. Arbeits-, Ernährungs- und Wohnbedingungen weitester Teile der europäischen Bevölkerung waren um 1840 oder 1850 entsetzlich; und wer sich per Zeitmaschine in die soziale Position der kleinen bürgerlichen Minderheit von damals versetzen könnte, hätte spätestens dann nichts mehr zu lachen, wenn der erste Zahnarztbesuch ansteht oder die ersten kleinen Blutstropfen beim Husten den frühen und qualvollen Tod durch die noch unheilbare Tuberkulose ankündigen. Von der Eisenbahn um die Mitte des 19. Jahrhunderts weiß auch der heute ambitionierte Amateur recht wenig. Aus späterer Sicht winzige Lokomotiven mit grotesk hohen Schornsteinen, Postkutschgehäuse auf Fahrgestellen mit Schienenrädern, operettenhafte Uniformen der Stationsvorsteher, umständliche Belehrungen für das geehrte Publikum … all solche Details runden sich im Blick der Nachgeborenen zu einem Panoptikum der Spielzeughaftigkeit. Die Eisenbahn als Teil einer fast noch mittelalterlichen Welt zwischen Fachwerkstädtchen und verträumten Dörfern, dazu bestimmt, hüteschwenkende Bürgersleute bei schönem Wetter in den Biergarten der Nachbarstadt zu befördern …

Der Begriff *Eisen* bahn ist streng genommen unscharf. Ihre Fahrbahn und die tragenden Teile ihrer Fahrzeuge bestehen aus *Stahl*. Inbegriff eines Großbetriebes im frühen Industriezeitalter war das Stahlwerk. So wie dieser Barren wurden auch die Schienen des neuen Verkehrsmittels in heller Glut maschinell gewalzt.

Immer wieder wurde der „ADLER" von 1835 abgebildet, zunächst als neues Wunderwerk der Technik, schon bald jedoch im Kontrast zu moderneren Konstruktionen. Die Briefmarke von 1965 symbolisiert die damalige Gegenwart des Lokomotivwesens mit der heute auch längst historischen „Rheingold"-E 10 .

Genug von rückwärts gewandten Träumereien. Etwa fünfzig Jahre vor der ersten Fahrt eines Eisenbahnzuges in Deutschland begann zunächst in England eine Revolution, deren Wucht und deren Folgen zu jeder vorstellbaren einstigen „Gemütlichkeit" im größtmöglichen Gegensatz standen. Ohne jede Übertreibung können wir vom „Urknall" jener modernen Welt sprechen, deren Architektur auch noch im 21. Jahrhundert Bestand hat.

Die Dampfmaschine

In der Mitte des 18. Jahrhunderts musste der Mensch immer noch eigene Körperkraft oder die Muskeln von Pferd, Ochse oder Esel bemühen, sich die nur mancherorts zur Verfügung stehende Schwerkraft des Wassers im Gefälle zunutze machen oder sich dem unsteten Spiel des Windes anvertrauen, wenn er Wegstrecken zurücklegen oder Güter transportieren wollte, wenn er Bergwerksschächte entwässern und Kohle aus dem Stein hauen wollte. Kein Kurier des Feldherrn konnte sich in der Schlacht schneller bewegen als das galoppierende Pferd; eine Verstärkung von

Zugkräften war nicht anders möglich als durch die Vervielfältigung der angespannten Tiere, wobei der Gütertransport auf Kanälen den Reibungswiderstand auf einen Bruchteil herabsetzte, keine Nachricht konnte schneller übermittelt werden als die Brieftaube fliegt.

Nur eine einzige Technologie zur Umsetzung chemischer Energie in kinetische Energie stand bislang zur Verfügung. In der Schusswaffe dehnten sich Verbrennungsgase explosiv aus und schleuderten das Projektil weiter zum Feind als jedes Katapult früherer Zeiten. Experimente zur Zähmung der Kraft des Schießpulvers in einem maschinellen Sinne hatten jedoch keinen Erfolg. Die Veränderung eines Gasvolumens in Abhängigkeit von Temperaturunterschieden in Bewegungsenergie umzusetzen, das sollte aber die erste wesentliche Basis des Industriezeitalters bleiben. Der nächste Fortschritt musste darin bestehen, den Brennraum mit dem Verbrennungsvorgang einerseits und den mit einem anderen Stoff gefüllten Expansionsraum voneinander zu trennen. Man fand ein Medium, das physikalisch stabiler ist als die flüchtigen Verbrennungsgase und das nicht mit Ruß- und Aschepartikeln und metallfressender Säure die Maschinerie angreift: den Wasserdampf.

Die Trennung zwischen Verbrennung und Expansion hielt nicht für die Ewigkeit! 250 Jahre nach der ersten Nutzbarmachung von Dampfdruck bewegen die Explosionen in Milliarden Zylindern über Kolben und Pleuelstange jedes Auto einer mobil gewordenen Welt. Doch für den Ende des 19. Jahrhunderts möglich gewordenen Verbrennungsmotor benötigte man Baustoffe und Brennstoffe, Fertigungsmethoden und theoretische Erkenntnisse, von denen Thomas Newcomen und James Watt noch nicht träumen konnten.

Der Magdeburger Bürgermeister Otto von Guericke hatte 1654 auf dem Reichstag zu Regensburg seine berühmten Halbkugeln vorgeführt. Zwei mit Lederabdichtung aneinander gelegte eiserne Halbkugeln konnten nach Abpumpen der Luft aus dem Innenraum auch von zwölf Pferden nicht mehr getrennt werden. Das Vakuum war entdeckt. Ein solches Experiment hatte seinen Rang nicht nur in der Geschichte der Naturwissenschaften. Im Mittelalter hatte das Dogma gegolten, dass Gott keinen auch noch so kleinen Raum in seiner Schöpfung ohne Inhalt gelassen hat. Die Vorstellung eines Vakuums verursachte den Schrecken der Gotteslästerung, den „horror vacui". Zur maschinentechnischen Nutzung eines Druckgefälles machte sich die ersten Gedanken der in Frankreich, England und zuletzt Hessen tätige Denis Papin (1647–1712). Seine praktischen Experimente blieben noch ohne Erfolg.

Zu Beginn des 18. Jahrhunderts wurde für die Pumpen, mit denen englische Bergwerke entwässert wurden, unter Ausnutzung des Unterdrucks eine phänomenale Verbesserung zur Anwendung gebracht. Thomas Newcomen leitete in seiner 1712 erstmals vorgeführten „Feuermaschine" Dampf in einen riesigen Zylinder unterhalb eines beweglichen Kolbens. Wenn er den Zylinder nun abdichtete und kaltes Wasser einspritzte, entstand durch Kondensation ein Unterdruck, der den Kolben nach unten zog. Eine oben an ihm befestigte Kette konnte nun über einen Hebel eine gewaltige Kraft auf die Pumpenmaschinerie übertragen. Erstmals machten sich die Menschen die Tatsache dienstbar, dass Wasser bei Verdampfung sein Volumen auf das 1700-fache vergrößert. Noch arbeitete man nur mit dem Druckgefälle zwischen dem Inneren des Zylinders nach Kondensation und dem äußeren Luftdruck. Maschinen dieser Generation gelten daher als „atmosphärische Dampfmaschinen".

Dampf einströmen lassen, Zutrittsventil schließen, Zylinder abkühlen, Abwärtsbewegung des Kolbens abwarten, Zylinder wieder aufwärmen … das war nun eine allzu umständliche, langsame und energiefressende Prozedur. James Watt (1736 – 1819) ließ sich 1769 eine Konstruktion patentieren, bei der die Kondensation nicht mehr im Zylinder, sondern in einem separaten Behälter stattfand. 1777 lief die erste Dampfmaschine dieser Bauart in der Erzmine von Chacewater. Der nächste Schritt war, bereits den Eintritt des Dampfs in den Zylinder für die gegenläufige Bewegung des Kolbens zu nutzen. Aus der Hin- und Her-Bewegung ließ sich nun mit sinnreicher Konstruktion auch eine Drehbewegung ableiten, mit der nicht nur eine ebenfalls

Der „ADLER" von 1835 war nach den technischen Maßstäben seiner Zeit eigentlich keine Sensation. Als Zugpferd der ersten deutschen Eisenbahn wurde er jedoch häufiger abgebildet als wohl jedes andere deutsche Schienenfahrzeug. Beispiel ist hier eine Werbemarke der einst sehr berufsspezifisch ausgerichteten Deutschen Eisenbahn-Versicherungskasse.

Unten: Die Entwicklung von Straßenfahrzeugen mit Dampfbetrieb erwies sich als Irrweg. Der „Puffing Devil" brachte es in London nicht über den Rang einer Kuriosität hinaus.

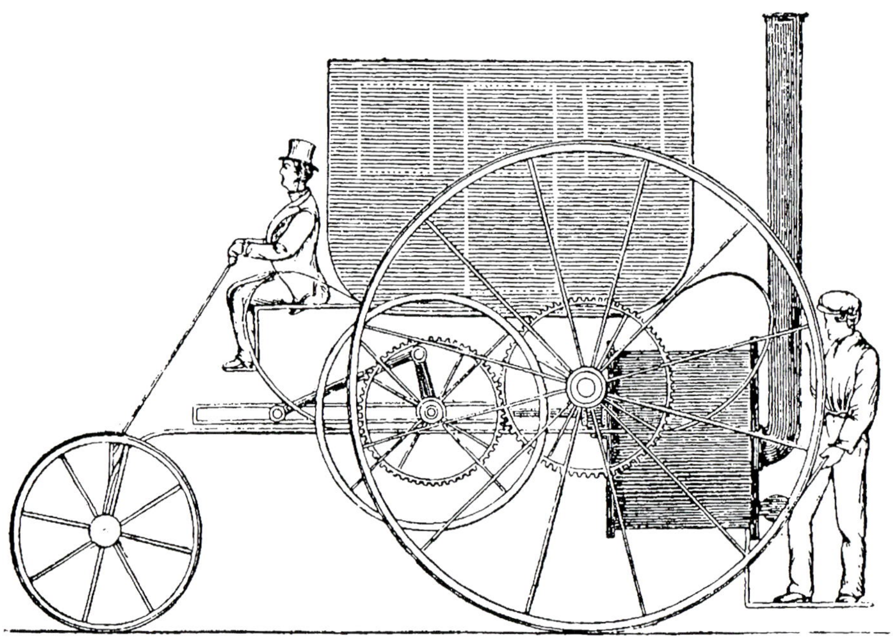

Die ortsfeste Dampfmaschine, an Gewichts- und Lichtraumgrenzen der Eisenbahn nicht gebunden, wurde noch bis weit ins 20. Jahrhundert zu gigantischen Dimensionen weiterentwickelt, bis dann die mit hohem Druck betriebene Dampfturbine ihre Nachfolge antrat.

mit Kolben arbeitende Wasserpumpe angetrieben werden konnte. 1782 bewegte erstmals eine doppelt wirkende Dampfmaschine eine rotierende Welle. Damit konnte man auch Förderkörbe, die 1764 erfundene Spinnmaschine, mechanische Webstühle und Schmiedehämmer antreiben – und die Welt verändern. Noch arbeitete die Dampfmaschine mit einem Kesseldruck von nicht mehr als 3 at. Doch schon wurde auch ein – bei den frühen Lokomotiven zunächst wieder vergessener – weiterer Schritt zur Perfektionierung getan. Die Dampfzufuhr in den Zylinder wurde bereits vor Beendigung des Weges des Kolbens abgesperrt und die weitere Arbeit der Ausdehnung der bereits im Zylinder befindlichen Dampfmenge überlassen. Die „Expansionsmaschine“ war geboren.

Ein Kapitel vom Kapital

1786 entstand in Manchester die erste dampfbetriebene Textilfabrik der Welt. Eine Dampfmaschine, kunstvoll zusammengesetzt aus den hochwertigsten Produkten der Guss- und Schmiedetechnik ihrer Zeit, mühsam über Landstraßen und Kanäle an ihren Einsatzort gebracht, war ein Hightech-Erzeugnis in einer bis dahin unbekannten Preisklasse (auch wenn die Leistung eines solchen Ungetüms zunächst noch nicht an einen kleinen Gartentraktor des Jahres 2010 heranreichte). Die Ausbreitung solcher Maschinen brachte ein neues Wirtschaftssystem zur

Als die deutschen Eisenbahnen 125 Jahre alt wurden, wurde der größte Teil ihrer Transportleistung noch von Dampflokomotiven erbracht. Geradezu selbstverständlich zierte ihr Urmodell ADLER die Jubiläumsbriefmarke der Deutschen Bundespost von 1960.

Geltung. Wer sich eine Dampfmaschine kaufen wollte, musste auch ein Bergwerk oder eine Textilfabrik in einer Größe anlegen, die eine solche Investition überhaupt rechtfertigte. Dampfmaschine und moderne Kohlegrube zusammen konnten sich nun aber weder der wirtschaftlich interessierte Herr Baron noch die aus hundert Bergleuten zusammengeschlossene Knappschaft aus alter Zeit leisten. Hierfür benötigte man „Kapital“ in einer Größenordnung, wie sie in aller Regel weder dem städtischen Bürgertum noch dem Adel zur Verfügung stand, vom selbstständigen Handwerksmeister ganz abgesehen.

Insbesondere seit Beginn der großen Seefahrt gab es aber bereits Banken. „Kapital“, das war bislang vor allem „Handelskapital“, das aus der Gewinnspanne zwischen Erwerb und Veräußerung exotischer Früchte, Gewürze, Edel- und Halbedelmetalle erzielt wurde. Das Handelskapital konnte nun als Darlehen an den Unternehmer zum Industriekapital werden. Um alltagstaugliche Maßstäbe für Verzinsung und Tilgungsdauer eines solchen Darlehens zu entwickeln, musste sich die neuzeitliche Wirtschaftswissenschaft herausbilden. Hatte der „Merkantilismus“ dem Verwalter einer kurfürstlichen Porzellanmanufaktur oder Bleimine kaum andere Richtlinien mit auf den Weg gegeben als möglichst wenig Geld auszugeben und möglichst viel Geld einzunehmen, so benötigte man nun Kriterien für die Vergabe unvorstellbarer Summen im schieren Vertrauen auf die Solidität eines bislang nur auf

Und natürlich auch 1985 feierte die Bundespost, die damals übrigens noch viele Briefe und Pakete auf der Schiene beförderte, das Eisenbahnjubiläum „150“ mit einer Wiedergabe des ADLER-Zuges.

dem Papier existierenden Projektes. Die Risikokalkulation und die Amortisation wollten berechnet sein; die Rendite einer Investition wurde Schlüsselfaktor einer neuen Weltwirtschaft. Die Spekulation, selbstverständlich schon geläufig aus einer Zeit, da man den Ertrag einer Schiffsladung Pfeffer aus Ostindien oder einer Zucht von Tulpenzwiebeln auch einmal kräftig überschätzen konnte, feierte neue Orgien.

Auch die Banken hatten nicht genug Geld für immer mehr Dampfmaschinen, Fördertürme, mechanische Webereien, Erzgruben und Walzwerke. Als geniale Erfindung zur Bündelung kleiner Geldmengen zu großem Kapital etablierte sich die Aktiengesellschaft. Die auf längere Sicht auch aus manchen Träumen immer wieder erwachende kollektive Intelligenz der Anleger sorgte und sorgt bis heute für eine zweckmäßige, das heißt für Rentabilität sorgende Strategie der Manager

Anfangs traute man der notwendigen Reibung zwischen Rad und Schiene nicht. Zahnräder sollten den Antrieb sichern. Für Bergbahnen erwies sich diese Methode gegen Ende des 19. Jahrhunderts als Patentrezept!

einer solchen Firma. (Niemand hält Aktiengesellschaften für moralische Anstalten. Systeme staatlicher Planung zur Steuerung von Investitionen haben sich jedoch bisher als weniger intelligent erwiesen und haben mit der Produktion von Armut auch noch die Humanität leiden lassen.)

Geld konnte man erben oder verdienen oder leihen; man konnte es per Aktienkauf oder durch Erwerb eines Gesellschaftsanteils in das eine Unternehmen und dem einen Wirtschaftszweig einbringen und durch die gegenläufigen Vorgänge aus dem anderen Unternehmen oder der anderen Branche abziehen. Es war und ist seiner Art nach grenzenlos mobil, ist zur Aufspaltung wie zur Bündelung gleich gut geeignet, kann je nach Bedarf stabil und langfristig angelegt oder auch mit höchstem Risiko mitten in einen dramatischen Prozess der Umstrukturierung hinein geworfen werden. Das Geld in dieser Rolle als Kapital wurde zum zentralen Faktor eines neuen Wirtschaftssystems, das genau deshalb Kapitalismus genannt wurde. Das Kapital trat als mobilstes Fluidum an die Stelle des bis dahin bestimmenden vollkommen immobilen Faktors für Wirtschaftskraft, Wohlstand und politische Macht, nämlich des Grundbesitzes.

Es ist nur zu bedauerlich, dass 250 Jahre später zwar jeder Stammtischredner und jeder Leitartikler über den Kapitalismus lästert, über seine Entstehung und Wirkungsweise, über die Gründe seines Siegeszuges und damit auch über seine gern unterschätzten Regenerationsmöglichkeiten nicht nur nach, sondern gerade durch mancherlei Krisen indes nur schwammigste Vorstellungen hat. Politiker und Bischöfe glauben „Kapitalismus“ immer dann zu erkennen, wenn irgendjemand den Hals nicht voll kriegen kann, gerade so, als ob ein Unternehmer oder Bankier mit „Augenmaß“ und Menschenfreundlichkeit nicht mit Kapital arbeiten würde. „Kapitalismus“ wird unter solchen Blickwinkel vom ökonomischen Mechanismus zum folgenlosen moralischen Vorwurf. Folgenlos, weil auch der mit etwas mehr Moral ausgestattete oder vom Staat etwas stärker kontrollierte Unternehmer schon morgen auch wieder auf die Rendite seiner Investition achten muss, wenn er seinen Konkurrenten nicht unterliegen will.

Reizvoll ist ein theoretischer Ansatz, der im Internetzeitalter die Ablösung des Faktors Kapital durch den Faktor Information erkennen will und auf dieser Basis ein neues Weltwirtschaftssystem heraufziehen sieht. Solange jedoch dessen Gesetzmäßigkeiten nicht ansatzweise erkennbar sind, behalten die meiste Gültigkeit für die Beschreibung des Kapitalismus immer noch die zündenden Formulierungen von Karl Marx – dessen bleibender Rang ja nicht in seiner prophetischen Gabe und erst recht nicht in der von ihm selbst nie angestrebten Rolle als moralisierender Kritiker böser reicher Leute besteht, sondern in der Genialität seiner Analyse von Wirtschaft und Gesellschaft. Übrigens hinterließ Karl Marx auch nicht, wie so oft zu lesen, die tagespolitische Empfehlung einer „Verstaatlichung“ der Volkswirtschaft.

Der Kapitalismus weist dem arbeitenden Menschen eine neue Produktions- und damit Lebensform in einer nie geahnten Mobilität und Flexibilität zu. Der Strom von Wanderarbeitern aus verödenden Dörfern in boomende Städte ist seit dem 18. Jahrhundert nicht mehr verebbt, sondern hat sich auf ganze Kontinente ausgedehnt. Die Abhängigkeit von der eigenen Arbeitskraft und ihrer Verwertbarkeit in der modernen Industrie ermöglichte guten Verdienst, führte jedoch weit häufiger zu Massenelend. Trotzdem konnte und kann sich niemand die Rückkehr zur sehr bescheidenen und oft versagenden Existenzsicherung in der feudalistischen Leibeigenschaft des vorindustriellen Zeitalters wünschen.

Rechts: Stahl, Dampf und Kapital! 30 Jahre nach seinem ersten Versuch ist August Borsig einer der wichtigsten Industriellen von Berlin. Paul F. Meyerheim hielt den Lokbau realistisch fest und vergaß auch die staunenden Zeitgenossen nicht – zwei- wie vierbeinig! Werkmeister und einfache Arbeiter sind nach Haltung und Kleidung durchaus zu unterscheiden. Ingenieure spielten keine Rolle; noch war Technik eher Handwerk als Wissenschaft.

Die historische Rolle der im 19. Jahrhundert entstandenen selbstorganisierten Arbeiterbewegung gipfelte nicht wie von ihren geistigen Vätern vorausgesagt in der Ablösung des Kapitalismus durch ein System freier und gemeinschaftlicher Produktion ohne die Fesseln des „Tauschwerts", sondern besteht seit nunmehr auch schon wieder eineinhalb Jahrhunderten darin, der Arbeitskraft ihren finanziellen und sozialen Preis zu sichern, den der Kapitalist bezahlen muss, wenn er sie ausnutzen will.

Holz und Kohle

Die Grundstrukturen der kapitalistischen Wirtschaftsordnung hatten sich bis in die ersten Jahrzehnte des 19. Jahrhunderts gerade einmal in den rohstoffreichen Zonen Englands und in Teilen Nordfrankreichs und Belgiens herausgebildet; allenfalls Vorstufen waren in Preußen an Rhein und Ruhr, in Böhmen und Sachsen und an der amerikanischen Ostküste zu besichtigen. Die Akkumulation des Kapitals brauchte Zeit; die moderne Technik wollte erst weiterentwickelt und ausgebreitet werden, die Produktion von Stahl konnte nicht beliebig gesteigert und beschleunigt

„Wie sehr im Anfang die alte Form des Produktionsmittels seine neue Form beherrscht, zeigt vielleicht schlagender als alles andere eine vor der Erfindung der jetzigen Lokomotiven versuchte Lokomotive, die in der Tat zwei Füße hatte, welche sie abwechselnd wie ein Pferd aufhob" (Karl Marx 1867 im ersten Band des „Kapitals").

werden. Noch Ende des 19. Jahrhunderts trieben in Europa 30.000 Windräder Mühlen, Sägewerke und Pumpen an.

Kritisch wurde in ganz Europa vor 1800 die Brennstofffrage. Metallverarbeitung und Dampfmaschinenbetrieb, frühindustrielle Glas- und Papierfabrikation und neue Techniken zum Haltbarmachen von Lebensmitteln forderten immer mehr Heizenergie. Die Wälder waren in einem Maße ausgeholzt, das

- die Holzlieferung für Haus- und Schiffsbau,
- die seit Urzeiten unverzichtbare und heute vergessene Funktion des alten Mischwaldes als Weide für Nutztiere
- sowie die Jagd von Wild sowohl als adeliges Vergnügen
- als auch als Beitrag zur Volksernährung

in hohem Maße gefährdete.

Im späten 18. Jahrhundert gab es in Mitteleuropa viel weniger Wald als in dem vor dem Waldsterben erschauernden Deutschland des späten 20. Jahrhunderts! Durch den Anstieg der Stahlproduktion potenzierte sich der Holzverbrauch, solange man die Prozesswärme zur Austreibung des Kohlenstoffs aus dem Eisen aus Holzkohle gewann. Der Energieverbrauch einer vorindustriel-

len Stadt hatte den Holzertrag einer 50- bis 150-fachen Waldfläche verschlungen. Die amerikanische Eisenherstellung verbrannte 1810 das Holz aus 2.500 km² Wald – und hätte um 1910 die Abholzung von 170.000 km² notwendig gemacht!
Deshalb stand am Beginn des Industriezeitalters der Übergang zur Kohle (zum Zwecke der Stahlproduktion ab 1709 in Form des von schädlichen Gasen befreiten Kokses) als wichtigstem Energieträger. Ihre Vorteile lagen mit einem im Durchschnitt verdoppelten Energiegehalt pro Volumen auf der Hand. Die systematische Nutzung von Kohle, insbesondere von energetisch hochwertiger Steinkohle, hatte aber weitere nachhaltige Auswirkungen auf die Struktur der Wirtschaft. Holz hatte man ja fast überall über geringe Distanzen beschaffen können, Kohle jedoch fand man nur in privilegierten Zonen. Zwischen kohlereichen und kohlearmen Regionen entstanden schärfere Gefälle und dringendere Transportbedürfnisse als sie sich im Spannungsfeld zwischen Gegenden mit mehr oder weniger Eichenholz, Kartoffeln, Oliven, Silber oder Schlachtvieh je herausgebildet hatten. Mit der Exklusivität der Lagerstätten bei gleichzeitiger Unverzichtbarkeit hatte die Kohle in der Wirtschaftsgeschichte einen Vorläufer allenfalls im Salz, dessen Besitz und Nichtbesitz und dessen Transportwege die ökonomische Landkarte des europäischen Mittelalters gezeichnet hatte. Metalle aller Art hatten im vorindustriellen Zeitalter keine so große Bedeutung gehabt. Ein Bauernhof vor 500 Jahren konnte mit hölzernen Werkzeugen und irdenem Geschirr noch mit wenigen Kilogramm Eisen für seine paar Messer und eine Axt auskommen!
Gut hundert Jahre nach dem Siegeszug der Kohle eroberte mit ähnlichen Mechanismen, aber nochmals verschärfter Dynamik das Erdöl seinen Spitzenplatz als Primärenergieträger. Noch exklusiver sind seine Lagerstätten, noch größer die Entfernungen zwischen ihnen und den Verbrauchern, noch mehr machtpolitisches Potenzial als im Falle der Kohle erschließt sich den Staaten und den Unternehmen, die Förderung, Transport und Verarbeitung des Erdöls kontrollieren.
Zurück ins 18. Jahrhundert! Für die Steigerung der Kohlegewinnung benötigte man tiefere Bergwerke, und solche waren dauerhaft zu betreiben nur bei dauerhaft garantiertem Abpumpen des Wassers, mit immer mehr Dampfmaschinen, für die man immer mehr Stahl brauchte – und immer mehr Kohle. 1784 baute Murdoch die erste transportable Dampfmaschine. Ein Jahr später, am 23. August 1785, nahm nach mancherlei missglückten Experimenten die erste deutsche Dampfmaschine auf dem König-Friedrich-Schacht bei Hettstedt ihre Arbeit auf.
Die Kohleförderung der Welt stieg rasant an, von 10.000.000 t anno 1800 auf 76.000.000 t im Jahre 1850 und die wiederum verzehnfachte Menge von 760.000.000 t im Jahre 1900.
Aus mitteleuropäischer Sicht ist man heute gewohnt, Kohle für einen Energieträger der Ver-

Die Pferdeeisenbahn, als Verkehrsmittel über große Distanzen sehr bald vergessen, feierte im letzten Drittel des 19. Jahrhunderts noch eine Wiederkehr auf den Straßen der Großstädte. Nur für kurze Zeit, denn die Straßenbahnen wurden schon um 1900 vollständig elektrifiziert.

Ein kurzer Abschnitt der Pferdeeisenbahn Budweis–Linz in Oberösterreich nahe der tschechischen Grenze wurde wieder aufgebaut und wird museal betrieben. 175 Jahre Eisenbahnen in Deutschland? Bis 1866 gehörte Österreich zum Deutschen Bund.

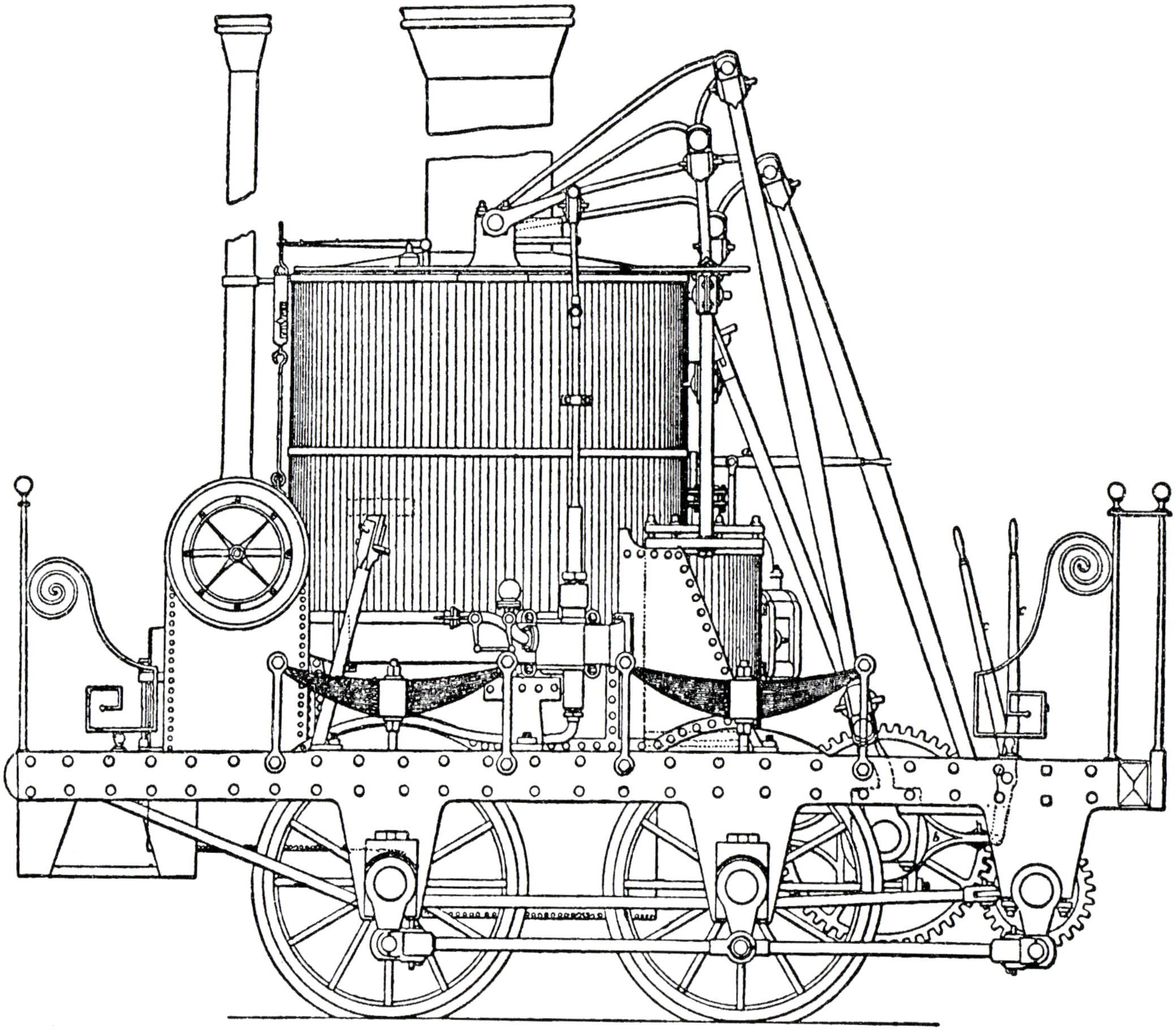

Die senkrechte Anordnung von Kessel und Zylindern bewährte sich nicht. Deshalb war der aus den USA importierte „Columbus“ aus der Erstausstattung der Leipzig–Dresdner Eisenbahn vom ersten Tage an veraltet.

Jahrzehntelang bewährte sich die Dampflokomotive mit Achsfolge 1A1. 2 Laufachsen gaben dem Fahrzeug mit der zentralen Treibachse ruhigen Lauf.

wegzudenken für die mit der Textilfertigung beginnende englische Industrialisierung war das Einfuhrverbot für Fertigprodukte aus Schafwolle und Baumwolle.

- Das Kolonialreich sicherte billige Rohstoffe genauso wie exklusive Absatzmärkte für Fertigprodukte.
- Dem Königreich gelang es, sich aus den Kriegen des napoleonischen Zeitalters herauszuhalten, die ungeachtet aller Schwankungen des Glückes auf den Schlachtfeldern sämtliche kontinentalen Mächte von Spanien bis Russland mit ungeheuren Kosten für Heere, Kanonen, Granaten, Besatzungssysteme und mit riesigen Zerstörungen an Sachwerten belasteten. Den dadurch bedingten ökonomischen Rückstand der kontinentalen Staaten gegenüber England kann man gut und gerne mit zwanzig Jahren beziffern.
- Die von Napoleon verhängte Kontinentalsperre schmälerte zwar das britische Import- und Exportgeschäft empfindlich, erzwang aber auch einen Schub an Innovation.
- Kohle und Eisen, die wichtigsten Rohmaterialien der modernen Zeit, standen in England gleichermaßen reichlich zur Verfügung.

So kann es weiterhin nicht verwundern, dass die Engländer wie schon bei der Erfindung der Dampfmaschine ein halbes Jahrhundert zuvor nun auch die Nase vorn hatten, als es galt, dem Kohletransport auf Stahlschienen eine neue Zugkraft vorzuspannen.

Der 13. Februar 1804 bleibt ein denkwürdiges Datum in der Geschichte der modernen Welt. An diesem Tag zog die erste ihren Namen verdienende Lokomotive, konstruiert vom Engländer Richard Trevithick, ein paar mit Eisen beladene Wagen beim Eisenwerk Pen-y-darren in Wales. Einen schnellen Siegeszug erlebte sie allerdings nicht. Noch begegneten viele Zeitgenossen der neuen Technik mit Skepsis und fühlten sich durch Fehlschläge bestätigt. Dies musste auch

Trevithick leidvoll erfahren. Seine Attraktion „Catch me who can" endete als Misserfolg, der ihn von Idee der Dampflokomotive abbrachte. Doch die Entwicklung war nicht aufzuhalten. Andere Konstrukteure arbeiteten weiter, so William Hedley und John Blenkinsop. Der wirkliche Vater der Dampflokomotive aber wurde George Stephenson (1781 – 1848), der rund ein Jahrzehnt lang den Lokomotivbau prägte. Wie 1804 in Penydarren waren seine Maschinen noch für interne betriebliche Zwecke gedacht: Sie übernahmen den Frachttransport in englischen Bergwerken.

Das änderte sich am 27. September 1825, als mit der Linie Stockton – Darlington die erste öffentliche Eisenbahn der Welt eröffnet wurde. Erstmals gab es jetzt neben Güter- auch Personenverkehr. Alsbald stand dafür auch ein Reisewagen zur Verfügung, der noch sehr an eine Kutsche erinnerte. Die Betreiber der 50 Kilometer langen Strecke verließen sich jedoch nicht nur auf die Dampflok; zum Teil verwendeten sie Pferde oder ortsfeste Dampfmaschinen, welche die Wagen mit Seilen zogen.

Währenddessen verbesserten Ingenieure das Eisenbahnwesen weiter. Seit 1824 wurden Brücken, seit 1827 Tunnel errichtet, um topografische Hindernisse zu überwinden. Ebenfalls 1827 führte die Linie Stockton – Darlington ein ortsfestes Signal ein, um die Abfolge der Züge zu regeln. Das Brett mit der Aufschrift „Gefahr", bei freier Strecke zur Seite gedreht, wurde zum Vorläufer eines vielfältigen Signalwesens.

Die Briefmarke erinnert an Eisenbahn-Personenwagen in ihrer ersten Bauform, als man zwei oder drei Kutschengehäuse auf schienentaugliche Fahrgestelle setzte.

Nur in dem für Pferderennsport und Wetten begeisterten England vorstellbar war das legendäre „Lokomotivrennen von Rainhill" 1829, mit dem die geeignete Lokomotivbauart für die Eisenbahn Liverpool–Manchester ermittelt werden sollte. Den Sieg trug Stephensons „Rocket" (rechts im Bild davon). Disqualifiziert wurde eine Pseudo-Lokomotive, in deren Inneren ein Pferd auf einem Laufband arbeitete.

Die Eisenbahn, ein geniales System

Die anfängliche Abgeschlossenheit der technologischen Entwicklung auf der Insel brachte den Vorteil, dass bei Beginn des Exports in die USA und auf den Kontinent und erst recht beim Tätigwerden einer Eisenbahnindustrie außerhalb Englands schon eine gewisse Ausreifung und Standardisierung des „Systems Eisenbahn" erreicht war, die bis heute prägend ist.

- Sie beginnt mit der **Spurweite**, die in Europa zwischen den Pyrenäen und der Westgrenze Russlands sowie in Nordamerika und in China bis heute – abgesehen von wenigen Schmalspurbahnen von meist nur lokaler Bedeutung – einheitlich 1.435 mm beträgt. Dieses weder nach Fuß und Zoll noch im metrischen System runde Maß stammte von Postkutschen und ist letztlich schon bei den alten Römern nachweisbar. Seine einheitliche Anwendung nach englischem Vorbild wurde zur Basis eines technologisch unkomplizierten internationalen Verkehrs.
- Das System der Spurführung erschöpft sich nicht darin, walzenartige Räder mit Spurkränzen rabiat am seitlichen Ausbrechen zu hindern. Schon ganz frühzeitig formte man die **Räder kegelig** und legte die Schienen mit einer leichten Neigung nach innen. Bei guter Gleislage vollführt das Fahrzeug seitlich nur leichte Pendelbewegungen, die kaum je durch den harten Anschlag der Spurkränze begrenzt werden müssen, sondern bereits durch die – heute

Das System von Gleisen, Weichen und Kreuzungen erlaubt Bündelung und Verzweigung, Begegnung und Überholen. Auf dem weiten Netz stören sich Schnellverkehr, Arbeiterzug und Güterverkehr gegenseitig nicht.

Unten: Die „Locomotion" der ersten Eisenbahn der Welt mit öffentlichem Verkehr Stockton–Darlington von 1825 hat ihren Museumsplatz im geschichtsbewussten England verdient.

außerordentlich präzise berechnete – Rundung zwischen Lauffläche und Spurkranz kanalisiert werden. Im Gleisbogen drängt die Zentrifugalkraft das Fahrzeug etwas weiter nach außen mit der Folge, dass das äußere Rad auf einem spurkranznäheren etwas größeren Durchmesser läuft und damit den ganzen Radsatz in den Bogen hinein steuert. Dieses System der Spurführung arbeitet mit sehr geringen Berührungsflächen zwischen Rad und Schiene, was den Reibungswiderstand der beladenen Wagen minimiert. Die Kraft eines Menschen genügt, einen nicht allzu schweren Wagen auf dem Gleis in Gang zu bringen! Eine bereits in Bewegung befindliche Gruppe von Wagen kann von einem Mann am Laufen gehalten werden. Man versuche entsprechendes mit einem gummibereiften Lkw-Anhänger gleichen Gewichts! Nur das Schiff im Wasser begegnet einem geringeren Widerstand.

- Die schmale Zone der Berührung zwischen bewegtem und ruhendem Stahl weckte anfangs Skepsis, ob die Lokomotive zu Anfahrt und Fortbewegung auf den Schienen genügend Widerstand finden würde oder nicht mit durchdrehenden Rädern auf der Stelle schleudernd versagen müsste. Anfangs experimentierte man deshalb mit einem Antrieb über Zahnrad und Zahnstange und hielt es für nötig, auf Steigungen den Lokomotivbetrieb durch einen von ortsfester Dampfmaschine besorgten Seilzugantrieb zu ersetzen. Auch dieses Problem hatten die Engländer schon gelöst, bevor es sich andernorts stellte (auch wenn entsprechende Diskussionen auf dem Kontinent jedenfalls mit Blick auf ausgeprägte Gebirgsbahnen noch bis nach 1850 anhielten). Zum einen erkannte man die **Reibung der Antriebsräder** der Lokomotiven als im Prinzip ausreichend und entdeckte zu ihrer Steigerung die Möglichkeit, mit mehreren angetriebenen Radsätzen zu arbeiten; zum anderen entwickelte man die Kunst, die Steigung von Bahnen im Gebirge durch künstliche Verlängerung der Trassen zu begrenzen. Das englische System bot bei Erlangung der Exportreife bereits den Vorteil einer im Flachland wie im Hügelland einheitlichen Methode der Zugförderung ohne den Zwang zu zeitraubendem Wechsel der Technologie am Fuße von Steigungen.
- Die schmalen Schienen, neben denen etwa seitliche Leitplanken oder zentrale Führungsbalken entbehrlich sind, gegen die sich das Fahrzeug mit waagerechten Hilfsrädern abstützt (solche Ideen wurden anfangs durchaus formuliert) ermöglichen problemlos die Anlage von **Weichen und Kreuzungen** und damit die unbegrenzte Verzweigung des Gleisnetzes in die Abstellanlagen beliebig vieler Unterwegsbahnhöfe und von dort in Fabrikhöfe, in pro-

vinzielle Täler und auf die Kaianlagen der Häfen. Allein das Problem „Weiche" konnten alternative Spurführungssysteme bis hin zur Magnetschwebebahn nie gleichwertig lösen.

- Jeder Besitzer einer Modelleisenbahn weiß, dass er mit beispielsweise vier Lokomotiven und 29 Wagen bereits Millionen **Möglichkeiten der Zugbildung** hat. Mit einem leicht standardisierbaren System von Kupplungen und Puffern war und ist es möglich, unterschiedlichste Züge zu bilden und sie entsprechend verschiedenen Anforderungen neu zusammenzustellen. Der Güterzug konnte nach fünf Wagen Schlachtvieh zwei „Zisternenwagen" mit Bitumen oder Petroleum mitführen, dann drei Wagen mit frisch zugeschnittenen und imprägnierten Telegrafenmasten und anschließend einen Bierkühlwagen. Am nächsten Bahnhof konnte er zwei Viehwagen absetzen und stattdessen vier Wagen Ziegelsteine mitnehmen. Und wenn nun im Laufe von Jahrzehnten und Jahrhunderten Ladegüter wie Kunsthonig, Pickelhauben, Pökelfleisch oder Dachpappe aus der Mode kamen und stattdessen Autos, Bananen, Ölheizkessel für Reihenhäuser und Stahlröhren zu befördern sind, wenn im Personenverkehr stählerne Vierachser an die Stelle hölzerner Dreiachser traten und wenn das dampfbetriebene Zugpferd allmählich durch Nachfolger mit Elektro- oder Dieselmotor abgelöst wurde, dann waren und sind all solche Änderungen ohne Systemwechsel im wahrsten Sinne des Wortes Zug um Zug umsetzbar.

Oben: Stand der Personenverkehr stets im Mittelpunkt der öffentlichen Wahrnehmung, so nahm der Güterverkehr doch den größeren Anteil am Eisenbahngeschäft ein. Keine dem Reisenden gewidmete „Kathedrale" war je so groß wie die Rangierbahnhöfe, mit denen die landes- und europaweiten Laufwege der Güterwagen zu einem hocheffektiven Netz verknüpft wurden.

- Um ein weiteres wahrhaft geniales Prinzip der lange Zeit vorherrschenden Dampflokomotive zu beschreiben, müssen wir ein wenig auf ihre Technik eingehen. Der Lokführer lässt mit dem Regler je nach den Erfordernissen von Beschleunigung oder Beharrungsfahrt, von Ebe-

Neugier auf ein faszinierendes System: Die junge Frau besichtigt die Technik der Spurführung mit schmalen Rädern auf endlosen Schienen. Die konische Form der Räder sorgt dafür, dass zwischen Schiene und Spurkranz nur sanfte Gewalten wirksam werden, die keine großen Reibungsverluste verursachen.

ne, Steigung oder Gefälle mehr oder weniger Dampf vom Kessel zu den Zylindern strömen, in denen er durch den Mechanismus der Steuerung abwechselnd auf beiden Seiten des Kolbens arbeitet. Nach getaner Arbeit strömt er durch das Blasrohr in die Rauchkammer und von dort oben zum Schornstein hinaus. Bei dieser Strömungsbewegung erzeugt der Dampf in der Rauchkammer einen Unterdruck mit der Folge, dass am hinteren Ende des Kessels mehr Verbrennungsluft durch die Aschkastenklappen in die Feuerbüchse gesaugt wird, dort das Feuer angefacht wird und demgemäß mehr heiße Gase durch die vielen wasserumspülten Röhren des Kessels strömen. Die Erhöhung des Dampfverbrauches führt also vermittelt durch höheren **Saugzug** automatisch zu erhöhter Dampfproduktion. Mit diesem Trick arbeiteten bereits Stephensons Dampflokomotiven, deren grundsätzliche Wirkungsweise bei Vergrößerung um ein Vielfaches und einer staunenswerten Perfektionierung im Detail doch nie mehr verändert wurde.

Ein Blick voraus: Nach 1900 erreichte die Dampflokomotive ihre Vollendung. Der auf 350 bis 400° C überhitzte Dampf ermöglichte eine sparsame und effektive Betriebsweise, Trieb- und Laufwerke waren auf verschiedenste Verwendungszwecke optimal abgestimmt. Das Grundprinzip hatte jedoch Stephenson bereits 1829 entwickelt …

… seine „Rocket" nämlich verfügte schon über einen Röhrenkessel und die Feueranfachung mittels Maschinenabdampf.

- Hatte man anfangs geglaubt, Schienenwege genauso wie Straßen und Kanäle beliebigen Benutzern gegen Gebühr zur Verfügung stellen zu können, erkannten die Engländer frühzeitig die von der Sicherheit diktierte Notwendigkeit, die bauliche Pflege der Bahn, die Regelung und Überwachung des Zugverkehrs, den Betrieb mit Lokomotiven und Wagen und den Auftritt auf dem Verkehrsmarkt organisatorisch in einer Hand zu vereinigen. Gleisarbeiter und Streckenläufer, Signal- und Weichenwärter, Lokführer, Heizer und Bremser der Züge und das für Fahrkarten und Frachtbriefe verantwortliche Personal mussten in einheitliche Hierarchie und Disziplinargewalt genommen werden.

Spätestens beim letztgenannten Prinzip (und natürlich bei der nur noch geschichtlich interessanten Wirkungsweise der Dampflokomotive) werden wir bei der Darstellung der jüngsten Jahrzehnte den Abschied von uralten Grundsätzen erläutern müssen.

Aller Anfang ist schwer

Wiederum haben wir in wenigen Zeilen Fortschritte beschrieben, deren Umsetzung in der Realität viele Jahre brauchte. Das Konzept „Eisenbahn" alltagstauglich zu machen, forderte die ganze Kunst von Ingenieuren, Handwerkern und Fabrikanten heraus. Die Industrie war noch Lichtjahre von standardisierten Werkstoffen und Verarbeitungstechniken auf wissenschaftlicher Grundlage entfernt. Gusseisen und Walzstahl, Rotguss und Kupferrohre konnten je nach Rohstoffeigenheiten und Zufälligkeiten der Schmelztechnik in ganz unterschiedlichen Qualitäten geliefert werden, die zunächst kaum je den Dauerbelastungen gerecht wurden, denen Kessel, Zylinder, Treibstangen, Radkörper, Achswellen und Radreifen einer Lokomotive, Wagenräder, Kupplungen, Bremsvorrichtungen und nicht zuletzt die Schienen ausgesetzt waren. Pannen, Unfälle, wirtschaftlich nicht vertretbarer Reparaturaufwand und schneller Verschleiß kostbarer Technik bis hin zu früher Verschrottung begleiteten die ersten Jahre der Eisenbahn.

Das Dampfschiff, 1807 und somit erst nach Trevithicks Dampflokomotive erstmals gebaut, verbreitete sich sehr viel schneller. Auf dem Schiff war mehr Platz; auf die eine oder andere Tonne Maschinengewicht kam es nicht an; ein Lichtraumprofil war nicht zu beachten; die Betriebsweise erlaubte einen weniger abrupten und damit schonenderen Wechsel zwischen Phasen hoher und geringerer Belastung.

In diesem Zusammenhang darf die häufig falsch dargestellte Funktion der „Pferdeeisenbahn" in der Verkehrsgeschichte erläutert werden. Sie war nicht etwa das Vorläuferprodukt zur Dampfeisenbahn, sondern eine unter ihrem Eindruck entwickelte Alternative, die geringere Kosten und Risiken versprach. Dennoch war die ab 1828 abschnittsweise in Betrieb gegangene und am 1. August 1832 in ganzer Länge eröffnete hauptsächlich dem Salztransport gewidmete Pferdeeisenbahn Gmunden – Budweis – Linz ein wichtiges Pionierprojekt der Verkehrstechnik.

Ein Problem für sich war die mangelnde Vertrautheit der Zeitgenossen mit der modernen Technik. Man belächelte später gerne die 25 oder 30 km/h der ersten Züge. Doch auch dies waren

schon Geschwindigkeiten, mit denen die Gleisarbeiter und die Landwirte, die ihre Viehherden gemütlich über die Strecke trieben, nicht vertraut waren. Tödliche Unglücke blieben nicht aus. Doch mit jedem Jahr und mit jeder Strecke nahmen Routine und Erfahrungen zu.

Vor dem Hintergrund der mittelalterlichen Stadt und eingebettet in die biedermeierliche Gesellschaft: so wollte rückwärtsgewandte Sehnsucht des 20. Jahrhunderts die erste Eisenbahn in der „guten alten Zeit“ sehen.

Der Funke springt auf den Kontinent über

Das zweite Eisenbahnland der Welt wurden die USA. Eine grundsätzliche Aufgeschlossenheit für moderne Errungenschaften prägte die Mentalität der erst wenige Jahre zuvor von den kolonialen Fesseln europäischer Monarchien befreiten Nordamerikaner. Der riesige Wirtschaftsraum rief nach Erschließung. Die amerikanische Ostküste wurde zum ersten außereuropäischen Schauplatz der Industrialisierung. 1829 fuhr der erste Zug.

Auf dem europäischen Kontinent waren Belgien, Frankreich und mit geringem Abstand Deutschland am ehesten reif für große Industrie, Kapitalismus und Dampfeisenbahn. Der Begriff „Deutschland“ bedarf in diesem Zusammenhang der historischen Erläuterung. Rein tatsächlich schon seit der frühen Neuzeit und formal verfassungsrechtlich seit der offiziellen Auflösung des „Heiligen Römischen Reiches Deutscher Nation“ 1806 gab es keinen einheitlichen deutschen Staat. Der nach dem Ende des napoleonischen Zeitalters auf dem Wiener Kongress 1815 gegründete „Deutsche Bund“ war ein loser Zusammenschluss mehrerer souveräner Staaten, von denen Preußen und Österreich die größten waren. Unübersichtlich genug gehörten beide Monarchien nur mit Teilgebieten zu diesem Bund. Die preußischen Landesteile Ostpreußen, Westpreußen und Posen und die ungarischen Besitzungen Österreichs blieben außerhalb.

Die Herrscher und ihre Minister in Berlin und Wien und genauso die Monarchen und Regierungen Bayerns, Sachsens, Württembergs, Hannovers, Badens oder Mecklenburgs, um nur die größeren Länder zu nennen, pflegten äußerst konservative Gesinnungen und demgemäß große Skepsis gegenüber Industrialisierung und moderner Verkehrstechnik. Selbstbewusste bürgerliche Fabrikbesitzer? Großkapital als Konkurrenz zur königlichen Schatztruhe? Eine sich über Handel und Aktienkurse verständigende

13. Februar 1804
Erste Fahrt der Dampflok von Richard Trevithick in Wales

1812
Denkschrift des bayerischen Oberstbergrates Josef Ritter von Baader „Zur Einführung der eisernen Kunststraßen im Königreich Bayern“

1813
Timothy Hackworth und William Hedley bauen den „Puffing Billy“, die erste über einen längeren Zeitraum eingesetzte Lokomotive

freie Presse? Etwa gar eine Staatsverfassung mit Eigentumsgarantien und ein Parlament mit Entscheidungsbefugnissen über Einnahmen und Ausgaben seiner Majestät? Das alles roch doch sehr nach französischer Revolution, nach amerikanischer Gleichmacherei, nach englischer Gottlosigkeit, kurzum nach alldem, was man mit dem Sieg über Napoleon als bösen Traum gerne vergessen wollte.

Technikfeindlichkeit und Kleinstaaterei?

Man hat den Widerstand der Herrscherhäuser gegen Industrialisierung und Eisenbahn später als biedermeierliche „Technikfeindlichkeit" belächelt. Doch ging es um durchaus harte Interessenkämpfe. Monarchen und Minister erkannten die Frontlinie zwischen Feudalismus und Bürgermacht durchaus realistisch und wussten, dass ihre Macht auf den Fortbestand einer agrarischen Produktionsweise mit staatlich kontrolliertem Handel angewiesen war. Doch allein schon die stets knappe Kassenlage der deutschen Monarchien begrenzte die Kraft ihres Widerstandes gegen das moderne Zeitalter. Der wichtigste Schritt zur Entwicklung von Industrie, Handel und Kapital war die Schaffung eines einheitlichen Wirtschaftsraums in Deutschland durch die Bildung immer größerer Zollgebiete. 1828 waren Preußen, Anhalt und die hessischen Staaten zu einem Zollverein zusammengeschlossen; der 1. Januar 1834 gilt mit dem Beitritt nun auch Bayerns, Sachsens und der thüringischen Staaten als der eigentliche Geburtstag des deutschen Zollvereins; 1836 schloss sich Baden an.

Als wichtigste Vordenker eines deutschen Eisenbahnnetzes gilt Friedrich List (geboren 1789, Selbstmord 1846). Die nationalstaatliche Geschichtsschreibung nach 1871 und erst recht die nationalsozialistische Propaganda ab 1933 haben den polemischen Journalisten, den in Europa und in den USA tätigen Unternehmer und Spekulanten und den letztlich glücklosen Taktiker auf vielen Feldern zum heroischen Vorkämpfer der deutschen Einigung hochstilisiert; die DDR machte ihn zum frühen bürgerlichen Revolutionär gegen Fürstenwillkür. Aus der ideologischen Vereinnahmung des 20. Jahrhunderts zurück auf den Boden des deutschen Biedermeiers gestellt, war er ganz einfach der erste, der sich die neuen Eisenbahnen als vernetztes System vorstellte. Wir verkennen heute leicht die Größe dieses Gedankens. Jeder im Geografieunterricht einigermaßen aufmerksame Mittelstufenschüler wird auf einer Landkarte mit rohstoffreichen Gebieten, Großstädten und Seehäfen ein plausibles Netz von Verkehrswegen skizzieren können. Die ersten Gehversuche der Eisenbahn fielen aber noch in eine Zeit, in der Politik, Administration und Wirtschaft gerade erst begannen, in den Zusammenhängen großer Staatsgebiete und etwa gar ganzer Kontinente zu denken. Staatsgewalt hatte sich jahrhundertelang nur entlang wichtiger Landstraßen und schiffbarer Flüsse entfaltet und hatte weite Gebiete links liegen gelassen, in die sich der Steuereinnehmer und der Rekrutierungskommissar des Heeres nur selten verirrten. Die flächendeckende Durchsetzung etwa der Schulpflicht und die Einführung einheitlicher Verwaltungsgrundsätze bis ins letzte Dorf begannen erst im frühen 19. Jahrhundert. Neue Verkehrswege hatten bislang jeweils nur ganz bestimmten Herrschaftsinteressen oder wirtschaftlichen Notwendigkeiten gegolten, wenn etwa der Monarch von seiner Residenz zu einer wichtigen Grenzfestung oder einer mit Getreide besonders gesegneten Region eine neue „Kunststraße" oder einen Kanal hatte bauen lassen. Die geringe Flächendimension staatlichen und wirtschaftlichen Handels von einst galt auch für den militärischen Aspekt. Napoleons weltgeschichtlich bedeutsamer Feldzug nach Moskau war ja noch keineswegs mit der Besetzung eines nennenswerten Teils von Russland verbunden. Um das Zarenreich in seiner Existenz zu gefährden, genügte der tiefe Stich entlang der wichtigsten Landstraße ins Herz der alten Hauptstadt. Fronten von der Ostsee bis zum Schwarzen Meer mit Präsenz von Besatzungsarmeen fast in jedem einzelnen Dorf des Hinterlandes gab es erst im 20. Jahrhundert.

Der bleibende Rang des von Friedrich List skizzierten gesamtdeutschen Eisenbahnnetzes bemisst sich nicht daran, ob es sich in den tatsächlich gebauten Strecken abbildet, sondern in seinem Mut zum großen nationalen Entwurf, in seinem Blick schon für den großen Wirtschaftsraum des sich abzeichnenden Zollvereins.

1814
George Stephenson baut seine erste Dampflok

1816
Die Königliche Eisengießerei in Berlin baut die erste Dampflok in Deutschland; ihr Einsatz in Oberschlesien scheitert wegen der falsch gewählten Spurweite

1820
Birkenshaw in England fertigt Schienen aus Schmiedeeisen anstelle der brüchigen und kurzen Stücke aus Gusseisen

7. September 1824
Anton Franz Ritter von Gerstner erhält die Genehmigung zum Bau einer Pferdebahn (Linz –) Mauthausen – Budweis

27. September 1825
Eröffnung der ersten Eisenbahn mit öffentlichem Verkehr Stockton – Darlington

30. September 1828
Eröffnung des ersten Abschnitts Kerschbaum – Budweis der Pferdebahn von Niederösterreich nach Böhmen

Noch einmal ein Beispiel aus der Pionierzeit der Lokomotivtechnik: Hedleys „Puffing Billy" von 1813 blieb 50 Jahre im Dienst. Es gibt ihn heute streng genommen zweimal. Das Original wird in England verwahrt, einen halb so alten Nachbau besitzt das Deutsche Museum in München.

Die erste deutsche Eisenbahn

Die wirkliche Entwicklung konnte noch nicht Lists Utopie folgen. Die ersten Strecken wurden aus lokalen oder allenfalls regionalen Initiativen ohne großen Weitblick konzipiert. Die 6 km lange Ludwigs-Eisenbahn Nürnberg – Fürth ist das beste Beispiel dafür. Aber auch ein weitergreifendes Unternehmen wie die 1847 auf ganzer Länge eröffnete Cöln – Mindener Eisenbahn wurde geplant und gebaut nicht als erstes Glied einer großen West-Ost-Achse von der belgischen Grenze nach Berlin, sondern als Verbindung zwischen Rhein und Weser. Es ging um nicht mehr und nicht weniger als das Bedürfnis, die auf dem Rhein transportierten Güter ohne Berührung holländischen Gebiets zur Nordsee transportieren zu können. Auch die erwähnte Pferdeeisenbahn in Österreich war Bindeglied zwischen schiffbaren Flüssen. Sie überquerte die europäische Wasserscheide zwischen Donau und Moldau. Erst recht die Schweiz war zu Beginn des Eisenbahnzeitalters keineswegs die große Baustelle hochalpiner Trassen, sondern begnügte sich damit, zwischen den Dampfschifflinien auf den großen Seen und dem Rhein Verbindungen über Land zu schaffen. Und selbst die geradezu kontinentalen Eisenbahnplanungen der Wiener Bankenwelt mit Linien im Süden bis Triest und im Nordosten bis Brody in Galizien waren als Verbindung zwischen Adria, Donau und Weichsel als Ersatz für Kanäle gedacht, die man über die Alpen nicht und über die mährische Pforte nur schwierig hätte bauen können. Auch der geniale Friedrich List verzichtete in seinem berühmt gewordenen Netzplan von 1833 noch auf die später so überragend wichtig gewordenen Strecken von Mannheim und Frankfurt über Mainz und Wiesbaden nach Köln, weil er hier den Schiffsverkehr für ausreichend halten konnte.
Immer wieder schieben sich bei der Betrachtung solcher Zeitläufte Filter aus der nach 1871 formulierten Nationalgeschichte vor das Bild der Wirklichkeit. „Kleinstaaterei“ und „mangelnden Weitblick“ beanstandeten die Literatur der Kaiserzeit, das zum hundertsten Jahrestag des deutschen Eisenbahnwesens 1935 im Dritten Reich gedruckte Schrifttum und kurioserweise kaum anders die mit dem Feudalismus hart ins Gericht gehende Geschichtsschreibung der DDR. Indes: Der mit Steuermitteln des ganzen Landes ausgestattete deutsche Nationalstaat existierte 1835 genauso wenig wie eine landesweit tätige Finanzwirtschaft mit Kapital für ein aus einer Hand geplantes Eisenbahnnetz. Auch in den großen von Binnengrenzen nicht belasteten Flächenstaaten England, Frankreich und USA entwickelten sich die Eisenbahnen ohne zentrale Planung. Die nachträgliche Forderung an regionale deutsche Regierungen und Kapitalträger, beim Bahnbau möglichst schon vor 1848 auf die Landkarte des Kaiserreichs nach 1871 Bezug zu nehmen, ist schlicht unhistorisch.

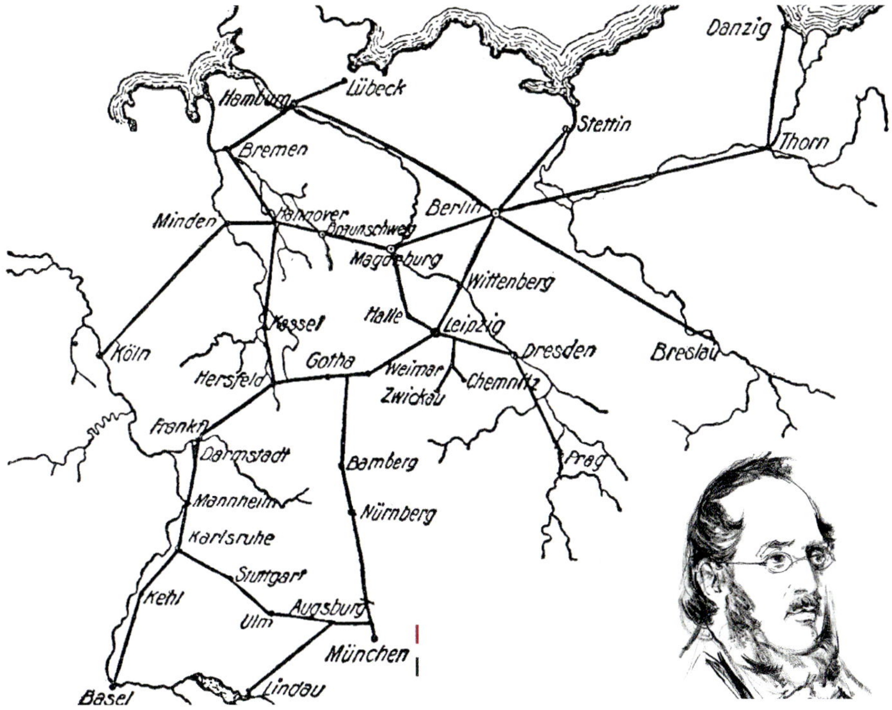

Friedrich List wurde für sein erstes Konzept eines deutschen Eisenbahnnetzes berühmt. Zeittypisch war die Ausblendung der österreichischen Teile des Deutschen Bundes. Vermutlich hat der Ökonom die dortige wirtschaftliche Dynamik unterschätzt. Zwischen Donau und Weichsel fuhren dann aber schon Züge, als noch manche Linie aus Lists Konzept fehlte!

6. – 14. Oktober 1829

Beim Lokomotivrennen von Rainhill setzt sich Stephensons „Rocket“ durch; die Dampflokomotive hat ihre für immer beibehaltene Grundform mit Röhrenkessel und Blasrohr gefunden

18. Juli 1833

Friedrich List publiziert die Denkschrift „Über ein sächsisches Eisenbahnsystem als Grundlage eines allgemeinen deutschen Eisenbahnsystems und insbesondere über die Notwendigkeit einer Eisenbahn von Leipzig nach Dresden“

Schwerpunkt Personenverkehr

Dem im Vergleich zu England geringeren Grad der Industrialisierung entspricht die Beobachtung, dass die Planung in Deutschland zunächst mehr auf den Personen- als auf den Güterverkehr Bezug nahm. Der geschichtliche Zusammenhang des Übergangs vom feudalen ins bürgerliche Zeitalter gilt aber auch für die Notwendigkeit, das Reisen zu erleichtern. Kaufleute, Bankiers, Ingenieure, Unternehmer, aber auch die höheren Verwaltungsbeamten des modernen Flächenstaates, konnten sich nicht mehr mit der Kutsche zufrieden geben, die für gelegentliche Fahrten der Majestäten ausgereicht hatte. Des in romantisierender Erinnerung fortlebenden Postkutschenzeitalters war man reichlich überdrüssig. Die „Schnellpost“ brachte es gerade einmal auf 15 km/h. Von Berlin nach München fuhr man 1835 noch dreieinhalb Tage (einschließlich mühsamer Fahrten bis weit in die Nacht hinein!), von Hannover nach Leipzig brauchte man einschließlich einer notwendigen Übernachtung 48 bis 50 Stunden. Regengüsse und Schnee konnten eine Reise um Stunden und im Falle der Komplikation durch Schadhaftwerden oder gar Umstürzen der Kutsche um Tage verzögern. Im übrigen kostete die Kutschenfahrt ein Vielfaches des späteren Eisenbahnfahrpreises, von den aufwendigen Mahlzeiten und Übernachtungen unterwegs ganz abgesehen. Man vergisst heute oft, dass im „Postkutschenzeitalter“ die meisten Leute zu Fuß unterwegs waren. Studenten und Handwerker, zum Kriegsdienst einrückende oder aus dem Feldzug heimkehrende Soldaten und das fahrende Volk im Dienste von Musik und Theater konnten sich keine Kutsche leisten.

Aktionäre und Arbeiter

Eisenbahnbau als Geschäftsidee, technische Herausforderung und soziales Problem

Vielhundertfach besorgten Lokomotiven dieses Zuschnitts mit drei angetriebenen Radsätzen zwischen 1850 und 1920 den Güterverkehr in Europa. Die abgebildete Maschine wurde von Schwartzkopff in Berlin 1867 für die Niederschlesisch-Märkische Eisenbahn gebaut. Äußere Rahmen und innere Zylinder waren zu dieser Zeit schon selten, die gegenteilige Anordnung setzte sich durch.

Die Eisenbahnen und ihre Zulieferer wurden sehr bald nach „Nürnberg – Fürth" zum dynamischsten Wirtschaftszweig im frühindustriellen Deutschland. Kühne Strecken forderten die Baukunst heraus und machten immer stärkere Lokomotiven notwendig. Fast vergessen neben dem Wirken von Politikern, Kapitalbesitzern und Ingenieuren sind Leistung und Leiden der Arbeiter an den Bahndämmen und Viadukten, in den Walzwerken und Schmieden.

Doch ohne sie wäre Deutschland nicht in wenigen Jahrzehnten zu einem der führenden Eisenbahnländer Europas geworden, das Lokomotiven in alle Welt exportierte. Die Wirtschaftsgeschichte bilanziert heute: War die Textilindustrie in England Basis für die moderne Ökonomie gewesen, so fiel in Deutschland diese Schlüsselrolle an die Eisenbahn! Rauchsäulen aus Fabrik- und Lokomotivschloten weisen uns den Weg zur Besichtigung des zweiten Drittels des 19. Jahrhunderts

„Mir ist nicht bange, daß Deutschland nicht eins werde; unsere guten Chausseen und künftigen Eisenbahnen werden schon das Ihrige thun."
Johann Wolfgang von Goethe am 25. Oktober 1828 zu Eckermann

Spurgebundene Wagen wurden schon im Mittelalter auf hölzernen Führungen durch Bergwerksschächte gezogen und geschoben. Eine Pferdebahn von Nürnberg nach Fürth hatte der bayerische Oberstbergrat Joseph von Baader (1765 – 1841) schon 1814 vorgeschlagen. Sein später detailreich konzipiertes System der „fortschaffenden Mechanik auf eisernen Kunststraßen" war als Zwei-Wege-Technik mit straßen- und schienentauglichen Wagen und weiterhin Pferdeantrieb nicht praxistauglich. Im Nymphenburger Schlosspark bei München konnte er 1825 dem bayerischen König Ludwig I. immerhin eine „Probebahn" vorführen.
Zu dieser Zeit war der erste deutsche „Dampfwagen" schon wieder fast vergessen. Inspektor Krigar bei der Berliner Eisengießerei hatte 1816 eine zierliche nur etwa 2,5 m hohe und 1,5 m lange Lokomotive gebaut, die nach älterem englischen Vorbild auf vier Rädern lief und sich an einer Zahnstange fortbewegte. Nachdem die Maschine bei Vorführfahrten in Berlin großes Aufsehen erregt hatte, wurde sie zerlegt an ihren Bestimmungsort Königshütte in Oberschlesien gebracht. Nach dem erneuten Zusammenbau zeigte sich, dass ihre Spurweite nicht den Gleisen entsprach. Damit endete die Karriere der ersten deutschen Lokomotive auch schon wieder. Eine ähnliche Maschine von 1817 tat in einer Grube an der Saar immerhin einige Jahre Dienst.
Friedrich List war nicht der einzige Propagandist des modernen Verkehrsmittels. Auch der Industrielle und Politiker Friedrich Harkort (1793 – 1880) plante in großem Rahmen. Er förderte die Dampfschifffahrt auf dem Rhein und wurde zum Vorkämpfer der Schienenverbindung zwischen Rhein und Weser.

Die ersten Personenwagen der Eisenbahn – hier ein englisches Modell – bestanden noch aus jeweils zwei oder drei Kutschkästen, die hintereinander auf ein schienentaugliches Fahrgestell gesetzt waren. Die Schreiner, Sattler und Glaser des Postkutschenzeitalters wurden nicht arbeitslos – und die Fahrgäste konnten das Abenteuer neuartiger Geschwindigkeiten wenigstens in vertrautem Umfeld erleben.

19. Februar 1834
König Ludwig I. von Bayern gibt der „Nürnberg-Fürther Ludwigsbahn-Gesellschaft" für eine Dauer von 30 Jahren das Privileg zum Bau und Betrieb einer Dampfeisenbahn.

3. April 1834
In Leipzig gründet sich ein Komitee für den Bau einer Eisenbahn nach Dresden.

28. November 1835
Bayern genehmigt den Bau einer Lokomotivbahn von München nach Augsburg

„Die Eisenbahnen werden manche Revolutionen hervorrufen. Man verbinde Elberfeld, Cöln und Duisburg mit Bremen oder Emden, und Hollands Zölle sind nicht mehr. … Möge auch im Vaterlande bald die Zeit kommen, wo der Triumphwagen des Gewerbefleißes mit rauchenden Kolossen bespannt ist und dem Gemeinsinne die Wege bahnet!"
Friedrich Harkort in seiner Schrift „Die Eisenbahn von Minden nach Cöln", März 1833

7. Dezember 1835

Das Stuttgarter Morgenblatt teilte seinen staunenden Lesern mit:

„Am 7. Dezember morgens um 9 Uhr fand die feierliche Eröffnung der Ludwigseisenbahn zwischen Nürnberg und Fürth statt. Schon um 7 Uhr machte sich Nürnberg zu Fuß, zu Pferde und zu Wagen auf den Weg, um zur rechten Zeit an Ort und Stelle zu sein. … Man betrachtete lange Zeit den soliden Bau der Bahn, die zum Teil elegant gebauten Passagierwagen, neun an der Zahl; aber die freudigste und nicht zu erschöpfende Aufmerksamkeit widmete man dem Dampfwagen selbst, an welchem jeder so viel Ungewöhnliches, Rätselhaftes zu bemerken hat, den aber in seiner speziellen Struktur, nach dem äußeren Ansehen, selbst der Kenner nicht zu enträtseln vermag.

Auf den Achsen von Vorder- und Hinterrädern wie ein anderer Wagen ruhend, hat er mitten zwischen diesen zwei größere Räder, und diese sind es, welche von der Maschine eigentlich in Bewegung gesetzt werden. Wie? läßt sich zwar ahnen, aber nicht sehen. Zwischen den Vorderrädern erhebt sich, wie aus einem verschlossenen Rauchfang, eine Säule von ungefähr 15 Fuß Höhe, aus welcher der Dampf sich entladet. Zwischen den Vorder- und Mittelrädern erstreckt sich ein gewaltiger Zylinder nach den Hinterrädern, wo der Herd und Dampfkessel sich befindet, welcher von einem zweiten, vierräderigen, angehängten Wagen aus mit Wasser gespeist wird. Dieser hintere Wagen nämlich, auf welchem der Platz für das Brennmaterial ist, hat auch einen Wasserbehälter, aus welchem Schläuche das Wasser in die Kanäle des eigentlichen Dampfwagens leiten. Außerdem bemerkt man eine Anzahl von Röhren, Hähne, Schrauben, Ventile, Federn, die alle wahrzunehmen mehr Zeit erfordert als uns vergönnt war. Ebenso nahm das ruhige, umsichtige, Zutrauen erweckende Benehmen des englischen Wagenlenkers uns ebenso in Anspruch. Jede Schaufel Steinkohle, die er nachlegte, brachte er mit Erwägung des rechten Maßes, des rechten Zeitpunktes, der gehörigen Verteilung auf den Herd. Keinen Augenblick müßig, auf alles

7. Dezember 1835

Die Ludwigseisenbahn Nürnberg – Fürth wird als erste dampfbetriebene deutsche Eisenbahn eröffnet

Hier ist die Intimität des Einzelabteils bereits durchbrochen: über die Trennwand blickt der neugierige Nachbar. Die unberechenbar zufällige Begegnung mit verschiedensten Mitreisenden auf der Eisenbahn – lediglich durch die verschiedenen Wagenklassen einigermaßen nach sozialen Schichten geordnet – wurde zunächst als Kulturschock erlebt und dann als Chance begriffen. Niemand zählt die in Zugabteilen geknüpften Geschäftskontakte, politischen Verbindungen und Liebesbeziehungen.

achtend, die Minute berechnend, da er den Wagen in Bewegung zu setzen habe, erschien er als der regierende Geist der Maschine und der in ihr zu der ungeheuren Kraftwirkung vereinigten Elemente. … Der Wagenlenker ließ die Kraft des Dampfes nach und nach in Wirksamkeit treten. Aus dem Schlot fuhren nun die Dampfwolken in gewaltigen Stößen. Die Wagen waren dicht aneinander gekettet und fingen an, sich langsam zu bewegen; bald aber wiederholten sich die Ausatmungen des Schlotes immer schneller, und die Wagen rollten dahin, daß sie in wenigen Augenblicken den Augen der Nachschauenden entschwunden waren …"

Kein Zweifel: der Nürnberger Bürgermeister Johannes Scharrer, der wichtigste Finanzier der Bahn Georg Zacharias Platner, der mit dem Bau der Strecke beauftragte Bezirksingenieur Paul Denis und nicht zu vergessen der erste deutsche Lokomotivführer William Wilson hatten Geschichte geschrieben.

Außer dem historischen Rang als allererste dem öffentlichen Verkehr übergebene Dampfeisenbahn in Deutschland bot die Ludwigseisenbahn jedoch nach den Maßstäben auch schon der Pionierzeit des Eisenbahnwesens keine innovative Besonderheit. Die von Stephenson unter der Fabriknummer 118 gebaute Lokomotive „ADLER" war, auch wenn ein anderer Pressebericht von einer schon vor dem 7. Dezember beobachteten Probefahrt den *„erhabenen Anblick"* geschildert hatte, *„wie der ungeheure Koloss ruhig seine Bahn dahinwandelte"*, in Wirklichkeit ein bewusst klein gehaltenes Modell für eine Eisenbahn lokalen Charakters. Die Ludwigseisenbahn wurde auch nicht zur ersten Etappe eines landesweiten Netzes. Immer in privater Hand verbleibend und mit den Strecken der späteren Bayerischen Staatsbahn nicht verknüpft, wurde sie 1922 stillgelegt und ihre Trasse für eine Straßenbahn verwendet.

Die hohe Wertschätzung und vielleicht Überschätzung der Eisenbahn Nürnberg – Fürth im Gedächtnis der deutschen Nachwelt mag darin begründet sein, dass Bilder und Texte von ihr die Sehnsucht nach biedermeierliche Idylle so gut bedienten. Besonnene Ratsherren und solide Unternehmer in einer von Spitzweg gemalten mittelalterlich geprägten Reichsstadt bauen dem Verkehr in die nur einen Spaziergang entfernte Nachbarstadt einen neuen Weg. Sie sind revolutionär genug, einen Dampfwagen anzuschaffen, und konservativ genug, um daneben auch noch elf Zugpferde einzusetzen. Ihr bürgerlicher Mut ist groß genug, um das Konkurrenzprojekt zu den von Ludwig I. bevorzugten Kanälen zu bauen; doch ihre Königstreue reicht aus, um seine Majestät unterthänigst zu bitten, dem Unternehmen seinen Namen verleihen zu wollen. So dargestellt scheint die Eisenbahn ein von moderner Hektik noch nicht aus der Ruhe gebrachtes frühbürgerliches Panoptikum abzurunden. Der ADLER-Zug hätte auch den Bürger nicht irritiert, der in Goethes „Faust" beim Osterspaziergang mit dem Wunsch zitiert wird „Mag alles durcheinandergehn; doch nur zuhause bleib's beim Alten."

In Wirklichkeit zerriss die Eisenbahn in vielfacher Hinsicht alte Sozialstrukturen, Verdienstmöglichkeiten und Monopolstellungen. Immer wieder wurde eine angebliche Denkschrift des Bayerischen Obermedicinal-Kollegiums zitiert, wonach ihr Anblick unweigerlich zu schwerer Geisteskrankheit führen müsse, weshalb die Einzäunung mit hohen Bretterwänden zu fordern sei. Dieser Text war jedoch auch schon 1835 als das gemeint, als das wir ihn heute erkennen: als Satire. Nicht lachen konnten die Fuhrleute und Wirte entlang den alten Poststraßen nach der Eröffnung einer parallelen Eisenbahn; an den Bettelstab kamen Bauern, die ihren Weizen oder ihre Kartoffeln nicht so günstig anbauen konnten wie die jetzt auf der Schiene liefernden Konkurrenten aus Ungarn oder Galizien. Die Macht der neuen Zeit spürte auch jeder Grundeigentümer noch so alten Adels, der – wenn auch gegen Geldentschädigung – aufgrund der in jedem deutschen Teilstaat alsbald erlassenen Enteignungsgesetze zugunsten des Schienenweges auf ein Stück seines ererbten Rechtes auf Wald und Flur verzichten musste. Für all diese schon von Harkort angekündigten „Revolutionen" bedurfte es aber eines landesweiten Aufbruchs in Sachen Eisenbahn, den die Patrizier zu Nürnberg und Fürth noch nicht hatten ahnen können. Zwei frohe Botschaften gaben sie aber allen Eisenbahnplanern in Deutschland mit auf den Weg: **Erstens:** das ganze Wunderwerk einer von unsichtbarem Dampf bewegten Maschine auf schmalen Eisenbändern mit einem halben Marktflecken fahrbarer Häuser dahinter funktionierte ohne alle apokalyptischen Entgleisungen und Explosionen wirklich. **Zweitens:** Das ganze lohnte sich: bei-

11. Juli 1836
Mit dem Transport von zwei Fässern Bier auf der Ludwigsbahn beginnt der Güterverkehr

28. September 1836
Bayern erlässt „Fundamentalbestimmungen" u. a. über die einheitliche Spurweite.

1837
Im Verlauf der Leipzig-Dresdner Eisenbahn wird die erste große Eisenbahnbrücke bei Riesa über der Elbe gebaut (gemauerte Pfeiler mit hölzernen Bogen)

24. April 1837
Das erste Teilstück der Leipzig-Dresdner Eisenbahn, Leipzig – Althen, geht in Betrieb.

1838
Erstmals wird zur Nachrichtenübermittlung entlang der Eisenbahn der Telegraph eingesetzt.
In Übigau bei Dresden entsteht nach Plänen von Prof. Andreas Schubert die „Saxonia", die erste funktionsfähige deutsche Lokomotive

Die offenen Wagenkästen (die frohe Reisegesellschaft wurde 1960 im Nachbau des „ADLER"-Zuges fotografiert) und erst recht die einfachsten Ausführungen ganz ohne Dach wurden alsbald aufgegeben. Auch dem Fahrgast der dritten Klasse gönnte man Verdeck und Glasfenster. Doch die Lokomotivpersonale standen noch nach der Mitte des 19. Jahrhunderts ungeschützt in Fahrtwind, Regen und Schneesturm.

spielsweise 1841 zahlte die Ludwigsbahn ihren Aktionären eine Dividende von 16 Prozent!

Das Bahnbaufieber

Am 7. Dezember 1835 bestanden schon Gesellschaften für Eisenbahnen von Leipzig nach Dresden, von Cöln nach Aachen und von München nach Augsburg. Aber ein Jahr später Ende 1836 belief sich die Summe aller Eisenbahnen in Deutschland immer noch auf 6 km; 1837 waren es nach der ersten Eröffnung in Sachsen gerade einmal 20 km. Doch nun war kein Halten mehr. 1838 wurden die erste preußische Strecke von Berlin nach Potsdam, die erste Strecke im westlichen Deutschland von Düsseldorf nach Erkrath und die erste deutsche Staatsbahn von Braunschweig nach Wolfenbüttel eröffnet; die Summe belief sich auf 141 km. Nachdem 1839 die Gesamtstrecke Leipzig – Dresden eröffnet worden war, erhielt sie bereits 1840 Anschluss an eine Verbindung Leipzig – Halle – Magdeburg. Im selben Jahr wurden fertig Mannheim – Heidelberg und München – Augsburg; das Dampfross fuhr auf 462 km. Diese Streckenlänge stieg in gerade einmal acht weiteren Jahren auf das mehr als zehnfache. Am Ende des Revolutionsjahres 1848 waren (bezogen auf die ab 1871 gültigen Reichsgrenzen) 5.002 km im Betrieb. Damit lag Deutschland nach England und den USA an dritter Stelle in der Welt und hatte Frankreich und Belgien, die mit dem Eisenbahnbau früher begonnen hatten, bereits überholt. Schon waren landesweite Fernreisen auf der Schiene möglich: man konnte – wenn auch mit umständlichem Wechsel von einer Privatbahn auf die andere und mangels nächtlichen Betriebs mit Zwischenübernachtungen – von Kiel über Hamburg nach Berlin und weiter über Breslau und Oderberg bis Wien fahren; die Gleise reichten vom Ostseehafen Stettin über Berlin, Magdeburg, Hannover, Bielefeld, Dortmund, Düsseldorf, Köln, Aachen und Lüttich bis Antwerpen und Ostende.

Mit gewaltigen Kunstbauten überwand die Bahn immer mehr topografische Hindernisse. Im Bild: der Viadukt bei Gotha

22. September 1838
Die Berlin-Potsdamer Eisenbahn geht als erste in Preußen in Betrieb

3. November 1838
Das preußische Gesetz über Eisenbahn-Unternehmungen tritt als erste umfassende Rechtsvorschrift über das Eisenbahnwesen in Kraft

1. Dezember 1838
Das Herzogtum Braunschweig eröffnet die Strecke Braunschweig – Wolfenbüttel als erste deutsche Staatsbahn

7. April 1839
Eröffnung Leipzig – Dresden auf ganzer Länge und damit auch des ersten deutschen Eisenbahntunnels von 513 m Länge

1839
Erster Militärtransport auf der Schiene in Deutschland

1841
Erste Lokomotiven der Hersteller Emil Keßler in Karlsruhe, August Borsig in Berlin und J. A. Maffei in München, erste Postbeförderung auf der Strecke Leipzig – Dresden

Der anfängliche Vorsprung Bayerns war dahin. An Rhein und Ruhr, in Berlin und Oberschlesien sowie in Sachsen stand mehr Kapital zur Verfügung und war aus dem Geschäft mit dem Kohletransport mehr Rendite zu erwarten als im agrarischen geprägten Bayern oder in Württemberg. Kein Zufall ist es deshalb auch, dass Preußen bis in die Kaiserzeit Heimstatt großer Privatbahnen wurde, während es in Süddeutschland dem Staat überlassen war, die moderne Infrastruktur zu bauen. Auch in Norddeutschland erreichten freilich die Gewinnspannen kaum mehr die versprochene Dimension von „Nürnberg–Fürth". Trotzdem ging der Streckenbau ungehemmt weiter. 1859 wurden die 10.000 km und 1871 die 20.000 km erreicht.

Ursprüngliche Vorbehalte gegen die Eisenbahn waren fast vergessen. Die Dynamik der kapitalistisch-marktwirtschaftlichen Ordnung tat längst ihre Wirkung. So mancher Fuhrunternehmer, dessen Geschäft mit Eröffnung einer Eisenbahnstrecke weggebrochen war, verdiente mit dem Anschlussverkehr von und zu den Bahnhöfen längst ein Vielfaches oder hatte sich auf den Transport von Baumaterial für Eisenbahnprojekte spezialisiert. Allein der Bedarf der Bahngesellschaften an Stahl und Gusseisen, Stein und Holz, Kohle und Schmieröl, Lokomotiven und Wagen, Uniformen und Werkzeug eröffnete ungeahnte Geschäftsmöglichkeiten für verschiedene Zweige handwerklicher und frühindustrieller Produktion.

K.P.E.V.

wachsenden Vorrang des Güterverkehrs. Die Zahl der Personenkilometer auf Deutschlands Schienen war 1879 hundertmal so groß wie 1840, die Zahl der Tonnenkilometer mehr als 3.800-mal so groß. Im Jahre 1858 überholte die Zahl der Tonnenkilometer die Zahl der Personenkilometer und betrug 1879 bereits das Doppelte. Entsprechendes gilt für die Einnahmen der Privat- und Staatsbahnen. Sie wuchsen zwischen 1840 und 1879 aus dem Personenverkehr von 2,7 Millionen auf 226 Millionen Mark, aus dem Güterverkehr indes von 0,55 auf 564 Millionen Mark.
Und noch ist ja nur die Anfangszeit beschrieben. 1879 hatte das Kaiserreich seinen beispiellosen Wirtschaftsaufschwung bis zum Beginn des Ersten Weltkriegs noch vor sich. Die Fortsetzung der Zahlenreihe von Millionen Tonnenkilometern des Güterverkehrs lautet:

1895: 25.000
1913: 67.000

Dies bedeutet vom Jahr der Reichsgründung 1871 zum letzten Friedensjahr 1913 eine Verelffachung. Maßgeblich dafür waren viele Ursachen: Das weitmaschige Streckennetz der Reichsgründungszeit hatte sich in die feinen Adern der Neben- und Kleinbahnen verzweigt. Neue Güterströme hatten sich etabliert, so etwa der für die Ernährung ärmerer Schichten unverzichtbare Versand von Seefisch aus den norddeutschen Häfen in die Großstädte und der internationale Transport von Schlachtvieh. Neue Produkte waren zu befördern, man denke an die Ausrüstungen für elektrische Beleuchtungen, Kraftanlagen und Straßenbahnen oder an die jetzt synthetisch aus Kohle hergestellten Farben.
Die vielen Bahngesellschaften der Frühzeit bewiesen schon gut entwickelten Geschäftssinn, als sie die Frachtgebühren für Stückgut, ganze Wagenladungen und Rohstofftransporte differenzierten. Die lineare Orientierung an der Transportstrecke wurde alsbald im Sinne einer Verteuerung für kurze Strecken und eines Rabattes für lange Strecken abgeändert, weil man erkannte, dass die fixen Kosten für Wagengestellung und Abrechnungsarbeiten für kurze Distanzen nicht geringer sind als für lange.

150 Jahre Fahrt auf alten Trassen

Zurück zum Baugeschehen ab 1835. Ein ehrendes Gedenken hat nicht in erster Linie Bankiers, Commercienräthen, den im Aktienkauf rührigen Fabrikanten und den Journalisten einer großenteils wirtschaftshörigen Presse zu gelten und auch nicht den Monarchen, Ministern und Spitzenbeamten, die mit Enteignungsgesetzen, Konzessionsurkunden und staatlichen Ausfallbürgschaften bzw. in Süddeutschland mit unmittelbarer staatlicher Bautätigkeit dem Fortschritt seinen Weg ebneten. Das „Heldentum" all dieser Herren war, auch wenn es mit finanziellem Risiko verbunden war, doch von einem – in aller Regel in Erfüllung gegangenen – nüchternen Gewinnstreben in eigener Sache motiviert. Nicht anders als im 21. Jahrhundert fiel der ausnahmsweise glücklose Spekulant weich.
Größeres Staunen weckt die Leistung der Ingenieure, die mit den Mitteln einer noch recht schlichten Vermessungstechnik die Trassen der Bahnlinien bestimmten und die sich ohne verlässliche Rechenwerke zur Statik von Verkehrsbauwerken und ihrer Belastung durch die dynamisch wirkenden Energien fahrender Züge an Steilrampen wie die „Schiefe Ebene" im bayerischen Fichtelgebirge und die „Geislinger Steige" am württembergischem Albanstieg jeweils mit hohen Stützmauern wagten, die den Göltzschtal-Viadukt im sächsischen Vogtland als größte Ziegelbrücke der Welt konstruierten und die ersten Tunnelbauten in Angriff nahmen.
Noch bis Ende der 1980er-Jahre, als die ersten Neubaustrecken der DB fertig wurden, nahm jeder Fernzug in Deutschland noch genau den Weg, den ihm die Streckenplaner der Jahre 1835 bis 1905 gewiesen hatten; und noch heute hält sich ein Zug von Karlsruhe nach Konstanz oder von Frankfurt am Main nach Berlin an die historische Streckenführung. Nur innerhalb von Ballungsräumen wurde die Verkehrsströme in der Phase des rapiden Wirtschaftswachstums ab 1885 im Zusammenhang mit dem Bau großer Personenbahnhöfe und spezieller Rangierbahnhöfe neu geordnet. Durch die gründerzeitlichen Vorstädte von München, Leipzig oder Hamburg fährt man seither auf großzügig teilweise ober-

Linke Seite: Über die Steigerung der Verkehrsleistungen gibt Auskunft die exakt geführte Statistik der Wagenachskilometer. Allein die Radsätze, die von Achslagern mit den Initialen der Königlich-Preußischen Eisenbahn-Verwaltung geführt wurden, legten 1905 genau 16.619.765.734 km zurück, im Kriegsjahr 1916 aber 26.180.444.518 km.

1848/49

Die Eisenbahnen werden zum Kommunikationsmittel der vor allem in Österreich, Baden und Berlin ausbrechenden bürgerlichen Revolution; sie befördern Flugschriften, Demonstranten und bewaffnete Kämpfer. Auch die zur Niederschlagung mobilisierten österreichischen und preußischen Truppen machen sich die Schnelligkeit des Transports auf der Schiene zunutze.

Für die ersten Kunstbauten fehlten noch verlässliche Rechenformeln. Die vorsichtshalber überaus stabil ausgeführten Konstruktionen hielten denn auch Belastungen stand, an die man seinerzeit noch nicht denken konnte. Über den Göltzschtal-Viadukt, 1846 bis 1851 mit mehr als 26 Millionen Steinen als größte Ziegelbrücke der Welt gebaut, läuft noch heute der Fernverkehr zwischen Nordbayern und Sachsen.

schaften; deutsche Bahnverwaltungen bauten (ganz anders als die in England, Frankreich oder Österreich!) nur selten in ihren Werkstätten ein paar Lokomotiven für den eigenen Bedarf. 1846 begann Georg Egestorff in Hannover mit dem Lokomotivbau; Kessler konnte in seinem Zweitwerk in Esslingen die erste Lok fertigstellen. 1848 vervollständigten Richard Hartmann in Chemnitz und Carl Anton Henschel in Kassel den Kreis der bereits erfolgreichen Hersteller. Der Import von Lokomotiven war überflüssig geworden. Ein für die moderne Volkswirtschaft nicht wegzudenkendes Merkmal war die Arbeitsteilung mit einer Zulieferindustrie: Achswellen und Kolbenstangen etwa konnte der Lokhersteller nun von Spezialisten der Stahlverarbeitung beziehen. Marktführer für solche Teile, insbesondere aber für die endlich nahtlos umlaufenden Radreifen, wurde Friedrich Krupp in Essen.
Weniger schwierig war der Bau von Wagen. Ihre weitgehend aus Holz bestehenden Konstruktionen hielten sich im Rahmen der traditionellen Handwerkskunst von Tischlern, Glasern und Sattlern. Zu den ersten Waggonfabriken gehörten Talbot in Aachen 1838, Linke in Breslau und Gastell in Mainz (beide 1839), van der Zypen und Charlier in Köln 1846 und Lüders in Görlitz 1849.

Borsig-Lokomotive für Sachsen aus dem Jahr 1858.

Zur höheren Entwicklung des Eisenbahnwesens gehörte auch die Herausbildung von Berufsverbänden. Die Beamten wie hier die um ein zur Aufnahmezeit schon museales Modell versammelten Lokführer gaben sich staatstreu und wurden von der Obrigkeit denn auch im Gegensatz zu den „roten“ Gewerkschaften und der Sozialdemokratie freundlich behandelt.

Noch betrachten wir eine Epoche der Wirtschaftsgeschichte, in der die Person des Gründers ganz im Mittelpunkt des Schicksals einer Firma stand. Borsig, Kessler, Maffei oder Hartmann wurden Stammväter unternehmerischer Dynastien, von denen manche über Generationen die Geschicke ihrer Werke bestimmten. Der Lokomotivbau hatte Hochkonjunktur. Nach zwanzig Jahren war die Lebensdauer einer Lokomotive schon wieder erschöpft. 1854 vergab Borsig, 1870 Kessler in Esslingen und 1874 Maffei seine Fabriknummer 1000. Henschel & Sohn kamen bis 1870 erst zur Nummer 300. Zu dieser Zeit war der Import aus England längst vergessen, exportierten deutsche Hersteller schon Lokomotiven nach Skandinavien und Russland. Ein Vierteljahrhundert nach „Nürnberg – Fürth“ war Deutschland nach unter den Aspekten von Ausdehnung des Streckennetzes, technologischer Reife und produktiver Kraft in die Reihe der führenden Eisenbahnländer neben England, Frankreich, den USA und Österreich aufgerückt.

Die sicherheitstechnische Herausforderung: Kommunikation!

Älter als die Eisenbahn ist – jedenfalls in den Köpfen der Menschen – das Eisenbahnunglück. Bevor die erste Dampflok fuhr, konnten sich viele

Zeitgenossen kaum vorstellen, dass sie ohne Explosion und Feuersbrunst über Land rasen würde. Dass sich die Maschinen und ihre langen Wagenzüge auf den zierlich schmalen Schienen halten würden, schien ebenso unmöglich.
Doch die Pessimisten täuschten sich. Kesselexplosionen kamen vor, bildeten aber keineswegs ein sehr typisches Risiko. Als sie wegen ungeeigneten Materials und mangelhafter Prüftechnologie noch relativ häufig waren, hielten Kesseldrücke im Bereich von nur vier bis acht Atmosphären die Folgen eines „Zerknalls" in Grenzen. Außer dem unvorsichtigen Personal gab es kaum Opfer. Und auch die Entgleisung, soweit sie nur durch das Versagen des Rad-Schiene-Systems entstand, blieb selten. Erstaunlich selten, denn oft fuhren zu schwere Fahrzeuge zu schnell auf schwachen, abgenutzten oder schadhaften Gleisen. Die Führung der leicht kegeligen Räder mit Spurkränzen zwischen zwei Schienen erwies sich als Technik mit unerhörten Reserven. In beiden Weltkriegen hoppelten Züge über Sprenglücken mit bis zu 40 Zentimetern Länge, die Reichsbahn der DDR fuhr in den 1980er-Jahren mit 120 km/h auf Schienen, die in zerbröselnden Betonschwellen nur noch wenig Halt fanden, und wenn die Eisenbahntechnik irgendwo jenseits von 350 km/h ihre Grenzen finden wird, dann nicht wegen unsicherer Spurführung.
Die echten Sicherheitsprobleme der Eisenbahn liegen woanders: Die Fahrzeuge haben auf Grund ihrer großen Massen einen langen Bremsweg, Hindernissen können sie nicht ausweichen. Die Leichtigkeit, mit der das Eisenrad auf der Eisenschiene fährt, wird zum Problem, wenn der dahineilende Zug schnell abgebremst werden muss. Die Sicherheit der Spurführung wird zur Falle, wenn er auf ein Hindernis zurast. Wehe, wenn ein Zug einen langsameren Vorläufer einholt oder wenn ihm gar ein anderer Zug auf demselben Gleis entgegenkommt. Kein Fahrzeug darf eine Weiche oder Kreuzung blockieren, kein Arbeiter einer Baustelle oder Benutzer eines Überweges sich im Gleisbereich befinden. Ob ein Erdrutsch oder Steinschlag Hindernisse geschaffen hat, ob eine Brücke eingestürzt oder ein Damm abgerutscht ist: In jedem dieser Fälle kommt es ohne Vorwarnung für den Zugverkehr zum Unglück. Zu den typischen Traumata der an einem Unfall beteiligten Eisenbahner gehört die Ohnmacht in den letzten Sekunden davor.
Unzählige Male pro Tag durfte ein Zug erst dann abfahren, wenn gleichzeitig sichergestellt war: In dem vom Ausfahrtssignal gedeckten Gleisabschnitt befindet sich kein anderer Zug. Im nächsten Bahnhof werden die Reisenden nun von den ebenerdigen Überwegen ferngehalten. Eine Meile weiter sperren Glocke und Schranke den Bahnübergang gegen Pferdefuhrwerke und Ochsengespanne. Und zwei Meilen weiter verlassen rangierende Fahrzeuge das Hauptgleis, werden alle Weichen in einer das Hauptgleis nicht tangierenden Richtung verriegelt und wird (auf eingleisiger Strecke) der Gegenzug in ein Ausweichgleis geleitet, wo ihm „Halt" geboten ist.
Das alles war in Zeiten ohne Telefon, vom Mobilfunk ganz zu schweigen, leichter verlangt als realisiert. Die wirkliche Herausforderung des Eisenbahnwesens in Sachen Sicherheit war die Garantie zuverlässiger Kommunikation zwischen den Betriebsstellen, zwischen Betriebsstelle und Zug und zwischen den durch den Lokomotivtender getrennten Personalen von Lok und Zug. Zwischen den Bahnhöfen und Blockstellen wurden zunächst elektromechanische Verbindungen installiert, mit denen der Absender beim Empfänger ein Läutewerk in Gang setzt oder Morsezeichen in ein Papierband stanzt; für die Signalisierung von Halt-, Fahrt- und Vorsichtsbefehlen von ortsfester Position zum fahrenden Zug wurden die Signale eingeführt, die mit einer unendlichen und fast künstlerischen Vielfalt mit unterschiedlichen Stellungen farbiger Blechtafeln und verschiedenen Kombinationen bunter Lichter zur Nachtzeit arbeiten. Der rot-weiße Signalflügel, in waagerechter Lage die Strecke sperrend und im 45°-Winkel freie Fahrt gestattend, die mit gleichen Bedeutungen am hohen Mast in der Dunkelheit rot oder grün leuchtenden Laternen, die vom einsamen Wärter als bindende Befehle verstandenen Glockenschläge und die um schnelle Beseitigung aktueller Gefahr flehenden Pfiffe der Lokomotiven: Alle diese nonverbalen optischen und akustischen Botschaften wurden für die Eisenbahn genauso typisch wie Lokomotiven, Wagen und Schienen selbst.

Armbewegungen mit festgelegter Bedeutung, Signale aus Horn und Trillerpfeife, Morsezeichen und Glockenschläge, waagerecht, schräg und senkrecht gestellte Blechtafeln verschiedenster Form und Farbe sicherten Kommunikation und damit Sicherheit in Zeiten vor Telefon und Funk und boten genauso wie die noch so häufigen Bahnschranken auch eine eigenartige Ästhetik, die jedes Kind kannte und die manchen Künstler anregte.

Bahnwärter neben Ballonsignal, in der Zeit um 1850

Die Länderbahnzeit

Private Investitionen und staatliche Verwaltung

Das Prädikat größter Schönheit genießen unter den zahllosen Lokomotivtypen der Länderbahnen heute die Konstruktionen des Münchner Herstellers J. A. Maffei. Mit Barrenrahmen und Vierzylinderverbundtriebwerk auch technisch auf höchster Stufe der Zeit, beeindruckten sie durch ausgewogene Proportionen und Freihaltung des Kessels von allzu vielen äußerlich sichtbaren Armaturen. Wir sehen eine fabrikneue S 3/5 aus dem Jahre 1903.

Alt sind aus der Sicht des 21. Jahrhunderts je nach Alter des Betrachters Lokomotiven und Züge von 1935, 1955 oder 1975. Niemand kann uns mehr aus eigener Erinnerung vom Universum der Eisenbahnen zu Kaisers Zeiten erzählen. Zu Zeiten, in denen die Eisenbahn noch ohne motorisierte Konkurrenz arbeitete und die Dampflokomotive Alleinherrscherin auf den Schienenwegen war. Wir betrachten eine Epoche, in der die Eisenbahnen allmählich von privater in staatliche Trägerschaft übergingen und unter den Bedingungen nie da gewesenen Wirtschaftswachstums ihre Leistungen ständig steigerten. Eine Epoche jedoch auch, die in den Ersten Weltkrieg führte.

Der politische Rahmen: Monarchien im Deutschen Bund und im Deutschen Kaiserreich

Wir haben im vorigen Kapitel die Eisenbahn zu einem technologisch ausgereiften und marktfähigen System heranwachsen sehen und betrachten jetzt ihre erste ausgedehnte Blütezeit in unserem Land. Die politisch-verfassungsrechtlichen Verhältnisse änderten sich nach Ablauf der ersten zwei Drittel des 19. Jahrhunderts markant. Mit dem Krieg von 1866 zerbrach der Deutsche Bund. Preußen annektierte das Königreich Hannover, das zusammen mit Bayern und Sachsen unterlegen war, und vereinigte über diese Landbrücke das Rheinland mit seinen Stammgebieten zwischen Elbe und Memel. Es erlangte damit eine Vormachtstellung gegenüber allen anderen deutschen Teilstaaten und drängte Österreich an den Rand. Nach dem Sieg eines von Preußen geführten Bündnisses gegen Frankreich 1870 wurde 1871 das deutsche Kaiserreich gegründet, der preußische König Wilhelm zum deutschen Kaiser gekrönt.

Die Eisenbahnen blieben jedoch in Besitz und Verwaltung der weiterhin mächtigen deutschen Teilstaaten bzw. in einer von ihnen beaufsichtigten privaten Trägerschaft. Dieser Zustand endete erst nach dem verlorenen Ersten Weltkrieg. Wir müssen die zu den Eisenbahnen in den deutschen Ländern vorstellbaren vielhundert Seiten langen Enzyklopädien von vornherein auf wenige Grundzüge von Eigentumsverhältnissen, Netzentwicklung und Lokomotivgeschichte beschränken. Der letztgenannte Aspekt ist bewusst mit dem Schwerpunkt der Bezeichnungssysteme dargestellt, in denen sich technische Entwicklungen widerspiegeln.

Zuvor sei aber noch die veränderte Rolle des Staates in der beginnenden kapitalistisch-industriellen Gesellschaft hingewiesen. Alle deutschen und europäischen Monarchien überwanden –

1871
Einführung der Ölgasbeleuchtung in Reisezügen

10. Mai 1871
Die von der französischen Ostbahn-Gesellschaft gebauten Eisenbahnen im annektierten Elsass-Lothringen firmieren fortan als „Reichseisenbahnen“.

20. April 1871
Zur grenzüberschreitenden Abstimmung der Fahrpläne findet in München die erste deutsche Fahrplankonferenz statt, aus der später die europäische Fahrplankonferenz hervorgeht

1872
Nachdem der deutschstämmige Amerikaner George Westinghouse die später nach ihm benannte Druckluft-Bremse erfunden hat, beginnt die Einführung der durchgehenden Bremse auch bei Schnell- und Personenzügen in Deutschland

Aus dem Bahnhof im wahrsten Sinne des Wortes, nämlich einem mit zwei oder drei Gleisen belegten „Hof“ zwischen ein paar Dienstgebäuden, wurde nach 1850 die repräsentative „Kathedrale“ des Verkehrs mit klassizistischer Front zur Stadt und hoch gewölbter Bahnsteighalle. Wir sehen den Lehrter Bahnhof zu Berlin 1879. Genau an diesem Ort in der Mitte Berlins finden wir heute den Berliner Hauptbahnhof als Mittelpunkt des deutschen Personenverkehrs auf der Schiene.

wenn auch keineswegs gleichzeitig – in der zweiten Hälfte des 19. Jahrhunderts ihre vormärzliche Schockstarre gegenüber den modernen Produktionsverhältnissen, ihren bürgerlichen Propagandisten und Nutznießern und ihren maschinellen und finanziellen Triebkräften. Der an Bergbau und Eisengießerei verdienende „Schlotbaron" mochte als neureicher Emporkömmling suspekt sein, als Steuerzahler war er sympathischer als der überschuldete Gutsbesitzer aus altem Adel. Minister, Beamtenapparate und Landtage nahmen die überwachenden und steuernden Funktionen des modernen Staates und seine Rolle als Schiedsrichter zwischen Arbeit und Kapital und zwischen verschiedenen Fraktionen des Kapitals an. Die Unternehmerschaft überzeugte sich von den Vorteilen eines in gewissem Maße staatlich kontrollierten und korrigierten Wirtschaftskreislaufes, auch wenn Gesetze und Verwaltungsakte im Einzelfall den Profit schmälerten. Überlegungen dieser Art wirken nach Ausbruch der Banken- und Wirtschaftskrise 2008/2009 überraschend aktuell. So wenig wie elementare Krisen eine Neuigkeit im Kapitalismus sind oder ihn etwa gar in seiner Existenz bedrohen, so altehrwürdig ist auch schon das Auf und Ab mehr oder weniger starker staatlicher Interventionen.

Auf die Eisenbahn bezogen: in der zweiten Hälfte des 19. Jahrhunderts wurde die Eisenbahn als militärisches Werkzeug und als Triebkraft regionaler Strukturförderung erkannt, wurden Neben- und Kleinbahnen als Modernisierungs- und Wachstumsfaktoren für den ländlichen Raum und Vorortstrecken als Entwicklungsachsen für die Metropolen bewusst eingesetzt. Tränenschleier nostalgischer Rührung dürfen wir wegwischen. So wenig sich der Staat des beginnenden Industriezeitalters mit einer Karikatur als willfähriger Polizist des Kapitals hinreichend be-

29. Dezember 1871

Das „Einheitliche Betriebs- und Bahnpolizeireglement für die deutschen Eisenbahnen" tritt in Kraft

1. Februar 1872

Auf der Strecke Herlasgrün – Reichenbach im Vogtland wird erstmals das Blocksignalsystem eingeführt

27. Juni 1873

Bismarck hat die deutschen Eisenbahnen nicht unter der Hoheit des Reiches vereinigen können. Ein nun gegründetes Reichseisenbahnamt achtet auf die Wahrung insbesondere militärischer Belange durch die einzelnen Bahnverwaltungen

1. November 1873

Die Badische Staatsbahn eröffnet die Schwarzwaldbahn Offenburg – Villingen – Singen als erste deutsche Gebirgsbahn (nachdem die 20 Jahre ältere Semmeringbahn staatsrechtlich nun nicht mehr in einem deutschen Teilstaat liegt)

Ein Klassiker unter den alten deutschen Großstadtbahnhöfen war der Anhalter Bahnhof in Berlin aus dem Jahre 1880. Die Lokomotive wirkt im Verhältnis zu Portal und Halle spielzeughaft klein. Nach dem Zweiten Weltkrieg wurde das beschädigte, aber durchaus erhaltungsfähige Gebäude ohne jede städtebauliche Notwendigkeit gesprengt, wohlgemerkt von West-Berliner Behörden, die der östlichen Konkurrenz nach ihrer Zerstörung des Stadtschlosses wohl nicht nachstehen wollten.

Aus der langen Reihe leistungsfähiger Tenderlokomotiven für die Berliner Stadt-, Ring- und Vorortbahnen (heute S-Bahn) stammt die T 5¹ mit symmetrischer Achsfolge. Zwischen 1880 und der großen Elektrifizierung 1928 verräucherten Tag für Tag mehrere hundert Dampflokomotiven allein des Nahverkehrs den Himmel über der Hauptstadt!

Unten: Kaum mehr bekannt ist heute der kombinierte Reibungs- und Zahnradbetrieb auf steigungsreichen preußischen Nebenbahnen in Hunsrück, Westerwald, Thüringer Wald und Riesengebirge. Die abgebildete T 26 hatte die Achsfolge C1' und arbeitete sich mit zwei Zahnrädern auf Steilstrecken bergwärts. Leistungsfähigere Lokomotiven machten diese Betriebsform in den 1920er Jahren entbehrlich.

7. Februar 1882

Eröffnung der Berliner Stadtbahn zwischen Charlottenburg und dem Schlesischen Bahnhof. Sie wird mit zwei Fern- und zwei Nahverkehrsgleisen (später elektrische S-Bahn) eine der am meisten befahrenen deutschen Strecken.

5. Juni 1883

Der erste Luxuszug der 1876 mit belgischen und französischen Kapital gegründeten CIWL, „Orient-Express", nimmt den fahrplanmäßigen Verkehr auf. Zwischen Deutsch Avricourt (Lothringen) und Simbach (Bayern) befährt er deutsche Gleise.

neuen Maschinen nach einem einfachen Schema, das mit ungekuppelten Loks (eine Treibachse) in der Gruppe 1 – 99 begann und über Schnell-, Personen-, Güterzug- und Tenderloks bis zu den als 1900 – 1999 zu bezeichnenden Sonderbauarten reichte. Zur Identifikation einer preußischen Lokomotive ist daher außer einer Nummer auch immer ein Direktionsname notwendig. Leicht gesagt für den heutigen Sammler historischer Fotografien, denn nur allzu oft ist auch mit der besten Lupe nicht erkennbar, ob es sich nun um die „214 Berlin" oder die „214 Breslau" handelt.

Ab 1878 wurden für Lokomotiven und Wagen die sogenannten „Normalien" entwickelt und in „Musterblättern" fixiert. Die Direktionen taten gut daran, im Zweifel Modelle nach dieser frühen Form von Vereinheitlichung zu beschaffen, die freilich mit einer Normung sämtliche Einzelteile noch nichts zu tun hatte.

1906 wurde das Bezeichnungssystem erneuert. Erst jetzt erhielten die Lokomotiven Gattungsbezeichnungen aus den Kennbuchstaben S = Schnellzuglok, P = Personenzuglok, G = Güterzuglok, T = Tenderlok und einer Ziffer, bei der eine mittlere Leistung durch die „3", eine geringe Leistung durch „1" oder „2" und eine höhere Leistung durch die „4" signalisiert wurde. Noch immer handelte es sich aber nicht um „Baureihen"! Hinter den Bezeichnungen „P 3" oder „G 3" konnten sich in verschiedenen Direktionsbezirken sehr unterschiedliche Typen verbergen. Die sprunghafte Zunahme der Bestände schließlich machte es notwendig, den gesamten Bereich vierstelliger Nummern auszuschöpfen. Kurz vor dem Ersten Weltkrieg endeten dann die regionalen

Sonderbeschaffungen einzelner pereußischer KED. Die Gattungsbezeichnungen, jetzt um Indexbuchstaben präzisiert, standen nun für landesweit verbindliche Musterblätter.
Die wichtigsten Lokomotivhersteller waren Borsig und Schwartzkopff in Berlin, Henschel in Cassel, Vulcan in Stettin, Schichau in Elbing, Hohenzollern und Humboldt in Köln und Hanomag in Hannover.
Pionierarbeit leistete Preußen auf dem Gebiet der elektrischen Zugförderung. Ab 1907 bewährten sich – einmalig im öffentlichen Eisenbahnbetrieb der ganzen Welt – Akkumulatortriebwagen. Fast gleichzeitig wurde der Kernbereich des Hamburger Nahverkehrs auf Oberleitungsbetrieb mit Wechselstrom umgestellt. 1911 fuhren auf der Strecke Dessau – Bitterfeld die ersten elektrische Schnellzüge. Im schlesischen Gebirge bewies der elektrische Betrieb seine besondere Tauglichkeit für Steilstrecken.

Privates Paradies neben der großen Staatsbahn: preußische Kleinbahnen

Kaum hatte sich Preußen zur Schaffung der größten staatlichen Eisenbahnverwaltung der Welt entschlossen, stellte Berlin auch schon die Weichen für eine neue Blütezeit privater Eisenbahninitiative. Das Kleinbahngesetz vom 28. Juli 1892 setzte wie vergleichbare Vorschriften in anderen Ländern die baulichen und betrieblichen Anforderungen an kleine Erschließungsbahnen herab, die von privaten und kommunalen Trägern errichtet und betrieben werden sollten. Der Erfolg war beträchtlich: am 31. März 1909 fuhren in Preußen 283 Kleinbahnen, davon 141 auf Normalspur, 47 auf Meterspur, 40 auf 750 mm Spur, neun auf 600 mm Spur und der Rest auf anderen oder mehreren Spurweiten. An Triebfahrzeugen waren außer 1.099 Dampflokomotiven auch schon 444 elektrische Triebwagen im Einsatz. Die

Eine P 8 mit der Nummer 2455 besaß so manche preußische Direktion wie zum Beispiel Cassel, Elberfeld, Breslau, Erfurt, Königsberg und Stettin. Zur Identifikation einer Lokomotive muss man das „Kleingedruckte“ auf dem Nummernschild lesen. Die Detailaufnahme stammt von der museal erhaltenen und betriebsfähig aufgearbeiteten 2455 Posen.

Und so sah eine preußische Schnellzuglok der mittleren Kaiserzeit aus! Das vorlaufende Drehgestell der S 3 trägt ein Zweizylinder-Verbundtriebwerk und gibt einem großen Kessel Platz.

Maffei legte von seinen Lokomotivneuheiten künstlerisch anspruchsvolle Ansichtskarten auf. Für den Laien mögen „alle Dampflokomotiven gleich" aussehen, bei näherer Betrachtung erkennt man aber bei gemeinsamer Achsfolge 2'B1' (nach amerikanischem Vorbild auch in Europa als „Atlantik" bezeichnet) doch deutliche Unterschiede zwischen der gedrungenen Bauart für die Bayerischen Pfalzbahnen (oben), der eleganten S 2/5 für die schnellsten Züge zwischen München und Nürnberg (Mitte) und dem Kraftpaket für die Großherzoglich Badischen Staatsbahnen (unten).

Achsfolgen 1A1, 1B, C und 2'B sowie Tenderloks der Achsfolgen Bt, 1Bt, Ct, C1't und 1'B2't ohne große Abweichungen zu den deutschen und nichtdeutschen Nachbarländern. In die Weltgeschichte der Lokomotiven trugen sich K.Bay.Sts.B. und ihr Hauslieferant Maffei ein, als sie mit Beginn des 20. Jahrhunderts gemäß dem Vorbild von vier aus den USA bezogenen Mustermaschinen konsequent auf den geschmiedeten Barrenrahmen, zum Vierzylinderverbundtriebwerk und alsbald auch zur Heißdampflokomotive übergingen. Die in wenigen Jahren vorgestellte Typenfolge von S 2/5, S 3/5 und P 3/5 bis zur S 3/6 hat in punctis Leistung, Wirtschaftlichkeit und Ästhetik auch nach hundert Jahren nicht an Glanz verloren. Das Einzelstück der Gattung S 2/6 erzielte am 2. Juli 1907 mit 154 km/h einen Geschwindigkeitsrekord deutscher Dampflokomotiven. Parallel profilierte sich Krauss mit überraschend einfachen und überaus wirtschaftlichen Konstruktionen, von denen die G 3/4 H (DRB Reihe 54^{15}) und die Pt 2/3 (DRB 70^{0}) den höchsten Rang einnehmen. Auffällig ist der Verzicht auf die in Preußen und Österreich überaus verbreiteten Güterzugloks mit Achsfolge D. Bayern übersprang diese Bauform und ging gleich zu 1'D und E über, die als Vierzylinder-Verbundloks nach den Prinzipien von Maffei in der Gestalt von G 4/5 H und G 5/5 ebenfalls eine bemerkenswerte Ausreifung erfuhren.
Auch Bayern, mit Wasserkraft gesegnet, setzte frühzeitig auf elektrischen Betrieb. Ein bemerkenswertes Gemeinschaftsprojekt zusammen mit Österreich war der 1913 eröffnete Streckenver-

Unten: Als Vollendung der bayerischen Lokomotivbaukunst gilt die 1908 erstmals gebaute S 3/6. Für mehr als ein halbes Jahrhundert hatten modernere Konstruktionen alle Mühe, ihr überzeugend Konkurrenz zu machen – jedenfalls in derselben Gewichtsklasse und für den Schnellzugdienst im Wechsel zwischen Flach- und Hügelland mit Geschwindigkeiten um die 100 km/h.

Oben: Durchaus realistisch hat der Künstler die B V mit dem Namen „CASSEL“ aus dem Jahre 1860 in Szene gesetzt. Typisch für frühe bayerische Lokomotiven war der birnenförmige Schornstein. Unverzichtbar das Wärterhaus: Jedes Streckensignal und jeder Bahnübergang wurden vor Ort bewacht und bedient, bevor Elektromechanik und Automatisierung wirksam wurden.

bund von Innsbruck (Tirol) über Garmisch (Bayern) nach Reutte wiederum in Tirol. Jedoch: das finanzschwache Königreich schaffte es nicht, sein Eisenbahnsystem insgesamt auf den technischen Stand der Zeit zu bringen. 1914 waren viele Anlagen und Fahrzeuge veraltet.

Die bayerischen Eisenbahnen in der Pfalz

Heute schon fast vergessen ist, dass die Pfalz, ein beträchtliches Gebiet zwischen St. Ingbert, Ludwigshafen und Wörth, zum Königreich Bayern in der Gestalt gehörte, die es in der Zeit der Napoleonischen Kriege zu Beginn des 19. Jahrhunderts erhalten hatte. Hier entstanden und arbeiteten ab 1838 die privaten Gesellschaften Ludwigsbahn, Maximiliansbahn, Neustadt-Dürkheimer Bahn und Pfälzische Nordbahn. 1870 wurden sie bei Fortbestand der privaten Eigentumsverhältnisse zu einer Betriebs- und Finanzgemeinschaft der Pfalzbahnen zusammengeführt. In Ausübung einer Ermächtigung aus demselben Gesetz erließen Landtag und König 1905 das „Gesetz, die Erwerbung der Pfälzischen Eisenbahnen für das K. Bayerische Staatsärar betreffend", mit dem die Pfalzbahnen ab 1. Januar 1909 zum pfälzischen Netz der K.Bay.Sts.B. wurden. Übernommen wurden 869,5 Kilometer Strecke, davon 59,5 Ki-

lometer schmalspurig, und 347 Lokomotiven. Die Pfalzbahnen hatten fast bis zuletzt ein Bezeichnungssystem ähnlich dem der K.Bay.Sts.B. vor 1892 mit Namen und nicht aussagekräftigen Nummern beibehalten. Die Unterscheidung der Gattungen erinnerte eher an die Methoden der Nachbarbahnen in Preußen und Elsass-Lothringen. Die Loks wurden aber nur sehr grob eingeteilt in

P Personenzugloks (einschließlich Tenderloks für Hauptbahnen)
G Güterzugloks
T Tenderloks für Nebenbahnen und Rangierdienst.

Lateinische Ziffern ordneten die Haupttypen innerhalb der Verwendungsgruppen, römische Indexzahlen die Unterbauarten.

Oben: In der bayerischen Pfalz gab es auch bis in die 1950er Jahre Meterspurbahnen. Eine der schönsten Aufnahmen des bedeutendsten deutschen Lokomotivfotografen Carl Bellingrodt zeigt gleich drei Maschinen verschiedener Konzeption und Größenordnung: der zierliche Zweikuppler in der Mitte wird eingerahmt von einer verkleideten Lokomotive der Straßenbahnbauart und einem kräftigen Dreikuppler

Unten: Eine Märchenprinzessin deutscher Technikgeschichte ist das Einzelstück S 2/6 von Maffei aus dem Jahre 1906. Mit einem bisher nie da gewesenen Treibraddurchmesser von 2.200 Millimetern stellte die Lok am 2. Juli 1907 mit etwas mehr als 154 km/h einen über zwei Jahrzehnte gültigen Geschwindigkeitsrekord für deutsche Dampflokomotiven auf. Der Versuch, durch Verkleidung mancher Baugruppen den Luftwiderstand zu mindern, hatte zwar nur symbolischen Wert, trug aber zur Schönheit der Konstruktion bei.

Staatliche und private Eisenbahnen im industriellen Kernland Sachsen

So übersichtlich die Rahmenbedingungen für die frühe Lokomotivgeschichte Bayerns mit einer bereits 1844 gegründeten Staatsbahn und drei verstaatlichten Privatbahnen waren, so kompliziert entwickelten sich die Verhältnisse im Königreich Sachsen. Die frühzeitig aufblühende Industrie in dem mit Bodenschätzen und Wasserkraft reich gesegneten Land, seine günstige Lage in der Nachbarschaft zum kohlereichen und ebenfalls industrialisierten Böhmen und zum wirtschaftlich schnell aufstrebenden Preußen sowie eine Transitfunktion zwischen Bayern bzw. Österreich im Süden und Berlin bzw. den Seehäfen im Norden erzeugten eine unvergleichlich größere verkehrswirtschaftliche Dynamik. Das dadurch geweckte Interesse des Kapitals führte zur Entstehung einer ganzen Anzahl von Privatbahnen. Dies waren:

Leipzig-Dresdner Eisenbahn	1837
Sächsisch-Bayerische Eb.	1842
Sächsisch-Schlesische Eb.	1845
Niedererzgebirgische Eb. (Chemnitz – Riesa)	1847
Löbau-Zittauer Eb.	1848
Sächsisch-Böhmische Eb.	1848
Obererzgebirgische Eb.	1854
Albertsbahn (Dresden – Tharandt)	1855
Chemnitz-Würschnitzer Eb.	1858
Zittau-Reichenberger Eb.	1859
Großenhainer Zweigbahn	1862
Greiz-Brunner Eb.	1865
Altenburg-Zeitzer Eb.	1872
Gaschwitz-Meuselwitzer Eb.	1874
Sächsisch-Thüringische Eb.	1875
Chemnitz-Aue-Adorfer Eb.	1875
Zwickau-Falkensteiner Eb.	1875
Chemnitz-Komotauer Eb.	1875
Muldenthalbahn	1875
Sächsisch-Thüringische Ost-West-Bahn	1876

Die zum 1.1.1859 gegründeten Westlichen und Östlichen Staatsbahnen mit Direktionen in Leipzig und Dresden wurden zum 1.1.1869 unter der Generaldirektion der Kgl. Sächsischen Staats-Eisenbahnen zusammengefasst, die bis 1905 alle anderen Verwaltungen übernahm.

Die vielgliedrige Verwaltungsgeschichte der erst spät in staatlicher Hand vereinten sächsischen Bahnen führte auch zu einer wenig transparenten Entwicklung der Lokomotivbezeichnungen. Wie in anderen Ländern genügten zunächst Namen zur Unterscheidung der Lokomotiven. Nach Ausmusterung einer Lokomotive wurden die kostbaren Schilder an eine neue Maschine vererbt. Manche Namen wurden von mehreren Verwaltungen vergeben. So legten nicht weniger als vier Bahnen Wert auf den Besitz einer Lokomotive mit dem Namen „SAXONIA“. Ähnlich wie in Bayern erhielten die Lokomotiven auch laufende Nummern ohne Systematik und Informationswert. Erst Ende der 60er Jahre des 19. Jahrhunderts machten einzelne Verwaltungen die Nummer zunächst neben dem Namen und in der Folgezeit ausschließlich zum Identifikationsmerkmal der jeweiligen Lokomotive. Genau so alt sind auch die Wurzeln der sächsischen Reihenbezeichnungen. Zunächst bestanden die „Kategorien“ in einer Abkürzung des Herstellerwerks und einer römischen Zahl, welche zwischen I und VIII lag.

Ab 1871 wurden den römischen Zahlen technische Informationen zugeordnet. Zusätzliche Kleinbuchstaben hatten zunächst die Bedeutungen

a alt
b neu oder zweite Bauart

Man unterschied nun:

I und II 1B und 1Bt in Longboiler-Bauart, Baujahre ab 1845
III 1B in Longboiler-Bauart, Baujahre ab 1852
III a 1B mit durchhängender Feuerbüchse, Baujahre ab 1853
III b 1B-Personenzugloks, Baujahre ab 1871
IV 1'B und 1'Bt, Baujahre ab 1856
Va und V C, Baujahre ab 1855
VI a 1A1, Baujahre ab 1848
VII B, Baujahre ab 1858
VIII 2'B, Baujahre ab 1868

Ct-Lokomotiven wurden ohne römische Zahlen als HT und ab 1876 als HVT bezeichnet. Weitere nur mit Großbuchstaben gekennzeichnete Typen wurden die Lokomotiven mit geteilten oder bogengängigen Triebwerken, nämlich

F Bauart Fairly, Baujahre ab 1885
M Bauart Meyer, Baujahre ab 1889
Kl Bauart Klose, Baujahre ab 1889

Großbuchstaben erschienen auch als Zusätze zu römischen Zahlen, nämlich mit den Bedeutungen:

T Tenderloks, ab 1876
K (für „Kleinbahn“) Schmalspurloks 750 mm
S Sekundärbahnloks, ab 1894
O Omnibuszug-Loks, ab 1885
C (für „Compound“) Verbundloks, ab 1887
𝔙 Verbundloks, ab 1889
M Meterspur, ab 1902
ℌ Heißdampf

Zweiachsige Mehrzwecklokomotiven dieser Art beschafften sächsische Bahnen von 1868 bis 1874. Sehr bald genügte die Zugkraft solch zierlicher Maschinen jedoch nicht mehr. Vierzig Jahre später wurde in Sachsen keine Schlepptenderlok mit weniger als vier Radsätzen gebaut, wieder zehn Jahre später waren fünf bis sechs Achsen üblich.

28. Juli 1892
Das preußische Kleinbahn-Gesetz tritt in Kraft und führt in der Folgezeit zur Eröffnung zahlreicher Bahnen zur Erschließung des ländlichen Raumes. Die Trägerschaft liegt bei Kommunen, Landkreisen und privatem Kapital

1892/93
Preußen geht für den Dienst auf Hauptbahnen zu Loks der Achsfolgen 2'B, 1'C und D über. Die 1B und C werden allmählich verdrängt.

1. April 1893
Die deutschen Staatsbahnen einigen sich auf die Mitteleuropäische Zeit. Damit entfallen die Zeitdifferenzen mit jeweils zwei Uhren an den Übergangsbahnhöfen, die beispielsweise eine bayerische und eine sächsische Zeit mit 7 Minuten Unterschied anzeigen

1894
Preußen führt die elektromechanische Blocksicherung ein

Die Buchstaben V und H wurden in Fraktur geschrieben. Der Zusatzbuchstabe b stand ab 1885 für „bewegliche Laufachse". 1896 entfiel die Angabe der Lieferfirma aus der Gattungsbezeichnung. Nach römischen Zahlen, Groß- und Kleinbuchstaben erschienen ab 1896 in den Bezeichnungen schließlich auch noch arabische Ziffern, mit denen innerhalb von Gattungen mit derselben Achsfolge die 1 für Schnellzug- und die 2 für Personenzugloks stand.
Bei den Schmalspurloks unterschied man ab 1896

A	fester Achsstand
B	bewegliche Radsätze (Klien-Lindner-Hohlachse)

Nach Ausmusterung älterer Gattungen wurden einige Bezeichnungen mit den inzwischen aktuellen Sinngehalten neu vergeben. Ab Beginn des 20. Jahrhunderts erhielten neue Personen- und Güterzugloks gerade Reihennummern, hingegen Güterzug-, Nebenbahn- und Verschiebeloks ungerade Reihennummern. Das K der Schmalspurloks wurde nun ohne Kombination mit anderen Buchstaben verwendet, so dass sich eine mit I K beginnende 750-mm-Typenreihe ergab. Als der technische Fortschritt mit Beginn des 20. Jahrhunderts immer weitere Achsfolgen und

Reich an Bodenschätzen und Wasserkraft, erfüllt von Kunstsinn und Gewerbefleiß, wurde Sachsen, in der Mitte Europas zwischen Seehäfen und böhmischer Industrie gelegen, ein Kernland der Eisenbahn. Kein deutscher Teilstaat hatte ein dichteres Streckennetz. Die historische Ansichtskarte zeigt einen Personenzug auf der Syratalbrücke oberhalb von Plauen. Unten: Sächsische VII T aus Lokführer-Perspektive.

Triebwerksbauarten hervorbrachte, „explodierte" das System der Lokgattungen bis zur XX HV. Mit tiefgestellten Indexziffern erfand man noch ein Unterscheidungsmerkmal. Nicht viel übersichtlicher geriet die Vergabe (und vielfache spätere Änderung) von Einzelnummern neben den Namen.
Diese kleine Einführung in die sächsische Eisenbahngeschichte wäre unvollkommen ohne Erwähnung des bei weitem wichtigsten Lieferanten der Lokomotiven. Richard Hartmann begann 1848 in Chemnitz mit dem Lokbau. 1870 wandelte er sein Unternehmen in eine Aktiengesellschaft um, die damals schon 3.000 Arbeiter beschäftigte. 1878 starb der Gründer. Als „Sächsische Maschinenfabrik vorm. Richard Hartmann AG, Chemnitz", baute das Werk ab Mitte der 1880er Jahre fast alle von der Kgl.Sä.Sts.Eb. benötigten Lokomotiven. Nur selten kamen aus Gründen von Kapazität oder Preiskonkurrenz noch preußische, österreichische oder württembergische Hersteller zu einem Auftrag. Im Ersten Weltkrieg stieg die Zahl der Beschäftigten bei Hartmann auf 7.000. Die Weltwirtschaftskrise führte 1929 zur Beendigung des sächsischen Lokbaus, der auch im Export eine große Rolle gespielt hatte.

Ländlich-idyllisches Sachsen im Vogtland mit einem Personenzug im beschaulichen Bahnhof Rentzschmühle (oben) und großstädtisches Sachsen mit dem schönen Hallenbahnhof Dresden-Wettiner Straße im „Elbflorenz" zu einer Kaiserzeit, in der man sich die Katastrophen der nächsten Jahrzehnte und gerade auch das Schicksal Dresdens gewiss nicht vorstellen konnte.

Von Unglücken blieb keine Epoche der Eisenbahngeschichte verschont. Zur Länderbahnzeit, in der Systeme zur Zwangsbremsung bei der Fahrt über „Halt!" gebietende Signale noch nicht zur Verfügung standen und die elektromechanische Absicherung von Fahrstraßen in den Bahnhöfen erst begann, war den Lokomotivpersonalen noch viel unmittelbare Verantwortung für Leib und Leben der Reisenden anvertraut, von tausenden zu jeder Tages- und Nachtzeit tätigen Signal- und Weichenwärtern ganz abgesehen. Die beiden Aufnahmen, so traurig sie auch stimmen, künden immerhin auch von technischem Fortschritt: Wurden die noch großenteils aus Holz bestehenden Kästen (unten) der alten zwei- und dreiachsigen Wagen beim Zusammenstoß mit schlimmsten Folgen für die Fahrgäste völlig zerschmettert oder ineinander geschoben, so brachen die späteren Vierachser insbesondere in Stahlkonstruktion (oben) zwar seitlich aus der Fahrbahn aus oder kippten um, boten aber doch im Ganzen schützende Stabilität.

Eine Spezialität Sachsens war das größte zusammenhängende Schmalspurnetz auf 750 mm Spur. Das gegenüber der Normalspur nur halb so breite Gleis ließ sich in den engen Tälern des Erzgebirges platzsparend anlegen, minderte aber auch die Kosten des Grunderwerbs in den flacheren Regionen. Einige Strecken, die der großen Stilllegungswelle der 1960er- und 1970er-Jahre entgingen, gehören heute zu den letzten noch im Alltagsbetrieb mit Dampf befahrenen Eisenbahnen der Welt.

Ein Weichenhebel mit der eingegossenen Jahreszahl 1893, aufgenommen mehr als hundert Jahre später in München-Laim. Ortsfeste Anlagen der Eisenbahn pflegen viel älter zu werden als Ihre Fahrzeuge.

16. Oktober 1894

Eröffnung der ersten Eisenbahn in einer deutschen Kolonie (Strecke Tanga – Pongwe in Deutsch-Ostafrika, heute zu Tansania gehörig)

1. April 1895

Mit Abschluss der größten Verstaatlichungen trifft die Preußische Staats-Eisenbahnverwaltung eine Neuorganisation. Die alten an Strecken orientierten Direktionen werden durch regional zugeschnittene Direktionen abgelöst, deren Grenzen im Prinzip mehr als hundert Jahre gültig bleiben.

Immer staatlich: „Schwäb'sche Eisenbahnen" in Württemberg

Von allen Länderbahnen hatte die des Königreichs Württemberg die übersichtlichste Geschichte. Von Anfang an und ohne jedes Privatbahn-Intermezzo baute und betrieb der Staat alle Eisenbahnen mit einer Verkehrsbedeutung oberhalb der gegen Ende des 19. Jahrhunderts auch hier teilweise dem privaten bzw. kommunalen Kapital anvertrauten Kleinbahnen.

Als Bestandteil eines erst nach dem Zweiten Weltkrieg künstlich gebildeten Bundeslandes ist Württemberg im Sinne älterer Grenzen und Geschichte heute genauso wie zum Beispiel Anhalt oder Westfalen anderswo in Deutschland nicht mehr sehr geläufig. Ein selbständiges Königreich war Württemberg ab 1805. Im Westen und Nordwesten war es mit dem Großherzogtum Baden und im Nordosten und Osten mit dem Königreich Bayern benachbart. Im Süden umschloss Württemberg das kleine Territorium Hohenzollern. Zugang zum Ausland im Sinne der ab 1871 gültigen Reichsgrenzen hatte das Königreich lediglich über den Bodensee.

Das erste Eisenbahnprojekt galt dem Bau einer „Centralbahn" von der badischen Grenze bei Bruchsal über die Residenzstadt Stuttgart und den Donauhafen Ulm an der bayerischen Grenze nach Friedrichshafen, wo Anschluss an den Schiffsverkehr in die Schweiz bestand. Am 22. Oktober 1845 ging der erste Abschnitt Cannstatt – Untertürkheim mit der bescheidenen Länge von 3,7 Kilometern in Betrieb. Der technisch schwierigste Abschnitt Geislingen – Ulm mit dem steilen Anstieg auf die schwäbische Alb schloss am 29. Juni 1850 die letzte Lücke zwischen Bietigheim und Friedrichshafen. Am 1. Oktober 1853 wurde der Anschluss nach Bruchsal in Baden

Künstlerischen Ansprüchen wollte der Lokomotivbau bei Hartmann in Chemnitz genügen. Die X V von 1902 war eine ansprechende Erscheinung.
Ernüchternd jedoch die Erkenntnis: Die weithin auf reine Zweckmäßigkeit abgestimmten preußischen Konstruktionen, im äußeren Eindruck oft ungünstig proportioniert und mit Rohren und Ventilen überladen, bewährten sich im Alltag letztlich besser. Schon 1926 wanderten die schönen X V in den Schrott, während preußische Gattungen aus dem Jahrzehnt vor dem Ersten Weltkrieg noch in den Zeiten von Volkswagen und Trabant unentbehrlich waren.

verwirklicht. Schon 1848 war von Bietigheim aus auch Heilbronn erreicht worden.

In der Folgezeit entstand zwischen Schwarzwald, unterem Neckar, bayerischer Grenze und Bodensee ein dichtes Hauptbahnnetz. Jede wichtige Linie trug einen speziellen Namen. Nach der Centralbahn oder später Hauptbahn (gebaut in den Jahren 1845 – 1853) und der Unteren Neckarbahn (1848/66) folgten Obere Neckarbahn (1859 – 1869), Remsbahn (1861/63), Kocherbahn (1862/67), Brenzbahn (1864 – 1876), Obere Jagstbahn (1866/75), Enzbahn (1868), Württembergische Schwarzwaldbahn (1868 – 1872), Donaubahn (1868 – 1873), Tauberbahn (1869), Untere Jagstbahn (1869), Obere Donaubahn (1869/70), Allgäubahn (1869 – 1874), Hohenzollernbahn (1869 – 1878), Nagoldbahn (1872/74), Murrbahn (1876 – 1880), Kraichgaubahn (1878/80), Gäubahn (1879/86) und Echazbahn (1892 – 1901). Um die Wende zum 20. Jahrhundert war das Normalspurnetz im Wesentlichen vollendet. In überschaubarer Zahl baute Württemberg auch Schmalspurbahnen in Meterspur und mit 750 Millimeter Spurweite.

Im Gegensatz zu fast allen anderen Bahnen jener Zeit verzichtete die württembergische Verwaltung auf die nahezu konkurrenzlos verbreiteten 1A1-Loks. Die Lokomotivbeschaffung begann mit dem Import von je drei 1'B (Laufachse bereits modern im Deichselgestell!), und 2'B (Vorlaufdrehgestell!) aus den USA. Nach dem Vorbild der 2'B-Loks von Norris bestellte man weitere Loks gleicher Achsfolge bei Kessler in Karlsruhe und bei Maffei. Nachdem Kessler 1847 ein Zweigwerk in Esslingen eröffnet hatte, wurde diese Fabrik für ein Dreivierteljahrhundert der unbestrittene Stammlieferant für die Württembergischen Staats-Eisenbahnen. Weiterhin wurden für alle Einsatzzwecke 2'B-Loks gebaut. Das älteste Bezeichnungssystem arbeitete mit Baureihenbe-

Coupon für die Hinfahrt zum Freischein Nr. 340
vom Schaffner beim Beginn der Fahrt zu durchlochen und bei Beendigung der Fahrt abzutrennen.

Königlich Württembergische Staatseisenbahnen.
Nr. 340 Freischein II. Klasse.
für
zur einmaligen Fahrt
von Ulm
bis Stuttgart
und von
bis
giltig für die Zeit vom bis Juli
STUTTGART, den Juli 1895.
K. Generaldirektion der Staatseisenbahnen.

Wir bereisen Württemberg 1895 mit dem „Freischein". Auf der Strecke von Ulm nach Stuttgart werden wir eine schon recht veraltete 1B oder eine neue 1'B1' vor dem Zug haben. Hinter Amstetten sind alle Zugbegleiter in Alarmbereitschaft, um bei etwaigem Versagen der neuartigen Druckluftbremse mit ihren Handkurbeln auszuhelfen, denn wir fahren die Geislinger Steige hinunter. Ein entgegenkommender Zug wird sich mit zwei Lokomotiven vorne und einer hinten im Schritttempo bergwärts kämpfen.

Um die Wende zum 20. Jahrhundert erreichte der Fortschritt der Lokomotivtechnik auch in Württemberg ein staunenswertes Tempo. Hatte man 1893 die letzten wenig überzeugenden 1'B1' aus Belgien importiert, so baute der Hauslieferant Esslingen ab 1909 die hier gezeigte C, die anerkannt schönste württembergische Lokomotive, nach inzwischen üblichem Standard eine „Pazifik" mit Überhitzer (2'C1'h4v).

Die schöne Württembergerin in voller Fahrt mit einem zeitgenössischen Schnellzug! Rumpelnde dreiachsige Abteilwagen haben im Fernverkehr ausgedient. Der D-Zug besteht aus gut gefederten Drehgestellwagen. Von den gemütlichen Abteilen mit je sechs Plätzen kann man im ICE des 21. Jahrhunderts nur noch träumen.

zeichnungen in römischen Zahlen. Die einzelnen Lokomotiven wurden mit fortlaufenden Nummern gekennzeichnet, von denen einige nach Ausmusterung wieder besetzt wurden. Außerdem wurden bis Mitte der 1890er Jahre Namen vergeben.

Nach kaum eineinhalb Jahrzehnten begann die für die Württembergischen Staatsbahnen sehr typisch gewordene Leidenschaft für Lokomotivumbauten. 1859 baute man die fünf Loks der Albklasse auf die Achsfolge 2'B um, so dass die Staatsbahnen 1864 nach Verkauf der 1'B in die Schweiz einen Lokomotivbestand – einzigartig in Europa! – ausschließlich mit Achsfolge 2'B in einer Stückzahl von 130 besaßen. 1864 ging dann für den Güterzugdienst eine Cn2 in größere Serienlieferung. Es folgten Dreikuppler mit radial einstellbaren Endradsätzen und Triebwerksmechanismus Bauart Klose und solche mit Zweizylinder-Verbundtriebwerk. Insgesamt wurden für Württemberg 299 Güterzugloks der Achsfolge C gebaut.

So sehr Württemberg zunächst auf die mit dem Vorlaufgestell so modern konzipierte 2'B gesetzt hatte, so radikal wendete sich der ab 1865 amtierende Obermaschinenmeister Brockmann davon ab. Unter seiner Regie wurden fast alle 2'B in 1B oder 1Bt umgebaut. Die anderswo längst weit verbreitete 1B erschien als Neubau erst 1868, um sich dann schnell durchzusetzen. Zum dritten Mal begann eine Phase württembergischer Umbauleidenschaft. Brockmanns Nachfolger Klose widmete sich 161 älteren 1B, die zum Teil durch den vorherigen Umbau aus 2'B hervorgegangen waren. Teilweise wurden sie verstärkt, teilweise in 2'B-Tenderloks umgebaut und teilweise zu 1'C-Güterzugloks vergrößert.

Nachdem die stärksten 1B für den Schnellzugdienst nicht genügten, ging man 1892 auf 1B1 aus Belgien über. Erst nach dieser Zwischenlösung tauchte 1899 die überall in Europa für Personen- und Schnellzüge längst üblich gewordene 2'B in moderner Form wieder auf Württembergs Gleisen auf, interessanterweise erst ein Jahr nach Erscheinen der größeren, speziell für die Geislinger Steige bemessenen 2'C.

Gegen Ende des 19. Jahrhunderts genügte im Güterverkehr – ebenfalls ganz besonders auf der Geislinger Steige – der laufachslose Dreikuppler nicht mehr. Wiederum bewies der württembergische Lokomotivbau Originalität, indem er ohne das Zwischenstadium der etwa in Preußen, Österreich oder Frankreich vieltausendfach verbreiteten D oder der in Bayern und ebenfalls in Österreich beliebten 1'D gleich zum Fünfkuppler überging. In seiner ersten Gestalt von 1892 war er eine recht eigenartige Konstruktion mit Klose-Triebwerk und Dreizylinder-Verbundtriebwerk. Zur Eigenart der Erscheinung trug auch der nur zweiachsige Tender bei. Eine plausiblere Form bei weiterhin bescheidener Stückzahl erreichte der laufachslose Fünfkuppler als Klasse H und seine Vollendung schließlich als Heißdampfmaschine Hh.

Und wiederum übersprangen die Stuttgarter Generaldirektion und das Esslinger Werk eine naheliegende Weiterentwicklung zur 1'E und konzipierten stattdessen kurz vor dem Ersten Welt-

4. Dezember 1895

Die Lokalbahn AG (LAG) eröffnet mit der Strecke Meckenbeuren – Tettnang die erste elektrische Vollbahn Europas; gefahren wird mit 650 V Gleichstrom

23. Juni 1896

Aus der Preußischen Verwaltung, der Hessischen Staatsbahn und der privaten Hessischen Ludwigsbahn entsteht die Preußisch-Hessische Staatseisenbahn-Verwaltung oder auch Königlich Preußische Eisenbahn-Verwaltung (KPEV). Nicht nur in Hessen, sondern u.a. auch in Mecklenburg-Strelitz und in den kleinen thüringischen Staaten führt sie den Eisenbahnbetrieb auch jenseits der preußischen Grenzen.

Bei weitem nicht die spektakulärste, wohl aber die in der Quersumme von Stückzahl und Lebensdauer erfolgreichste badische Lokomotive war die universell einsetzbare Tenderlok VI c. An der Lieferung wurde aus Kapazitätsgründen im Ersten Weltkrieg der preußische Hersteller Jung beteiligt.

1913 nahm Baden auf der Wiesen- und Wehratalbahn zwischen Basel, Säckingen und Zell den elektrischen Betrieb auf. Die schon 1910 gebaute Probelok von Siemens bewährte sich nicht und wurde nach wenigen Jahren ausgemustert.

krieg die einzige deutsche 1'F (Klasse K). Ihre Lieferung begann kriegsbedingt erst 1918 und dauerte bis in die Reichsbahnzeit an. Um mit etwas einfacheren Mitteln den aktuellen Bedarf zu befriedigen, beteiligte sich Württemberg an der Beschaffung der preußischen G 12. Die Entwicklung der württembergischen Schnellzuglokomotive fand ihren krönenden Abschluss 1909 mit der Vierzylinder-Verbund-Pazifik Klasse C. Unauffällig verlief die Entwicklung der Tenderloks von Bt über 1Bt, 2'Bt, Ct und Dt bis zur außerordentlich wirtschaftlichen 1'C1'-Heißdampf-Tenderlok und dem Nachbau der letzten preußischen Typen T 14^1 und T 18.

Elektrischer Betrieb wurde auf Württembergs Staatsbahnen nicht eingeführt. Pionierarbeit leistete die Stuttgarter Generaldirektion jedoch mit der Erprobung früher Motortriebwagen, wie ja Württemberg überhaupt eine Wiege benzin- und dieselgetriebener Verkehrstechnik war. Ebenfalls erfolgreich waren die zweiachsigen Dampftriebwagen der einfachen und daher alltagstauglichen Bauart Kittel.

Vergessene Breitspur und bewährte Staatsbahn: Baden

Sprachlich, kulturell und wirtschaftlich ist Baden enger mit der Schweiz, dem Elsass, der bayerischen Pfalz und Mainfranken verwandt als mit „Schwaben", dem es aufgrund der Zufälligkeit von Grenzziehungen nach 1945 heute oft gedankenlos zugerechnet wird. Die badische Eisenbahngeschichte begann am 12. September 1840 mit der Eröffnung der Strecke Mannheim – Heidelberg. 1851 war die Rheintalstrecke bis Haltingen an der Schweizer Grenze fertig. 1861 war der Anschluss über den Rhein nach Frankreich geschaffen, 1866 die südliche Rheinparallele von Haltingen/Basel bis Konstanz und 1866 die Verbindung zur K.Bay.Sts.B. nach Würzburg. Die 1866 – 1873 gebaute Schwarzwaldbahn wurde als kühnste Gebirgsbahn Deutschlands weltberühmt.

Heute kaum mehr bekannt ist, dass Baden zunächst in einer Breitspur von 1.600 mm baute. Schon 1843, als der Anschluss zur Main-Neckar-Bahn nach Hessen und Frankfurt (Main) vereinbart wurde, musste diese Entscheidung als problematisch gelten. Aber erst nach zwölf Jahren Diskussion bei laufendem Weiterbau wurde 1854/1855 der große Umbau auf Normalspur verwirklicht. Außer 79 Kilometern eingleisiger und 203 Kilometern doppelgleisiger Strecke nebst 33 Bahnhöfen wurden 63 (von 66 vorhandenen) Lokomotiven und 1.100 Wagen umgebaut.

Auf die Breitspurzeit begrenzt war der Import englischer Lokomotiven. Mit der Gründung der Maschinenbau-Gesellschaft Karlsruhe 1852 (auf der Basis einer wirtschaftlich gescheiterten Grün-

1900
Mit dem Versuchsbetrieb auf der Strecke Berlin-Wannseebahnhof – Zehlendorf beginnt die Erprobung der elektrischen Zugförderung im Nahverkehr der Ballungsräume

1. Oktober 1903
Eröffnung der ersten internationalen Eisenbahn-Fährschiffverbindung von Warnemünde über die Ostsee nach Gedser in Dänemark

28. Oktober 1903
Auf der Militäreisenbahnstrecke Marienfelde – Zossen südlich von Berlin erreicht ein Drehstrom-Versuchstriebwagen der AEG die bislang von keinem Verkehrsmittel erreichte Geschwindigkeit von 210,2 km/h

dung von Emil Keßler, der in Esslingen mehr Glück hatte) erhielten die Großherzoglich Badischen Staatseisenbahnen (Grhzl.Bad.St.E.) einen Hauslieferanten, dessen Monopolstellung mit der von Maffei und Krauss für Bayern und von Hartmann für Sachsen vergleichbar war.

Von den frühen Tagen der Breitspur bis zur Umzeichnung nach den Grundsätzen der Deutschen Reichsbahn folgte die Benennung der Lokomotiven den gleichen Prinzipien.

- Die Lokomotiven wurden ab Nr. 1 durchnummeriert. Die Nummern ausgemusterter Loks wurden neu vergeben, so dass die Nummern keinen Überblick zu Stückzahl oder Alter von Gattungen gewähren.
- Die bis 1868 gebauten Loks 1 – 217 trugen zusätzlich Namensschilder, die aber nach 1882 entfernt wurden.
- Die Gattungen wurden mit römischen Zahlen unterschieden. Später wurde mit Kleinbuchstaben und schließlich mit hochgestellten arabischen Ziffern weiter differenziert. Nachdem die Reihenbezeichnungen zunächst bis XIV gereicht hatten, wurde 1868 ein (freilich nicht konsequent eingehaltenes) Schema eingeführt:

20. Februar 1904

Gründung des Allgemeinen Verbands der Eisenbahnvereine der Preußisch-Hessischen Staatsbahn als Vorläufer der späteren Bahn-Sozialwerke

1. Mai 1905

Die erste „Eisenbahn-Bau- und Betriebsordnung“ (EBO) für das ganze Reich tritt in Kraft

1905

Siemens baut für die Strecke Murnau – Oberammergau LAG die erste deutsche Einphasen-Wechselstrom-Lok LAG 1 (später E 69 01)

I Tenderloks
II Personenzugloks mit einer Treibachse
III 2'B-Personenzugloks
IV B-Personenzugloks
V Gemischtzuglokomotiven
VI dreifach gekuppelte Personenzugloks
VII dreifach gekuppelte Güterzugloks

Die große Herausforderung für den Lokomotivbau in und für Baden lag in der Gegensätzlichkeit der topographischen Gegebenheiten. Mit der Strecke Mannheim – Basel hatten die Grhzl.Bad.St.E. die einzige weitgehend flach trassierte „Rennbahn“ in ganz Süddeutschland zu bedienen (und der Konkurrenz links des Rheins im Elsass standzuhalten), zwischen Offenburg und Singen jedoch waren scharfe Steigungen zu befahren. Typisch für Baden wurden daher sowohl großrädrige Lokomotiven der Achsfolgen 2A, 2'B, 2'B1' und 2'C1' als auch kleinrädrige Loks für das Gebirge. Immer wieder erlagen Bahn und Karlsruher Fabrik der Versuchung, eine Universaltype für Rheintalstrecke und Schwarzwaldbahn zu wagen. Dies war jedoch unter den Grundvoraussetzungen des Dampflokbaus nicht zu schaffen – und konnte letztlich erst mit den Elloks neuester Generation an der Schwelle zum 21. Jahrhundert gelingen.

Länderbahnbetrieb in Rostock. In den mecklenburgischen Staaten teilten sich Preußen, das Großherzogtum mit der Hauptstadt Schwerin und private Träger den Eisenbahnbetrieb

Kleine Länderbahn Nr. 1 – Mecklenburg

Im Kaiserreich der Jahre 1871 bis 1918 gab es nicht so viele Länderbahnverwaltungen wie Einzelstaaten. Mehrere kleinere Monarchien, so die thüringischen und hessischen Staaten, Braunschweig, Anhalt und das kleine Herzogtum Mecklenburg-Strelitz, hatten ihre Eisenbahnangelegenheiten der leistungsfähigen preußischen Verwaltung anvertraut. Diese hieß ja aus gutem Grunde auch nicht wie so oft zitiert „Preußische Staatsbahn", sondern firmierte als „Königlich-Preußische Eisenbahn-Verwaltung" (KPEV). Diese Bezeichnung ließ Raum für das im 21. Jahrhundert durchaus modern wirkende Konzept eines nicht zwingend auf eine bestimmte Region begrenzten Anbieters von Eisenbahndienstleistungen.

Es gab jedoch in Norddeutschland auch Einzelstaaten, die sich dem mächtigen Sog Berlins entziehen konnten. Hierzu gehörte das Großherzogtum Mecklenburg-Schwerin. Es erstreckte sich von der Elbe bei Boizenburg bis vor die Tore von Neubrandenburg (der Hauptstadt von Mecklenburg-Strelitz) und vom Müritz-See bis zur Ostseeküste. Die bis heute wichtigste Eisenbahn in diesem landwirtschaftlich geprägten Kleinstaat blieb jedoch außerhalb der dortigen Hoheitsgewalt; es handelte sich nämlich um den bereits 1846 eröffneten Abschnitt Grabow – Büchen der zunächst privaten und dann preußischen Berlin-

Die eigenwilligste und zugleich glückloseste Lokomotive der kleinsten Länderbahn in Oldenburg war die im Ersten Weltkrieg gebaute 1'C1'-Schnellzuglok. Die Hanomag-Postkarte lässt die technische Besonderheit der Ventilsteuerung erkennen. Schwer und im Verbrauch unwirtschaftlich brachten es die drei Exemplare auf nicht einmal zehn Betriebsjahre.

Hamburger Eisenbahn. Von einer mecklenburgischen Privatfirma gebaut und verwaltet wurde dann die zwischen 1847 und 1850 eröffnete Bahn von Hagenow Land über die Residenzstadt Schwerin mit Verzweigungen zu den Seehäfen Rostock und Wismar sowie nach Güstrow. 1864 folgten die erste mecklenburgische Staatsbahnstrecke Güstrow – Neubrandenburg und im Zusammenhang damit die Gründung der „Mecklenburgischen Friedrich-Franz-Eisenbahn".

1870 wurden die privaten Strecken einschließlich der soeben fertig gestellten Verbindung Kleinen – Lübeck verstaatlicht, doch schon 1873 wurde das gesamte Eisenbahnwesen privatisiert und einer „Friedrich-Franz-Eisenbahn-Gesellschaft" übergeben. Weitere Strecken wurden nicht nur von ihr gebaut, sondern auch von regionalen Kapitalgesellschaften und dem norddeutschen Eisenbahngroßunternehmer Geheimrat Friedrich Lenz. Einer der letzten Neubauten war 1886 die heute bestimmt populärste mecklenburgische Bahn Doberan – Heiligendamm auf der seltenen Schmalspur von 900 Millimetern.

Wie in Preußen endete aber zur Mitte der Kaiserzeit die Epoche der großen Privatbahnen. Zwischen 1890 und 1894 gingen alle mecklenburgischen Bahnen in Staatsbesitz über. Noch bis zur Jahrhundertwende wurde offiziell die Bezeichnung „Friedrich-Franz-Eisenbahn" gebraucht. Im Volksmund hielt sie sich noch lange

der Reichseisenbahnen, die zu Ankäufen aus den unterschiedlichsten Richtungen gezwungen waren. Von anderen Bahnverwaltungen gebraucht erworben oder aus aktuellen Bauserien mehrerer Hersteller angekauft wurden sehr verschiedene Loks der Achsfolgen 1B, B1, 2'B, C, D und B1t. Gebaut waren und wurden diese Loks zwischen 1859 und 1874 in Belgien, Österreich und England sowie von den Firmen Hanomag, Esslingen, Schwartzkopff, Wöhlert und MBG Karlsruhe im Reich und den Lokherstellern im eigenen Land Koechlin und Graffenstaden, beide in Mülhausen.

Die Reichseisenbahnen führten ein Nummernsystem ein, das mit Kennbuchstaben und arabischen Ziffern für die einzelnen Gattungen arbeitete und die Lokomotiven ansonsten in gruppenweiser Ordnung durchnummerierte. Es bedeuteten:

A Loks für Reisezüge
B Loks für gemischten Dienst,
C Loks für Güterzüge,
D normalspurige Tenderloks und
E meterspurige Tenderloks.

Außerdem erhielten die Loks Namen, wobei die Klassen A und B mit Flussnamen, die Klasse C mit Ortsnamen und die Klasse D mit Namen von Persönlichkeiten bedacht wurden.

Es folgten Loks nach eigenen Bestellungen der Reichseisenbahnen in Anlehnung an bereits angekaufte Typen. Die Bauarten waren 1B, C, Bt, 1Bt, 1'B1't und Ct. Als Hersteller traten nun hauptsächlich Henschel, Esslingen und Graffenstaden in Erscheinung, daneben auch die MBG Karlsruhe, Maffei und immer noch Kitson in England.

Ab 1882 wurde preußischer Einfluss in der Lokbeschaffung spürbar. Wichtigste Güterzugloks wurden nun die preußische G 3 (Cn2) und eine Cn2v ähnlich der preußischen G 4^2. Für Reisezüge wurde ab 1892 die 2'Bn2/n2v üblich, in mehreren Varianten ohne unmittelbare Orientierung an preußischen Vorbildern. Als Graffenstaden mit seinen Vierzylinder-Verbundloks der Bauart de Glehn in die Reihe der führenden europäischen Lokomotivhersteller aufrückte, bezogen auch die Reichseisenbahnen von ihrem Hauslieferanten solche Loks mit den Achsfolgen 2'B und 2'C. Bei den Güterzugloks dominierten weiterhin preußische Modelle. 1900 begann die Lieferung der pr. G 5^2 (1'Cn2v), die bis 1912 mit 215 Exemplaren zur zahlenstärksten Gattung der Reichseisenbahnen werden sollte.

29. Januar 1908

Die KPEV nimmt mit der Hamburger Stadt- und Vorortbahn die erste elektrische Hauptbahn Deutschlands in Betrieb.

1909

Einführung des Gasglühlichts als Beleuchtung für Personenwagen

Was wäre aller Eisenbahnbetrieb ohne Fabrikarbeiter und Werkstättenpersonale! Auf vielen Gruppenaufnahmen aus der Zeit aufwendiger Glasplattentechnik mit Stativ und Langzeitbelichtung sehen wir Menschen, die nur dieses eine Mal in ihrem ganzen Leben fotografiert wurden.

Rechte Seite: Zusammen mit den USA, Ungarn, der Schweiz und England leistete Deutschland Pionierarbeit für die Elektrotechnik. Riesige elektrische Doppellokomotiven konnte die AEG ab 1914 nach Schweden für den Betrieb auf der Erzbahn nahe dem Polarkreis liefern.

AEG
DIE AEG
UND DIE ENTWICKELUNG DER
ELEKTRISCHEN LOKOMOTIVEN

Der Wirtschaftsaufschwung der Kaiserzeit beruhte auch auf der Entwicklung Deutschlands zu einem führenden Exporteur hochwertiger Technik. Die kunstvoll aus Kupferblech gefertigte und versilberte Tintenfassablage, gekrönt von einer präzise geprägten preußischen T 9^{3}, war ein Werbegeschenk des Spezialisten für Klein- und Feldbahnbedarf Orenstein & Koppel.

Das preußische Kleinbahn-Gesetz von 1892 ließ mit privatem und kommunalem Geld eine Vielzahl lokaler und regionaler Bahnbetriebe entstehen, deren Unternehmensstruktur und Bezeichnungen sich oftmals änderten. An die Ostprignitzer Kreisbahn erinnert die Beschriftung eines Museumswagens.

1906 und 1908
Erste Lieferungen der pr. P 8 und der bay. S 3/6; die beiden legendär gewordenen Dampflokkonstruktionen sind Beispiele für eine Vielzahl ausgereifter Typen der Zeit vor dem Ersten Weltkrieg, von denen viele bis in die letzten Jahre des Dampfbetriebes aktiv bleiben. Die Heißdampflokomotive mit Speisewasservorwärmer ist nun Standard

1909
Die KPEV gibt die erste Großdiesellok der Welt in Auftrag; die Klose-Sulzer-Thermolok bewährt sich jedoch nicht

1. April 1909
Gründung des Deutschen Staatsbahnwagenverbands mit dem Ziel der gemeinsamen Beschaffung und Verwendung vereinheitlichter Güterwagen. In der Folgezeit entstehen mehrere „Verbandsbauarten“

18. Januar 1911
Betriebsbeginn auf der ersten elektrifizierten Fernbahn in Deutschland (Dessau – Bitterfeld)

1911
Entwicklung des Einheitsstellwerks in Deutschland (Hebelbänke mit elektrischer Fahrstraßen-bzw. Blocksicherung)

In die Zeit der Lokomotiv-Beschaffung der G 5^{2} bei Graffenstaden, Borsig, Hanomag, Henschel, Schwartzkopff, Schichau, Hartmann und Humboldt fiel 1906 der Abschied vom alten Nummernsystem, das von der Lokomotive 1 bis zur 1088 durchgehalten worden war. Wie in Preußen wurden nun die Kennbuchstaben S, P, G und T für Schnellzug-, Personenzug-, Güterzug- und Tenderlokomotiven üblich, wobei die arabischen Gattungsnummern noch nicht dem preußischen System entsprachen. Dies wurde 1912 nachgeholt. Von diesem Jahr an war das Nummernsystem der Reichseisenbahnen dem einer Königlichen Eisenbahn-Direktion in Preußen sehr ähnlich, wobei jedoch z. B. eine P 7 oder S 9 der EL nicht mit einer solchen der KPEV verwechselt werden darf.

Mit den Lokomotivtypen (Gattung/Bauart und erstes Baujahr dahinter):

S 3	2’B n2v	1900
T 9^{3}	1’C n2t	1901
G 5^{4}	1’C n2v	1907
G 10	E h2	1910
T 12	1’C h2t	1910
T 13	D n2t	1913
T 16	E h2t,	1913
S 10^{1}	2’C h4v	1913
G 8^{1}	D h2	1914
G 12^{1}	1’E h3	1915
T 14	1’D1’ h2t	1915
T 18	2’C2’ h2t	1915
G 12	1’E h3	1917

und sieben Pärchen Speichertriebwagen der Bauart Wittfeld erhielt der elsass-lothringische Triebfahrzeugbestand zu Beginn des 20. Jahrhunderts schnell ein weithin preußisches Gepräge.

Die administrative und technologische Anlehnung an Preußen war nicht ohne politische Brisanz. Die Verwaltung provozierte die Bevölkerung, die zwar gewiss nicht zur Gänze nach Frankreich tendierte, wohl aber eine gewisse Eigenständigkeit wahren wollte. Berlin verstimmte auch die süddeutschen Länder im Reich, die Elsass-Lothringen nicht zu einer preußischen Provinz werden lassen wollten.

Die einzige von einer anderen Länderbahn übernommene Type war die bayerische 1’B2’n2t-Personenzuglok D XII, die ab 1903 von Krauss bezogen und dann von Graffenstaden nachgebaut wurde.

Verträumte Länderbahnzeit? Die große Modernisierung!

Die uns heute so idyllisch vorkommende Länderbahnzeit, insbesondere die Jahre von 1880 bis 1914, war die Zeit der großen Kapazitätserweiterung und Leistungssteigerung der deutschen Eisenbahnen. Hatten im jungen Kaiserreich

noch dreiachsige Lokomotiven Züge von vier bis sechs kurzen ofenbeheizten und kerzenbeleuchteten Wagen auf eingleisiger Strecke mit allenfalls 80 km/h befördert, so war dreißig Jahre später der D-Zug mit acht vierachsigen Drehgestellwagen Standard, gasbeleuchtet und durchgehend mit Dampf beheizt. Hatte man bis zu den 1870er-Jahren gerade einmal Schneisen für ein paar Gleise und eine noch wenige organisierte Ansammlung von Werkstattgebäuden durch die noch gut ersichtlichen Stadtmauern der alten Residenzen geschlagen, so eilte die ununterbrochene Folge schwerer Schnellzüge und voll besetzter Nahverkehrszüge im frühen 20. Jahrhundert aus repräsentativen Großstadtbahnhöfen erst einmal kilometerlang durch eine Eisenbahnlandschaft aus Lokomotivschuppen, Drehscheiben, Werkshallen und unüberschaubaren Rangierbahnhöfen, bevor sie aus dem ebenfalls erst in dieser Zeit entstandenen Häusermeer der Vorstädte das freie Land gewannen. Allein zwischen 1895 und 1913 wuchs das staatliche Streckennetz – Kleinbahnen nicht gerechnet! – um mehr als 17.000 auf 63.000 km, verdreifachte sich die Zahl der Personenkilometer von 14 auf mehr als 41 Milliarden und steigerte sich die Zahl der Gütertonnenkilometer von 25 auf 62 Milliarden.

Die Länderbahnverwaltungen waren nun reich gegliederte Imperien der Administration, in denen die Karriereplanung für Adel und besseres Bürgertum genauso ihren Platz hatte die wie die patriarchalische Sozialfürsorge, die Berücksichtigung militärischer Bedürfnisse genauso wie die Vielfalt der Interessen aus Gewerbe, Industrie und Handel. Neben dem größten und bestausgerüsteten Heer der Welt und „einer strengen, aber gerechten" Justiz und einem für vaterländischer Gesinnung und moderne Wissenschaft gleichermaßen sorgenden Schul- und Universitätswesen trugen auch die staunenswert ausgebauten und pünktlichen Eisenbahnen mit ihren modernen Heißdampflokomotiven und weich gefederten Schlafwagen, ihren korrekt uniformierten Beamten und ihren demütigen Arbeitern zu jenem deutschen Selbstbild der Jahre vor 1914 bei, das damals ohne jede Ironie im preußischen Deutschland die von Hegel vorgedachte höchste Entwicklungsstufe der Menschheitsgeschichte zu erkennen glaubte. Wir würden unseren Urgroßeltern diese Illusion im Rückblick gerne gönnen, wenn sich das Kaiserreich mit dem Glanz dieser selbst definierten Position begnügt hätte. Die Konsequenz lautete freilich ganz anders. Das hypertrophe Selbstbewusstsein der deutschen Führungsschicht, wirtschaftlich und militärisch fundiert und vom Beifall aus Wissenschaft und Literatur vergoldet, ließ die Illusion reifen, man habe sowohl das Recht als auch die historische Pflicht zu einem Waffengang an die Spitze der Macht auf dem Erdball. Am deutschen Wesen sollte die Welt genesen. Für die mit traumwandlerischer Sicherheit in Anspruch genommene Garantie eines Erfolges hierbei spielten frühere Kriegserfolge mit der Eisenbahn eine entscheidende Rolle.

November 1912
Preußen, Bayern und Baden vereinbaren für die Elektrifizierung das System mit 15 kV, 16 2/3 Hz Wechselstrom. Auch die Bahnen Österreichs, der Schweiz, Schwedens und Norwegens schließen sich an

20. Mai 1913
Die Sächsischen Staatsbahnen ergänzen erstmals Eisenbahnverbindungen durch Kraftwagenlinien

Politiker, Journalisten, Unternehmer und Wissenschaftler waren sich um 1910 einig über die Unaufhaltsamkeit eines weiteren Aufstiegs deutscher Wirtschaft und deutscher Weltgeltung in dem seit 1890 gewohnten Tempo – und über das Recht, einen hiergegen etwa auftauchenden Widerstand mit Heer und Flotte zu brechen.

Schwert und Schiene 1866 bis 1918

Moltkes schärfste Waffe zwischen Königgrätz und Compiègne

Mit mehr als 2.000 Exemplaren wurde die vierfach gekuppelte „Brigadelok“ für den deutschen Feldbahnbetrieb auf 600 mm Spur zur meistgebauten schmalspurigen Dampflokomotive der Welt. Die Soldaten reisten in genormten „Brigadewagen“. Die Eisenbahnbautruppen haben ihnen mit einer handwerklich soliden Holzbrücke den Fahrweg gebaut. Entsprechend den Erfahrungen von 1871 dienten bei den Eisenbahnpionieren Ingenieure, Zimmerleute, Maurer, Schmiede und Arbeiter der Länderbahnen.

Mit der entschlossenen Nutzung des neuen Verkehrsmittels sorgte Moltke 1866 für den preußischen und 1871 für den deutschen Sieg. Mit gut ausgebildeten Eisenbahntruppen, technischer Ausrüstung und gigantischer Vorarbeit in der Papierform sollte die Waffe für den nächsten noch größeren Krieg blank gehalten werden. Doch der Überraschungseffekt war verbraucht. Gigantische Eisenbahnaktivitäten in vielen Ländern und auf vielen Spurweiten konnten Deutschlands Niederlage im Ersten Weltkrieg nicht verhindern.

Moltkes Eisenbahnstrategie

Im Krieg von 1866 gegen Österreich stellte der preußische Generalstabschef Hellmuth von Moltke erstmals in der deutschen Militärgeschichte systematisch die Eisenbahnen in den Dienst des Feldherrn. Drei Jahrzehnte weithin folgenloser Diskussion über strategische Streckenbauten wurden schlagartig obsolet, als der moderne Heerführer nun vorführte, mit welcher Souveränität und Schnelligkeit vorhandene Bahnen im eigenen Land und auf feindlichem Boden, private und staatliche Strecken für den Transport von Truppen, Geschützen, Munition und Nachschub genutzt werden konnten. Mobile Feld-Eisenbahn-Abteilungen, in denen Offiziere mit Ingenieurstudium und Mannschaften mit Handwerkerausbildung oder Eisenbahnerfahrung dienten, sorgten für schnelle Inbesitznahme und Instandsetzung eroberter Eisenbahnen und ihre Zerstörung bei notwendigem Rückzug. Offiziere übernahmen die Betriebsführung. Der Sieg von Königgrätz, der für drei Generationen über die Machtverteilung in Mitteleuropa entschied, war auch ein Sieg auf der Schiene.

Vielfältig verbreitet wurden Aufnahmen von den 1914 mobilisierten und zur Abreise auf den Bahnhöfen versammelten Soldaten. Nicht alle teilten das später von der Durchhaltepropaganda beschworene und dann auch noch von Hitler in Anspruch genommene euphorische „Augusterlebnis". So mancher Wehrpflichtige ahnte, dass er seine Heimat nicht wieder sehen würde.

Die schon im amerikanischen Bürgerkrieg wenige Jahre zuvor erkennbare Systematik der militärischen Nutzung der Eisenbahnen meisterte ihre nächste Bewährungsprobe zu preußischem Nutzen 1870 in Frankreich. Erstmals nahmen Feldeisenbahner mehrere hundert Kilometer Eisenbahnstrecke in einem feindlichen Land in Betrieb, reparierten gesprengte Viadukte, setzten aufgefundene Lokomotiven wieder in Gang (dafür war es mancherorts notwendig, vergrabene Teile zu finden!) und führten Fahrzeuge aus der Heimat nach. Kein Zweifel: der deutsche Sieg und damit die Gründung des Kaiserreiches war auch ein Triumph des militärischen Eisenbahnwesens.

Alsbald nach dem Sieg von 1871 stellten Preußen und Bayern feste Eisenbahntruppen auf, die Bahnbau, Reparatur, Zerstörung und Betrieb immer wieder übten. Südwestlich von Berlin wurde sogar eine Militäreisenbahn für öffentlichen Personen- und Güterverkehr jahrzehntelang von Soldaten betrieben. Gleise und Wagen für 600 mm breite Feldbahnen wurden beschafft, während der Generalstab mit größter Präzision den uhrwerkhaften Einsatz der Staatsbahnen für den Aufmarsch zu jenem großen Krieg durchplante, den die deutsche Führung erwartete, erhoffte, vorbereitete – und vom Zaun brach.

„Schlieffenplan" und Sarajewo

Zu Beginn des 20. Jahrhunderts verfestigte sich in Berlin die Vorstellung, eine – selbst provozierte – „Einkreisung" durch die konkurrierenden europäischen Mächte gewaltsam aufbrechen zu müssen. England, Frankreich und Russland auf einmal zu bezwingen, war jedoch eine allzu kühne Idee. Der bis 1905 amtierende Generalstabschef von Schlieffen hatte den Plan ersonnen, mit einer großen Armee über Belgien nach Nordfrankreich vorzustoßen, die sich in einem gigantischen Umfassungsmanöver nach Süden wenden und die französische Armee „vernichten" sollte. Erst danach sollte die als schwerfällig eingeschätzte russische Armee an der Ostgrenze geschlagen werden.

Als serbische Nationalisten am 28. Juni 1914 den österreichischen Thronfolger in der bosnischen Hauptstadt Sarajewo ermordeten, war die Zündschnur zum europäischen Pulverfass entbrannt. Österreich-Ungarn und Deutschland provozier-

ten die Eskalation bis zur schnellen Abfolge der Kriegserklärungen entsprechend den Bündnisverpflichtungen. Am 4. August 1914 standen Deutschland und Österreich-Ungarn („Mittelmächte") mit 3,7 Millionen Soldaten im Krieg gegen die „Entente" aus Frankreich, Russland, England, Serbien, Montenegro und Belgien mit 5,8 Millionen Soldaten.
Hunderte von Sonderzügen brachten in aller Eile die deutschen und ausländischen Sommerurlauber nach Hause. Gleichzeitig strömten einberufene Reservisten und begeisterte Freiwillige in die Kasernen. Nach jahrzehntelang ausgetüftelten Plänen stellten die Eisenbahnen sodann ihren gesamten friedensmäßigen Verkehr ein. Güterzüge wurden dort, wo sie gerade standen, aufgelöst und entladen. Die gedeckten Güterwagen wurden mit vorbereiteten Ausrüstungsteilen für Mannschafts- und Pferdetransport versehen. Die offenen Güterwagen wurden durch Abbau der Bordwände für den Transport von Fahrzeugen und Kanonen vorbereitet. Ein starrer Militärfahrplan trat in Kraft, der die ununterbrochene Durchfahrt von Transportzügen genormter Stärke mit gleicher Geschwindigkeit vorsah. Der Fahrplan war auf die Leistungsfähigkeit der preußischen G 7 abgestimmt. In den ersten drei Augustwochen 1914 beförderten die deutschen Länderbahnen 20.800 Mobilmachungszüge mit 2,1 Millionen Mann und 118.000 Pferden sowie 11.100 Kriegsaufmarschtransportzüge mit 3,1 Millionen Mann und 860.000 Pferden. Im Kriege 1870/71 war man noch mit insgesamt 1.300 Zügen ausgekommen!

Soldaten und Geschütze, Proviant und Munition, Stacheldraht und Baustoff für die Schützengräben: der gesamte Kriegsbedarf musste per Schiene an die zeitweise sechs Fronten in Frankreich, Russland, Italien, Rumänien, Mazedonien und dem vorderen Orient gefahren werden. Hier sind ein vollgummibereifter Lkw und eine als „Gulaschkanone" populär gewordene Feldküche auf normalspurigen Güterwagen unterwegs.

Linke Seite, unten: 1914 in Frankreich, 1915 in Russisch-Polen, 1916 in Serbien und Rumänien, 1917 in Oberitalien: Wieder und wieder mussten die Eisenbahnpioniere gesprengte Brücken wieder in Betrieb nehmen. Ohne große Kräne und ohne Hydraulik, nur mit tausendfacher Muskelkraft, schufen sie und die zur Mitarbeit herangezogenen Kriegsgefangenen jeweils binnen weniger Wochen staunenswerte Behelfsbauwerke aus geborgenen Teilen und zugeliefertem Stahl, Stein und Holz.

Vom Vormarsch zum Stellungskrieg

Belgien wurde schnell überrannt, und Ende August 1914 standen die deutschen Truppen bereits tief in Nordfrankreich und bedrohten Paris. Doch früher als angenommen waren die Russen mobil und stießen tief nach Ostpreußen vor. Truppen aus dem Westen mussten abgezogen werden, um im Osten durch die Siege bei Tannenberg und an den Masurischen Seen das deutsche Gebiet wieder von russischer Besetzung zu befreien. Nachschub- und Kommunikationsprobleme sowie beginnende französische Gegenoperationen brachten die deutsche Westoffensive ins Stocken. Der Angriff nach Schlieffens Vision wurde am 10. September 1914 mit dem Rückzug der Deutschen über die Marne nach Norden abgebrochen, das deutsche Konzept war gescheitert.
Deutschland setzte den Krieg ohne strategischen Plan fort. Die zum Stehen gekommene Angriffsarmee grub sich gegen die stabilisierte Front der

Oben: Neue Kriegstechnik 1914 bis 1918: Das war ja nicht mehr die Dampfeisenbahn, sondern der Verbrennungsmotor mit all seinen Anwendungen in Flugzeugen, U-Booten, Panzern – und Lokomotiven. Hohe Zugkraft und schnelle Einsatzbereitschaft garantierte die zweiachsige Benzollokomotive, die ohne verräterische Rauch- und Dampfwolken auch unmittelbar hinter der Front günstiger einzusetzen war.

Franzosen und Engländer in Schützengräben und Bunkern ein, ebenso verfestigte sich die Front gegen Russland. Am 23. Mai 1915 erklärte Italien Österreich den Krieg und kämpfte an einer Alpenfront zwischen Schweizer Grenze und Adria gegen die Doppelmonarchie. Die deutsche Armee unterdessen erzielte im Sommer 1915 Erfolge im Osten. Russisch-Polen und weite Teile des Baltikums wurden erobert. Aus den 1914 verlorenen österreichischen Gebieten wurden die Russen zurückgedrängt. Immer wieder hatten die Eisenbahnen riesige Aufgaben zu bewältigen. Allein die Eisenbahn-Direktion Königsberg musste in dem einen Monat Februar 1915 zur Vorbereitung der Ost-Offensive 3.220 Militärzüge durch ihr Gebiet leiten. 7.500 Kilometer breitspurige Strecken (1.524 mm) wurden nach der Offensive auf Regelspur (1.435 mm) umgespurt. Bis Mai 1915 wurden in den eroberten russischen Gebieten zusätzlich 1.100 Kilometer neue Normalspurstrecken gebaut. Auch Deutschland und Österreich gewannen neue Bündnispartner: Bulgarien und das Osmanische Reich. Zusammen mit Bulgarien gelang im Herbst 1915 die vollständige Eroberung Serbiens. Das nunmehrige Viererbündnis beherrschte ein Gebiet vom Ärmelkanal bis nach Palästina – und riesige Eisenbahnnetze verschiedenster Spurweiten und Ausrüstungsstandards. 1916 gelang wiederum eine militärisch bemerkenswerte Eroberung, die den Krieg aber

Unten: In der Benennung von Feldbahnhöfen und in der Beschriftung von Fahrzeugen drückten die Soldaten oft ihr Heimweh aus. So wurde die in Russisch-Polen eingesetzte Motorlok zum „Express Lipsk – Hamburg“.

auch nicht entscheiden konnte: Rumänien, in falscher Einschätzung seiner Kräfte in den Krieg gegen die Mittelmächte eingetreten, wurde vollständig besetzt.

Betrieb in riesigen Besatzungsgebieten

Die Ausdehnung des deutschen und österreichischen Machtbereichs, die Dauer des Krieges und der massiv zunehmende Einsatz von Menschen und Material an den Fronten führten zu einem ständigen Anstieg der Verkehrsaufgaben, die fast durchwegs von den Eisenbahnen erfüllt werden mussten. Allein an der Westfront wurde an manchem Tag soviel Munition verschossen wie im ganzen Krieg 1870/71. Der deutsche Bahnbetrieb in den besetzten Gebieten unterstand dem Chef des Feldeisenbahnwesens beim Generalstab des Feldheeres. Diese Position hatte zunächst der württembergische Generalmajor Wilhelm Groener inne. Regional zuständig waren entsprechend den schon im 19. Jahrhundert erarbeiteten Vorschriften elf Militär-Eisenbahn-Direktionen (MED). Standorte der MED wie Brüssel, Dorpat, Nisch und Bukarest verdeutlichen die Expansion des deutschen Militäreisenbahnbetriebes. Als Instanz zwischen dem Feldeisenbahnchef und den MED schuf man später drei Militärgeneraldirektionen. Den MED unterstanden ähnlich der Eisenbahnorganisation in der Heimat Betriebs-, Maschinen-, Werkstätten- und Verkehrsämter.

Dieses beschädigte Geschütz wird auf einem Feldbahngleis mit nur 600 mm Spurweite transportiert! Auf die einheitlichen Drehgestelle konnten offene und geschlossene Wagenkästen oder wie hier spezielle Tragwerke für Schwertransporte gesetzt werden.

2. August 1914

Der Erste Weltkrieg hat begonnen. Beginnend mit dem ersten Mobilmachungstag wird der gesamte zivile Eisenbahnverkehr eingestellt; alle Kapazitäten werden für den Truppenaufmarsch an der Westgrenze in Anspruch genommen. Schon nach wenigen Wochen lassen die realen Erfordernisse des Militärbetriebes alle Planungen hinter sich. Improvisation wird zum obersten Gebot.

Der Bedarf an Lokomotiven übertraf jede frühere Erwartung. Bis Ende 1914 waren allein auf den westlichen Kriegsschauplatz schon 1.781 deutsche Lokomotiven überwiesen. Zahlenmäßig am stärksten vertreten waren preußische G 7 (927 Loks), G 5 (289) und G 3 (96). Dazu kamen Beutelokomotiven, von denen man am 1. April 1915 im Westen 2.241 zählte. Fast alle gehörten der Belgischen Staatsbahn, deren Netz ja nahezu vollständig von den deutschen Militäreisenbahnbehörden betrieben wurde. Im Osten und Südosten wurden nur wenige Beutelokomotiven erobert. Österreichische und deutsche Maschinen mussten hier fast den ganzen Bedarf abdecken. Während des gesamten Ersten Weltkrieges ließen die Bahnen und Armeen der Mittelmächte aber für Normalspur keine „Kriegslokomotiven" bauen. Freilich verschob sich der Schwerpunkt der Beschaffungen zu den Güterzugloks vor allem preußischer Gattungen.

In der Hierarchie der Eisenbahnen standen zwischen Vollbahn und Feldbahn die in Belgien, Frankreich, Russland, Serbien und Rumänien vorgefundenen und vielfach weitergebauten Kleinbahnen mit den Spurweiten 750 mm, 800 mm und 1000 mm. Vielerorts benötigten die Feldeisenbahner Fahrzeuge aus der Heimat. Diese sächsische IV K ist im Grenzgebiet zwischen Österreichisch-Galizien und Russisch-Polen aktiv!

Das System der Heeresfeldbahnen

Die Feldeisenbahntruppen mussten zahlreiche schmalspurige Feldbahnen zur Ergänzung des Normalspurnetzes bauen und betreiben. Schon lange vor dem Krieg war das System der 600-Millimeter-Spur genormt und vom Pferde- zum Lokomotivbetrieb ertüchtigt worden. Den Feldeisenbahnern fehlte es 1914 auch nicht an Betriebs- und Kampferfahrung: Sie blickten bereits auf Einsätze in China und Afrika zurück. Einige Strecken waren mehr als 100 Kilometer lang. Sie erforderten Pontonbrücken mit Klappbrückenteil, lange Pfahljochbrücken mit stählernen Mittelfeldern und Feldbahnfähren. Die Gesamtlänge der im Osten neugebauten Schmalspurbahnen betrug 1916 nicht weniger als 2.900 Kilometer. Die von Deutschland am weitesten entfernt gelegene Feldbahn der deutschen Truppen füllte eine Lücke in der vor dem Krieg begonnenen Bagdadbahn und überquerte das Taurusgebirge in der östlichen Türkei. Beispiele für die Improvisationskunst in Kriegszeiten sind der Einsatz schmalspuriger Dampfspeicherloks in den langen Tunneln und der Transport zerlegter Normalspurloks über die Gebirgspässe.

Auch an der Westfront entwickelte das deutsche Heer eine rege Bahnbautätigkeit. Anders als ursprünglich vorgesehen wurden viele Bahnen nach den Standards dauerhafter Kleinbahnen mit Dammschüttung und Entwässerungsgräben, geschotterten Gleisen, gediegenen Empfangsgebäuden und Lokschuppen, Telefonleitungen und Signalen angelegt und nach festem Fahrplan betrieben. Häufiger als im Osten waren Eisenbahnbau und -betriebsführung hinter der deutschen Westfront vielfach unmittelbar von Kampfhandlungen bedroht und betroffen. Zu den Millionen Toten des Weltkrieges zählen auch viele Eisenbahnpioniere.

Die Franzosen und Engländer bewunderten die deutsche Methode, den Soldaten auf dem Weg zum Einsatz mit der Zugfahrt den anstrengenden Fußmarsch zu ersparen; die Amerikaner folgten dem feindlichen Beispiel und brachten den Personen- und Güterverkehr auf 600 mm Spur 1918 in Frankreich mit der ihnen zu Gebote stehenden Fülle an Material auf ein hohes Niveau.

Kaum weniger Systematik als beim Bau wendeten die deutschen Eisenbahnbau-Kompanien bei Zerstörungsmaßnahmen an. Als das deutsche Heer im Frühjahr 1917 planmäßig ein von der Sommeschlacht weitgehend verwüstetes Gebiet westlich von St. Quentin aufgab, wurden wie

Rechte Seite: Nicht jede Schmalspurbahn des Ersten Weltkrieges diente den Erfordernissen der Front. Immer wichtiger wurden die Bedürfnisse der Kriegswirtschaft. Außer Stahl, Kohle, Kautschuk, Salpeter, Kupfer, Zinn und Zink wurde auch das Holz knapp. Hier werden frische Stämme wohl aus den Vogesen abgefahren.

auch die gesamte sonstige Infrastruktur sämtliche Eisenbahnanlagen abgebaut oder dem Erdboden gleichgemacht. Dabei waltete keine Spontaneität. Die Sprengung auch des letzten Toilettenhäuschens und der kleinsten Fußgängerbrücke wurde mit Zeichnungen und Ablaufschema exakt vorbereitet und oftmals fotografisch dokumentiert. Perversion des Krieges: einen großen Teil der Anlagen in 600 mm, 1.000 mm und 1.435 mm Spur hatten die deutschen Eisenbahnpioniere in jahrelanger Arbeit selbst errichtet – um sie nach Zerstörung von eigener Hand beim erneuten Vormarsch im Frühjahr 1918 wieder aufzubauen und im Herbst 1918 erneut zu sprengen.

„Zwilling“ und „Illing“

Zur verbindlichen Regelform der Feldbahnlok war in Preußen und Bayern einst ein Pärchen aus zwei Ct-Loks erklärt worden, die an den Führerständen verbunden waren. Ein Lokführer konnte beide Hälften bedienen. Für die Loks hatte sich die Bezeichnung „Zwilling“ eingebürgert. Als später auch Loks getrennt eingesetzt wurden, erfand der militärische Volksmund den „Illing“.

1914 bis 1918

Für einen Krieg gegen immer mehr Gegner an vielen Fronten erbringen die Arbeiter und Beamten der Länderbahnen, die zum Heer einberufenen Feldeisenbahner, die Kriegsgefangenen und die Arbeiter in der Industrie größte Leistungen zur Aufrechterhaltung und Steigerung des Bahnbetriebes im Reich und in riesigen Besatzungsgebieten.

Außer dem herkömmlichen Betrieb auf Normalspurbahnen gewinnt große Bedeutung der Einsatz von Feldbahnen auf 600 mm Spurweite unmittelbar hinter den Fronten. Hier bewähren sich erstmals Triebfahrzeuge mit Verbrennungsmotoren (zweiachsige Benzollokomotiven nach Patenten der Gasmotorenfabrik Deutz).

Deutsche und österreichische Eisenbahnpioniere bauen Strecken und Brücken in Belgien, Frankreich und Italien und in den Gebieten, die nach 1918 zu Polen, Litauen, Lettland, Rumänien und Jugoslawien gehören werden.

Krauss hatte 1890 die ersten Loks geliefert. Bis 1914 wurden für Bayern und Preußen sowie für Kolonialbahnen und für Japan mindestens 480 Stück gebaut. Es folgte ein Vierkuppler, die „Brigadelok“ mit Außenrahmen und radial einstellbaren Klien-Lindner-Hohlachsen. Alle bedeutenden deutschen Lokfabriken fertigten bis 1920 nicht weniger als 2.573 Stück davon.

Zu einer Zeit, als auf den Eisenbahnen in aller Welt der Dampf noch unangefochten herrschte, begannen Motorfahrzeuge ihren Siegeszug auf den Feldbahnen des Krieges. Auf deutscher Seite fand vor allem der „Loko-Traktor“ der Gasmotorenfabrik Deutz Verbreitung. Er war in seiner ersten Form bereits 1896 entstanden und wurde durch einen liegenden Einzylinder-Viertakt-Motor angetrieben. Die im Weltkrieg gebräuchliche Ausführung leistete etwa 12 bis 14 PS. Geschätzt wurde an der Motorlok, dass sie keine verräterischen Dampfwolken ausstößt, nachteilig wurde das hohe Gewicht vermerkt. Vielfach führten von den Endbahnhöfen der Feldbahnen noch sogenannte Förderbahnen unmittelbar zur Front. Oft trat hier menschliche oder tierische Muskelkraft an die Stelle der Lokomotivtraktion.

Vergebliche Anstrengungen

Im Winter 1917/18 betrieben deutsche Feldeisenbahner 7.942 Kilometer Normalspurstrecken im Westen, 8.076 Kilometer im Osten und 3.637 Kilometer im Südosten. Eingesetzt waren 6.627 Lokomotiven und 178.000 Wagen. Die Arbeit leisteten 108.000 Mann militärisches Personal (vielfach zur Armee eingezogene Eisenbahner), 70.000 deutsche Zivileisenbahner, 45.000 Kriegsgefangene sowie 219.000 einheimische Eisenbahner. Die deutschen Länderbahnen hatten im Durchschnitt 37,5 Prozent ihres Personals an die Kriegsschauplätze schicken müssen. 1917 wurden im Westen Neubaustrecken fertig. Den größten Aufwand forderte die Strecke Aachen – Tongern, die dicht an der niederländischen Grenze die Verbindung zwischen Deutschland und Belgien verbesserte. Die Geultalbrücke als größter Kunstbau war (und ist als Bauwerk im heutigen belgischen Hauptbahnnetz auch heute) 1.107 Meter lang und am höchsten Pfeiler 54 Meter hoch.

Im April 1917 fuhr ein streng geheimer Zug vom badischen Gottmadingen quer durch Deutschland nach Saßnitz. Der russische Sozialist Lenin hatte von der Obersten Heeresleitung die Erlaubnis bekommen, aus dem Schweizer Exil nach Schweden zu fahren, um über Finnland in das von einer Revolution erschütterte Zarenreich zu gelangen. Die Erwartungen der deutschen Seite erfüllten sich: Lenin gab der Entwicklung in Russland im Oktober 1917 eine radikale Richtung, schloss mit Deutschland einen Waffenstillstand und nahm Friedensverhandlungen auf. Als diese ins Stocken gerieten, überschritten deutsche Truppen am 18. Februar 1918 die Waffenstillstandslinie und besetzten weite Teile Weißrusslands und der Ukraine bis zum Schwarzen Meer. Der Vormarsch in diesem „Eisenbahnkrieg" vollzog sich auf den breitspurigen Bahnlinien und wurde auch noch fortgesetzt, nachdem die Sowjetregierung am 3. März den Diktatfrieden von Brest-Litowsk unterzeichnet hatte. Der Zwei-Fronten-Krieg war nach fast vier Jahren vorbei. Im Westen traten die deutschen Truppen ab 21. März 1918 noch einmal zu einer großen Offensive an. Zur Vorbereitung hatte man vom 1. Oktober 1917 bis zum 31. März 1918 gebaut: 931 Kilometer Feldbahn mit 600 mm und 273 Kilometer Kleinbahn mit 1.000 mm Spurweite. Doch der Vormarsch der erschöpften und ausgehungerten Angreifer erlahmte bald.

Inzwischen war auf dem westlichen Kriegsschauplatz mit den USA ein neuer übermächtiger Gegner erschienen. Sie konnten an der Kanalküste ständig ausgeruhte, bestens versorgte Truppen ausladen und damit den Franzosen und Engländern helfen. Im Sommer 1918 kam die Front wieder in Bewegung, und zwar durch den Einsatz einer neuen Waffe: Immer mehr Panzer („Tanks") überrollten die deutschen Schützengräben.

Die Besetzung Rumäniens war für die Kriegswirtschaft besonders wegen der dortigen Erdölquellen wichtig. Diese Lokomotive rangiert in der Nähe des Schwarzen Meeres Kesselwagen mit dem für Autos und Flugzeuge so wichtigen Treibstoff.

24. November 1916

Gründung der „Mitteleuropäischen Schlafwagen- und Speisewagen-Aktiengesellschaft" (Mitropa) als Konkurrenzunternehmen zu der von „feindlichem Kapital" beherrschten CIWL. Spitzenangebot ist der Balkanzug von Berlin und Straßburg über Österreich-Ungarn, Serbien und Bulgarien nach Konstantinopel

Rechte Seite: Der Eisenbahnwagen wurde für die Baukompanien Wohnung und Werkstatt, Besprechungsraum und Feierabendlokal, Lagerraum und Fotolabor, Schreibstube und Fernsprechbude. Hier haben sich die Schuster eine originelle Arbeitsfläche über den Puffern zweier aneinander gekuppelter Wagen eingerichtet.

Das scharfe Schwert: verrostet

Im Herbst 1918 schließlich brach an allen Fronten der Widerstand der Mittelmächte zusammen. Am 11. November 1918 musste eine parlamentarisch legitimierte deutsche Regierung im französischen Compiègne einen Waffenstillstand unterzeichnen. Er hatte auch für die deutschen Eisenbahnen einschneidende Folgen. So mussten sofort 5.000 Lokomotiven und 150.000 Wagen an die Entente abgegeben werden. Mein Vater erzählte mir noch, dass seine Mutter geweint habe, als sie versuchte, ihm mit seinen damals acht Jahren anhand dieses Details das Schicksal Deutschlands verständlich zu machen. Der schnelle Rücktransport der geschlagenen Armeen hinter den Rhein war die letzte Aufgabe der deutschen Feldeisenbahner. Die deutschen Eisenbahntruppen wurden nach dem Versailler Vertrag aufgelöst.

Der militärische Einsatz der Eisenbahn hatte die hohen Erwartungen nicht erfüllt. Wirklich verwundern konnte dies eigentlich nicht. Der gegen Österreich 1866 und gegen Frankreich 1870 zur Geltung gebrachte Überraschungseffekt war längst verbraucht. Die Franzosen, selbstverständlich über die deutschen Pläne informiert, hatten mit der Sprengung wichtiger Brücken den Schlieffenplan vereitelt. Die Russen hatten sich für Militärtransporte nicht zuletzt jener 750 mm-Dampflokomotiven bedient, die sie aus Deutschland importiert hatten. Verlängern konnten Ludendorff und Hindenburg ihren Krieg mithilfe der Eisenbahn durchaus, gewonnen wurde er mit Flugzeugen und Panzern – von der Gegenseite.

1917

Unter Kriegsbedingungen schwindet die Souveränität der Länderbahnen. Die gemeinsame Bestellung der schweren Güterzuglokomotive G 12 markiert zwar einen beachtlichen technischen Fortschritt, aber auch den Abschied von einer eigenständigen Beschaffungspolitik. Mängel an Fachpersonal, Stahl, Kohle und insbesondere Schmieröl führen immer häufiger zu Störungen und Einschränkungen des Betriebes.

7. – 9. November 1918

Matrosen und Soldaten streiken gegen die Fortführung des Krieges. Daraufhin stürzen die Monarchien im deutschen Kaiserreich und in den Ländern. Die Republik wird ausgerufen (und später nach dem vorübergehenden Tagungsort der Nationalversammlung „Weimarer Republik" genannt). Die Länderbahnen verlieren ihre Eigenschaft als „königlich" oder „großherzoglich".

11. November 1918

Unterzeichnung des Waffenstillstands in einem CIWL-Wagen in Compiègne. Die Rückführung des Westheeres über den Rhein wird die letzte große Aufgabe der Feldeisenbahner.

Oben: Kein Wunder, dass die Aufnahme des Eisenbahngeschützes unmittelbar nach dem Schuss verwackelt ist. Wenn die Kanone des acht- bis zwölfachsigen Ungetüms ihre Granate im 30-Zentimeter-Kaliber abfeuerte, bebte die Erde. Der Rückstoß schob das Fahrzeug dann einige dutzend Meter nach hinten, bis die fest angelegten Bremsklötze glühten und die Funken sprühten. Das Konzept war letztlich veraltet: ein Flugzeug brachte dieselbe Menge Sprengstoff einfacher über das feindliche Ziel.

Rechts oben: Bei Verdun, an der Somme, vor Ypern und am Isonzo führten die Gleise nach den großen Materialschlachten nur noch durch Mondlandschaften, mussten die Pioniere ihre Feldbahnschienen immer kunstvoller um Granattrichter, zerfetzte Baumstümpfe und Trümmerhaufen legen.

Rechts: Kommunikation, Wohlstand und damit auch die Voraussetzungen für ewigen Frieden hatten die Vorkämpfer der Eisenbahn im 19. Jahrhundert versprochen. Die Schienen des Ersten Weltkrieges führten jedoch in Wüsten der Zerstörung, jenseits allen Verkehrs und aller Zivilisation.

Höhen und Abgründe

Die Reichsbahnzeit 1920–1945

Ein verlorener Weltkrieg, Barrikadenkämpfe in den Großstädten, Gebietsabtretungen, feindliche Truppen im Land, wenig später dann Inflation und Weltwirtschaftskrise: keine günstigen Voraussetzungen für das Gedeihen der größten Eisenbahnverwaltung der Erde. Und doch gelingen ihr erstaunliche Investitionen und Innovationen. Ab 1933 ist sie jedoch Werkzeug der Diktatur, die zwar verkehrstechnischen Glanzleistungen Raum gibt, letztlich aber nur eines will: den nächsten Krieg. Er wird die deutschen Eisenbahnen überfordern und weithin zerstören. Und die düsterste Erinnerung: auch auf den Güterwagen, die Millionen Menschen in die Gaskammern transportierten, stand „Deutsche Reichsbahn".

Die beiden Lokomotiven eines D-Zuges setzen einen Kurswagen um, eine dritte rangiert mit einem Gepäckwagen, eine Tenderlok steht zur Bespannung eines Personenzuges bereit und der „Henschel-Wegmann-Zug" mit stromlinienverkleideter Schnellfahrlokomotive fährt mit scharfen Auspuffschlägen ab (Dresden Hauptbahnhof, Ende der 30er-Jahre).

Die Krisenjahre

Mit dem Ende des Ersten Weltkrieges kam auch das Ende der Monarchie im Reich und in den Ländern. Viel Kraft brauchte es freilich nicht mehr, um die alten Herrscherhäuser zu stürzen, und die Träger der „November-Revolution" (das war vor allem die in „Mehrheits-SPD" und „Unabhängige" gespaltene Sozialdemokratie) hatten wenig Zeit, den lange erträumten Sieg des Volkes zu feiern. Sie mussten den Karren aus dem Dreck ziehen, in den die Eliten von gestern ihn gefahren hatten. Und nur Tage nach dem Kriegsende begann ein kollektiver Realitätsverlust, der schließlich zum Untergang der Republik, zu Diktatur, neuem Weltkrieg und dem größten Verbrechen der deutschen Geschichte führen sollte: aus der Behauptung, dass man sich nach vier Jahren unerschrockenen Kampfes „im Felde unbesiegt" aus dem Feindesland zurückgezogen hatte, schmiedeten Demagogen eine bereitwillig aufgenommene „Dolchstoßlegende", wonach schnöder Verrat dem deutschen Volk in letzter Minute den Sieg entwunden habe. Erklärungsmuster für geschichtliche Abläufe bezog das deutsche Bürgertum seit dem 19. Jahrhundert eher aus der Siegfriedsage als aus der politischen Logik.

Kaum jemand interessierte sich im Unruhe- und Hungerjahr 1919 für den Status der erbärmlich überlasteten, unter Kohlemangel leidenden und immer verspäteten Eisenbahn. Lustlos schnitten die Verwaltungsbeamten die Krönchen aus ihren Wappenstempeln und entfernten das königliche „K" aus den Eigentumskennzeichen der Fahrzeuge. Dass der Artikel 171 der am 11. August 1919 beschlossenen Reichsverfassung (wegen der Unruhen in Berlin hatte die am 19. Januar 1919 gewählte Nationalversammlung in Weimar getagt) bis 1921 den Übergang aller Staatseisenbahnen auf das Reich vorsah, vermochte kaum jemanden zu erregen, vor allem, wenn er die Bilanzentwicklung der Länderbahnen verfolgte: 1913 Gewinn 1 Milliarde, 1918 Verlust 1,3 Mrd., 1919 Verlust 4,1 Mrd. Mark. Mit Vertrag vom 31. März 1920 übergaben Preußen, Bayern, Sachsen, Württemberg, Baden, Hessen, Mecklenburg-Schwerin und Oldenburg zum 1. April 1920 ihre Eisenbahnen dem Reich. Mit 53.560 Streckenkilometern und 1,1 Millionen Beschäftigten war der größte Verkehrsbetrieb der Welt entstanden. „Reichseisenbahnen" nannte man die als unmittelbare Staatsbehörde arbeitende Verwaltung. Die Schlagzeilen der Presse widmeten sich anderen Themen: Im März 1920 war ein rechtsradikaler Militärputsch durch einen Generalstreik bezwungen worden. Blutige Folgekämpfe von kommunistischer Seite waren gefolgt.

1. April 1920
Die Länderbahnen von Preußen, Bayern, Sachsen, Württemberg, Baden, Mecklenburg-Schwerin und Oldenburg gehen in Eigentum und Verwaltung des Reiches über. Die „Reichseisenbahnen" betreiben ein Streckennetz von 53.440 Kilometern und bilden damit zu dieser Zeit die größte Eisenbahnverwaltung der Welt

27. Juni 1921
Fahrzeuge, Schriftverkehr, Stempel und Druckwerke im Bahnbetrieb sind fortan mit der Bezeichnung „Deutsche Reichsbahn" zu versehen

6. Juli 1922
Die Eisenbahndirektionen heißen ab jetzt Reichsbahndirektionen

1920 – 1923
Umstellung der Personenwagenkonstruktionen auf Ganzstahlbauart; neue Generation von Güterwagen („Austauschbauarten" anstelle von „Verbandsbauarten")

31. Oktober 1922
Die Nürnberg-Fürther Eisenbahn von 1835 stellt ihren Betrieb ein

Die Zeit vom Sturz der Monarchie im November 1918 bis zum Hitlerputsch im November 1923 war von vielerlei Kämpfen um Deutschlands politische Zukunft und staatliche Grenzen erfüllt. Im Sommer 1919 führte ein Streik in Berlin zu maßloser Überfüllung der wenigen noch fahrenden Züge. Das zeitweise Wanken der „öffentlichen Ordnung" schockierte das Bürgertum mehr als alle Blutbäder des zu Ende gegangenen Weltkrieges. Schon keimte die Sehnsucht nach dem „starken Mann".

Weiß-blaue Rautenfähnchen an einer modernen Elektrolokomotive am 23. Februar 1925: Die Strecke München–Garmisch wird nun mit Strom aus dem Walchensee-Kraftwerk betrieben. Die Leistung des achtachsigen Giganten (Reihenbezeichnung alsbald E 52) kann wenig später von einer halb so großen Lok erbracht werden.

Ein Unfall in Frankfurt (Main) Hbf hat nicht nur mehrere preußische Abteilwagen entgleisen lassen, sondern auch die Signalbrücke ins Wanken gebracht. Die Reichsbahn wird sich alsbald von dieser Wagenbauart verabschieden und zum Durchgangswagen in Ganzstahlbauart übergehen.

Die Eisenbahn nahm in Zeiten aufwendiger Fahrzeugpflege und flächendeckender Güterverteilung veritable Landschaften mitten in den Großstädten in Anspruch. Wir beobachten in Koblenz die Einfahrt eines Zuges aus Richtung Trier. Zwischen Mosel- und Rheinstrecke zwängt sich ein Bahnbetriebswerk mit Lokschuppen, Drehscheibe, Wasserturm und Bekohlung. Ob wohl irgendein von Rauch und Ruß geplagter Anwohner ahnt, dass wir ihn einst um seine Aussicht beneiden werden?

Zwischen Kapp-Putsch und Inflation: Die Reichseisenbahnen investieren

Während sich die politischen und wirtschaftlichen Verhältnisse endlich etwas beruhigten, konnten die Reichseisenbahnen wirtschaftlich konsolidiert werden und die betrieblichen, kaufmännischen und personalrechtlichen Grundsätze und Vorschriften der Länderbahnen ganz allmählich vereinheitlicht werden. Das im Weltkrieg weit vorangeschrittene Jahrhundertwerk der technischen Normung konnte nun von zentraler Stelle in die Hand genommen werden. Um Kriegsverluste und Waffenstillstandsabgaben auszugleichen, leiteten die Reichseisenbahnen ein umfangreiches und für die Zeitumstände mutiges Beschaffungsprogramm ein. Tausende von „Länderbahn"-Lokomotiven, insbesondere der preußischen Gattungen P 8, G 8^2, G 10, G 12, T 14^1, T 16^1, T 18, aber auch so manche bayerische S 3/6 oder G 3/4 waren in Wirklichkeit frühe Reichsbahnlokomotiven, und keine P 10 oder T 20 hat auch nur einen Tag lang dem preußischen Staat gehört.

Erst 1933 endete mit der letzten bayerischen GtL 4/5 der Nachbau von Länderbahnloks, und erst in den 1940er-Jahren überholte die Zahl der Einheitsloks die Summe der Nachbeschaffungen von Vorgängertypen.

1. Dezember 1922

Die Deutsche Reichsbahn wird Mitglied der an diesem Tag gegründeten Internationalen Eisenbahnvereinigung UIC.

2. Dezember 1922

Die MITROPA setzt mit dem „Skandinavien-Express" und dem „London-Berlin-Express" die ersten eigenen Pullman-Züge in Lauf und macht der französisch dominierten Internationalen Schlafwagengesellschaft (ISG/CIWL) Konkurrenz.

11. Januar 1923

Französische und belgische Truppen überqueren die am Rhein verlaufende Besatzungsgrenze und marschieren ins Ruhrgebiet ein. Die Reichsregierung ruft den passiven Widerstand aus, der bis September anhält. Die Okkupanten übernehmen den Eisenbahnbetrieb in eigene „Regie" – mit vielfach chaotischen Folgen.

1. Juni 1923

Die Reichsbahn führt die ersten Fernschnellzüge (FD) ein; die Züge führen nur Wagen 1. und 2. Klasse.

Im Personenwagenbau verdrängten Ganzstahl-Schnellzugwagen herkömmliche Holzkonstruktionen; mit ebenfalls stählernen Zweiachsern wurde die lange Geschichte des Abteilwagens für Nahverkehr und Nebenbahnen abgeschlossen, bevor man bayerische Vorbilder zur „Donnerbüchse" weiterentwickelte. Als Güterwagen wurden die „Austauschbau"typen entwickelt und massenhaft beschafft, bei denen das Tonnendach der gedeckten Wagen und die Auslegung für 15 und 20 Tonnen zur Regel wurden. Bezahlt wurden all diese Fahrzeuge mit immer größeren Summen des Papiergeldes, das man im Weltkrieg in der Hoffnung gedruckt hatte, es nach dem Sieg durch Beute und Eroberungen abzudecken, und das nun täglich an Wert verlor. Da die Lokomotivfabriken natürlich mit diesem Geld auch die Löhne bezahl-

ten, hatten die Arbeiterfamilien das Nachsehen: Die Bündel von Scheinen konnten wenig mehr als das Existenzminimum abdecken.
Der Export von Eisenbahnfahrzeugen blühte nach 1920 auf. Auch wenn zunächst einmal viele hundert Neubauloks als Reparationsschuld kostenlos z. B. nach Portugal, Polen oder Jugoslawien geliefert werden mussten, waren damit doch erst einmal Arbeitsplätze gesichert und Exportkanäle für die Zukunft eröffnet. Ein riesiger Auftrag der jungen Sowjetunion über 700 Güterzugloks hat manche deutsche Arbeiterfamilie vor dem Hunger bewahrt. Schon zu dieser Zeit musste Frankreich spüren, wie faul die Früchte von Versailles waren: Die französischen Bahnen fuhren mit deutschen „Waffenstillstandslokomotiven" und heizten mit deutscher Reparationskohle – und die französischen Lokomotivbauarbeiter und Bergleute stürzten in die Massenarbeitslosigkeit.

1923 – Ruhrkampf, Inflation und Hitlerputsch: Neue Krise

Die Ereignisse 1923 ließen fast jeden Optimismus welken. Anfang Januar überschritten französische Truppen den Rhein und besetzten das Ruhrgebiet und weitere rechtsrheinische Gebiete von Baden bis Westfalen. Auseinandersetzungen zwischen deutschen Eisenbahnern, von der Reichsregierung zu „passivem Widerstand" verpflichtet, und französischen „Regie"-Eisenbahnern führten zu abenteuerlichen Zuständen. Unfälle und willkürliche Zerstörungen häuften sich, die Reichsbahn litt unter Kohlenmangel und war zu weiträumigsten Zugumleitungen gezwungen. Schnellzüge von der Schweiz nach Holland fuhren über Kassel!
Die Währung verfiel vollends: Der US-Dollar kostete im Januar 1923 schon 18.000 Mark (nach 4 M 1914 und 191 M im Januar 1922), im August 4,6 Millionen, im Oktober 25 Milliarden und am 15. November 4,2 Billionen (das ist eine Zahl mit elf Nullen). Auf dieser Basis wurde die Währung endlich stabilisiert, aus einer Billion Papiermark wurde eine „Rentenmark" – und alle privaten Spar- und Versicherungsguthaben waren vernichtet. Ebenfalls im November unternahm Adolf Hitler in München einen blutigen Putschversuch.
Wie aus einer anderen Welt mag die Nachricht von der Einführung einer neuen Luxuszug-Gattung geklungen haben: Die Reichsbahn setzte ab 1. Juli 1923 „FD"-Züge ein.

15. November 1923
Nach der Hyperinflation wird die Papiermark durch die „Rentenmark" (später als „Reichsmark" bezeichnet) ersetzt. Bargeld, Sparbücher und Versicherungsansprüche sind wertlos geworden.

12. Februar 1924
Weil der Dawes-Plan die Zahlung der im Versailler Vertrag erzwungenen Reparationen neu regelt und die Reichsbahn dafür an die Gläubiger verpfändet wird, beginnt ihre Umwandlung von einer Behörde zum selbstständigen Wirtschaftsunternehmen im Eigentum des Reiches. In nur einem Jahr wird ihr Personal von 1 Million auf 775.000 Mann reduziert.

8. August 1924
Auf der Strecke Berlin Stettiner Bahnhof – Bernau fährt der erste Triebzug für den öffentlichen Verkehr an der Stromschiene mit 800-Volt-Gleichstrom.

30. August 1924
Betrieb und Verkehr werden einer „Deutschen Reichsbahn-Gesellschaft" DRG übertragen. Ihre Einnahmen sollen künftig für die Reparationszahlungen verwendet werden. Zur Sicherstellung dieser Verpfändung sitzen im Verwaltungsrat ausländische Vertreter.

21. Sept. bis 5. Okt. 1924
In Seddin präsentiert die deutsche Industrie eine Eisenbahntechnische Ausstellung mit 120 Loks, 150 Wagen sowie Rangier- und Signaltechnik.

Langlebig war und ist die körperlich fordernde Stellwerkstechnik mit „Hebelbänken". Vor 1900 eingeführt ist dieses System der Weichen- und Signalbedienung auch anno 2010 noch nicht überall durch Elektromechanik oder Elektronik ersetzt.

1924–1929: Erfolge der DRG unter neuer Rechtsform

Ab 1924 setzte England gegen Frankreich einen vernünftigeren Kurs der Siegermächte gegenüber Deutschland durch. Der „Dawes-Plan" gestattete wenigstens eine (jahrzehntelange!) Ratenzahlung der immer noch grotesken Reparationssumme von 132 Milliarden Goldmark. Sowohl als Pfand für diese Forderung als auch als Quelle für einen Teil der jährlichen Zahlung sollten die Eisenbahnen des Reiches dienen. Zu diesem Zweck wurde mit Stichtag 30. August 1924 eine privatwirtschaftliche „Deutsche Reichsbahn-Gesellschaft" gegründet. Sie sollte frei von staatlichen Zwängen auf dem allmählich vielfältigeren Verkehrsmarkt ein optimales

Für Kontinuität steht auch dieses Bild: mit Dampf auf 900 mm Schmalspur reist man von Bad Doberan nach Bad Kühlungsborn auch noch im 21. Jahrhundert!

Oben: Die P8 hat einen Zug mit Auswanderern nach Bremerhaven zum Dampfer nach Amerika gebracht. Zwischen dem verlorenen Weltkrieg und der beginnenden Judenverfolgung gab es viele Gründe zum Neubeginn in fremden Kontinenten.

Rechts Mitte: Eine Fahrt mit dem Fernzug ist noch in den zwanziger und dreißiger Jahren ein Erlebnis. Vor allem, wenn man in zweiter oder gar erster Klasse reisen darf. Denn die „Polsterklasse" können sich zu dieser Zeit nur ganz wenige Wohlhabende in Deutschland leisten.

Unten: Das Streckennetz hatte vor 1914 seine größte Ausdehnung erreicht. Die meisten Neubauten der Reichsbahnzeit bezweckten örtliche Verbesserungen. Daneben ist von einigen ambitionierten Projekten zu berichten, bei denen es nicht um Streckenlänge ging: Leistungsfähige Hauptbahnen wurden durchs Meer zu den Inseln Sylt und Rügen gebaut, das Zentrum Berlins mit der Nord-Süd-S-Bahn unterfahren. Das Foto zeigt einen Zug auf dem „Hindenburgdamm" nach Sylt.

November 1924

Die Reichsbahn erhält die letzten von französischen Militäreisenbahnern betriebenen Strecken im Ruhrgebiet zurück.

1925

Nach zwei Vorentwürfen tritt der endgültige Umzeichnungsplan für die 28.405 Dampflokomotiven der Deutschen Reichsbahn (Stand 1.1.1926) in Kraft. Das Baureihensystem „01 bis 99" wird populär – und ist in Teilbereichen noch im 21. Jahrhundert gültig.

18. Mai 1925

Die DRG nimmt die erste Güterkraftwagenlinie in Betrieb

Oktober 1925

Mit der Auslieferung der vierzylindrigen Schnellzuglok 02 001 beginnt die Ära der Einheitsloks. Alsbald folgen die ersten Exemplare der zweizylindrigen Schnellzuglok 01 sowie der zu vergleichender Erprobung mit zwei bzw. drei Zylindern ausgestatteten Güterzugloks 43 und 44.

1. April 1926

Die Ausrüstung der Güterwagen mit Kunze-Knorr-Bremse, mindestens aber mit durchgehender Luftleitung, ist abgeschlossen. Die Höchstgeschwindigkeit der Güterzüge kann von 30 auf 40 km/h angehoben werden, die der Eilgüterzüge sogar auf 60 km/h. Viele tausend Bremser werden arbeitslos.

1926
Die elektrische Wagenbeleuchtung mit Einheitslichtmaschine ersetzt die bisherige Gasbeleuchtung.

15. Mai 1926
Nach vielen in privater Regie herausgegebenen Vorläufern erscheint das erste gemeinsam mit der Reichspost herausgegebene Reichskursbuch.

1926
Die DRG testet Apparaturen, die Züge beim Überfahren eines Halt zeigenden Signals zwangsweise stoppen. Im Vergleich zur Optischen Sicherung „Opsi“ mit einem in empfindliche Zellen gespiegelten Lichtstrahl setzt sich die Induktive Zugsicherung „Indusi“ durch, die mit elektrischen Feldern arbeitet.

15. Mai 1927
In den Fahrplänen wird die 24-Stunden-Zeitrechnung eingeführt. Die Bezeichnung der Nachmittags- und Abendstunden mit „1 – 12 h nachm.“ entfällt.

1. Juni 1927
Der Hindenburgdamm als Verbindung nach Sylt wird eingeweiht.

26. Juli 1927
Nach der Aufnahme des elektrischen Betriebes auf mehreren Fernstrecken in Südbayern werden nun 1.219 Kilometer Streckennetz mit Wechselstrom betrieben.

So spektakulär die Chronologie „FD-Zug 1923“, „Rheingold 1928“ und „Fliegender Hamburger 1933“ bleibt, an der Lebenswirklichkeit fast aller Zeitgenossen rasten solche Züge mit ihren 120, 140 und 160 km/h vorbei. Regelfall der Eisenbahnreise blieb die Fahrt im Abteilwagen 3. Klasse, auf Holzbänken von Schienenstoß zu Schienenstoß, mit zu wenig Beinfreiheit zum Fahrgast gegenüber.

Wirtschaftsergebnis erzielen. Am 11. Oktober 1924 erhielt die DRG die Betriebsrechte an den Reichseisenbahnen. Das neue Unternehmen hatte durchaus Erfolg und konnte ab 1925 jährlich eine knappe Milliarde Reichsmark Gewinn erwirtschaften.
In die vergleichsweise ruhige Zeit nach der Währungsstabilisierung fiel 1926 die Lieferung der ersten Einheitslokomotiven. Man behauptet nicht zu viel, wenn man diesen Maschinen mit ihren markanten Windleitblechen einen Symbolwert für Aufschwung und Selbstbewusstsein jener Jahre zuschreibt. Nicht umsonst war die „01“ vom Zigaretten-Sammelbildchen bis zur auf zwei Achsen reduzierten Spielzeugversion und vom Briefbeschwerer bis zum Gewerkschaftsemblem überall vertreten. Gebaut wurden von den Einheitslokomotiven zunächst nur wenige: das neue harte Geld war knapp, der Reise- und Güterverkehr lastete schon die vorhandenen Kapazitäten kaum aus, viele hundert Länderbahnloks wurden Jahr für Jahr ausgemustert, oftmals nach weniger als zwanzig Betriebsjahren. Weniger augenfällige Neuerungen wie die durchgehende Druckluftbremse für Güterzüge und die elektrische Beleuchtung der Reisezüge hatten größere Breitenwirkung als die neue Lokomotivgeneration.

Baukasten-Prinzip bei der Deutschen Reichsbahn

Die Ära der Einheitslokomotiven

Das späte Kaiserreich liebte die vermeintliche Endgültigkeit kultureller Errungenschaften – mitten in technischen und sozialen Umbrüchen und am Vorabend von Katastrophen und Machtwechseln, in denen nichts endgültig blieb. Das Bürgerliche Gesetzbuch von 1900 als Bibel der liberalen Vertragsfreiheit und des konservativen Eigentums oder die Reichsversicherungsordnung von 1911 als Dokument des sozialen Gewissens eines paternalistischen Kapitalismus sollten nicht nur bis zur nächsten Reform gelten, sondern auf Dauer die Zivilisationshöhe des bestorganisierten Staates der Welt markieren. Der Erste Weltkrieg brachte viele Gewissheiten zum Einsturz, ließ aber dennoch oder „erst recht“ geistige Leistungen mit großer Fernwirkung reifen, so das technische Normenwerk „DIN“. Gerade weil es entsprechend seiner Natur ohne jede pathetische Beschwörung der Ewigkeit auskam, war es gegen künftige politische Stimmungsschwankungen unempfindlich. Aus dem Tochterprojekt der Standardisierung von Lokomotivteilen „LONORM“ entstand das Konzept der jungen Deutschen Reichsbahn zur systematisch durchdachten Typisierung von Dampflokomotiven für alle Einsatzbereiche. Die Ingenieure von Bahn und Industrie hatten erkannt, dass die Dampflok in ihrer vor 1914 erreichten wärmewirtschaftlichen Optimierung mit Überhitzer und Speisewasservorwärmung eine kaum mehr zu übertreffende Ausreifung erreicht hatte. Von daher hielt es der

Hervorragend durchkonstruiert und optimal ausgerüstet, im Vergleich zu vorhandenen anspruchslosen Loks jedoch zu teuer: Rangierlok 80

mit Fachleuten aus Betrieb und Werkstättendienst besetzte „Engere Lokomotivausschuss“ für angebracht, vielerlei Randentwicklungen der Technik wie Doppeldome mit Verbindungsrohren, Dampftrockner,

Die sprichwörtliche Einheitslok mit den großen Windleitblechen: das Paradepferd 01 für Schnellzüge. Der staunende Zaungast erfuhr nicht viel über ihre Gewichts- und Kesselprobleme.

Übersicht: die Einheitsloks und die wichtigsten nachbeschafften Länderbahnloks

Die Leistungsangaben beruhen auf amtlichen Merkbüchern. Erfahrungsgemäß ergaben sich je nach Unterhaltungszustand, Kohlequalität und Eigenschaften der Wagen große Unterschiede. Einheitslok-Baureihen sind in der Tabelle fett markiert.

Baureihe	Baujahre	Stückzahl	Bauart	typische Leistung Zuglast t	Steigung	Geschw. km/h	V_{max} km/h	Besonderheiten/Verwendungszweck
39^{0}	1922-26	260	1'D1'h3	570	2 ‰	85	110	pr. P 10, Schnell- und Personenzüge
95^{0}	1922-24	45	1'E1'h2t	830	10 ‰	35	65	pr. T 20, Zug- und Schiebedienst Steilstrecken
01	1926-38	231	2'C1'h2	410	2 ‰	110	120	Schnellzüge
02	1926	10	2'C1'h4v	320	2 ‰	110	120	Triebwerksvariante zu 01 (Minderleistung ggü. 01 nicht plausibel)
44	1926	10	1'Eh3	1.010	2 ‰	60	70	Vorserie für Güterzüge
18^{5}	1926-30	40	2'C1'h4v	305	2 ‰	110	120	Nachbauten bay. S 3/6
43	1927-38	35	1'Eh2	1.095	2 ‰	60	70	Vergleichstype zur 44
87	1927-28	16	Eh2t				45	Sonderbauart für Hamburger Hafenbahn mit radial einstellbaren Endradsätzen
80	1927-29	39	Ch2t	775	2 ‰	35	45	leichte Rangierlok
81	1928	10	Dh2t	1.240	2 ‰	35	45	schwere Rangierlok
24	1928-40	95	1'Ch2	405	1 ‰	80	90	Personenzüge auf langen Nebenbahnen
62	1928-32	15	2'C2'h2t	600	1 ‰	90	100	Personenzüge auf Hauptbahnen
64	1928-40	520	1'C1'h2t	420	1 ‰	80	90	Personenzüge auf kurzen Nebenbahnen
86	1928-43	775	1'D1'h2t	580	4 ‰	50	80	Züge auf steigungsreichen Nebenbahnen
99^{73}	1928-33	32	1'E1'h2t				30	Schmalspur 750 mm
98^{10}	1929-33	45	D1'h2t	610	2 ‰	35	45	bay GtL 4/5 für Nebenbahnen
03	1930-38	298	2'C1'h2	345	2 ‰	110	130	Schnellzüge auf Strecken mit nicht verstärktem Oberbau
99^{22}	1931	3	1'E1'h2t				40	Schmalspur 1.000 mm
99^{32}	1932	3	1'D1'h2t				50	Schmalspur 900 mm
04	1932	2	2'C1'h4v				130	Versuchslok „Mitteldruck" 25 at
85	1932-33	10	1'E1'h3t	670	10 ‰	35	80	für die Höllentalbahn
44	1932	2	1'Eh4v				80	Versuchslok „Mitteldruck" 25 at
71^{0}	1935/39/41	6	1'B1'h2t	420	1 ‰	60	90/100	Alternative zu Triebwagen
89^{0}	1935/38	10	Cn/h2t	715	2 ‰	35	45	leichte Rangierlok, Vergleich Heiß- und Nassdampf
05	1935	3	2'C2'h3	195	1 ‰	160	175	Schnellfahrversuchslok, getestet bis 200 km/h
61	1935	2	2'C2'h2t/ 2'C3'h3t	110	1 ‰	160	175	Sonderlok für Henschel-Wegmann-Zug
84	1935/37	12	1'E1'h2/3t	880	10 ‰	35	70/80	für die Müglitztalbahn
41	1936/39-41	366	1'D1'h2	660	2 ‰	80	90	für Eilgüterzüge
44	1937-44	1977	1'Eh3	1.230	2 ‰	60	80	endgültige Ausführung der schweren Güterzuglok für 20 t Achsdruck
45	1937/40	28	1'E1'h3	965	2 ‰	60	90	schwere Eilgüterzuglok
06	1939	2	2'D2'h3	440	2 ‰	130	140	schwere Schnellzuglok, stromlinienverkleidet
50	1939-44	2.540	1'Eh2	885	2 ‰	60	80	Güterzuglok für schwachen Oberbau
01^{10}	1939-40	55	2'C1'h3	345	2 ‰	120	150	Stromlinienvariante der 01
03^{10}	1939-41	60	2'C1'h3	255	2 ‰	120	150	Stromlinienvariante der 03
23	1941	2	1'C1'h2	395	2 ‰	95	110	Prototypen Personenzuglok
52	1942-45	6.151	1'Eh2	895	2 ‰	60	80	aus der 50 abgeleitete Kriegslok; Stückzahl nennt nur DRB-Loks bis 1945
42	1943-45	877	1'Eh2	1.060	2 ‰	60	80	Kriegslok für 18 t Achsdruck, Stückzahl nennt nur DRB-Loks bis 1945

Optimales Dreizylindertriebwerk, weniger überlastbarer Kessel alter Bauart, so spektakuläre wie pflegeintensive Verkleidung: Die Stromlinienloks 01^{10} und 03^{10} bewiesen eher Grenzen als Größe des Projekts „Einheitsloks" und feierten erst nach erheblichen Umbauten durch DB und DR in den Nachkriegsjahrzehnten große Erfolge.

schräg liegende Zylinder, geteilte Triebwerke oder die feinstufige Differenzierung der Treibraddurchmesser hinter sich zu lassen und auf solide Zweizylinderlokomotiven zu setzen. Das Kind mit dem Bade schüttete man aus, in dem man auch mehrzylindrige Triebwerke nur noch als Spielerei der Länderbahnen betrachtete und die Weiterentwicklung des Kessels kurzerhand für entbehrlich erklärte. Mit den ab 1926 gebauten Typen wurde man im Betrieb dann nicht ganz so glücklich wie erhofft. Die Schnellzuglok 01 und die Nebenbahntenderlok 86 waren für viele Einsatzstrecken zu schwer, die Güterzugloks 43 und 44 und die sehr gelungene Personenzugtenderlok 62 waren aktuell nicht wirklich erforderlich, die Nebenbahnloks 24 und 64 sowie die Rangierloks 80 und 81 waren für ihre bescheidenen Zwecke reichlich aufwändig. Kaum hatte man mit der leichteren 03 nachge-

Vom hoch differenzierten Typenprogramm mit solider Technik zur radikal vereinfachten Kriegslok in geschweißter Fließbandfertigung: Weiter konnte der Bogen vom Konzept 1925 zur Massenbestellung 1942 kaum gespannt werden.

bessert, änderten sich mit höheren Zuggeschwindigkeiten, fortschreitender Schweißtechnik und schließlich mit Kriegsvorbereitung und Krieg schon wieder die Vorzeichen. Dreizylindertriebwerke, höhere Kesseldrücke und schließlich Stromlinienverkleidungen sollten abhelfen. Mit der Kriegslok endete das Projekt Einheitslok unvollendet.

Doch im Weltmaßstab ihrer Zeit konnten sich die Einheitsloks sehen lassen. Den Anforderungen der Jahre 1925 bis 1975 auf der Strecke wie auch im modernen Ausbesserungswerk wurden sie alles in allem gerecht. Ihr Symbolwert für Eisenbahnwesen deutscher Art bleibt unübersehbar. Der britische Ingenieur, der 1935 am Rhein entlang in die Schweiz oder nach Italien fuhr, kannte die langen Kessel und großen Windleitbleche der Einheitsloks aus seiner Fachliteratur genauso wie der 1945 den Rhein überschreitende amerikanische Offizier, der solche Loks schon in Friedenszeiten auf der teuer importierten Märklin-Eisenbahn eines Schulkameraden gesehen hatte. Generationen von Reisenden und Reiseträumern, von Kleingärt-

Die 85, eine Sonderbauart für die steile Höllentalbahn von Freiburg in den Schwarzwald, war die stärkste Einheitstenderlok.

Die Beschleunigung der Eilgüterzüge machte Entwicklung und Bau der mit der 03 eng verwandten 41 notwendig. Sie bewährte sich als die Einheitslok mit dem breitesten Einsatzspektrum vom schweren Güterzugdienst bis zum Schnellzugdienst im Hügelland.

1941 werden bei der Berliner Maschinenbau AG Loks der Baureihe 50 gefertigt. Der in der Maschinenfabrik Esslingen tätige Dipl.-Ing. Wolfgang Distelbarth hatte im Sommer 1939 die Zeichnungen der für schlechte Brennstoffe wie auch für schlechte Gleise ausgelegten Güterzuglok gesehen und war schon vor Kriegsbeginn zu der Prognose gelangt: „Jetzt geht es gegen den Osten!“

Mit fünf Ganzstahlwagen am Haken eilt 03 273 durch Wuppertal. Diese Bauarten prägten den Fernverkehr der 1930er-Jahre, waren aber in beiden deutschen Staaten auch in den 1960er-Jahren noch alltäglich. Keine Dampflokomotivgattung der Welt absolvierte mehr Laufkilometer mit 120 km/h und mehr als die 298 Exemplare der 03 zwischen 1930 und 1980, als sie auch in der DDR entbehrlich wurde.

nern neben dem Bahndamm und von technisch nicht weiter versierten Schrankenwärterinnen kannten ihre 01 und 03, ihre 41, 50 und 52. Von den Dampflokomotiven, die 2010 zum Jubiläum die Rauchfahne schwenken dürfen, gehören die allermeisten zu der durch Neubau- und Umbauloks aus den 1950er- und 1960er-Jahren erweiterten Einheitsfamilie „1925“. ●

Stromlinienverkleidungen verminderten erwartungsgemäß den Luftwiderstand der Dampflokomotiven und ermöglichten damit höhere Geschwindigkeiten. Die Probleme mit Wärmestau sowie Ansammlung von Regenwasser, Schnee und Asche unter den Verkleidungen blieben jedoch unbeherrschbar. Korrodiert, verbeult und teilweise abgebaut boten die bei Anlieferung so eleganten Blechgewänder in den Kriegsjahren einen trostlosen Anblick. Im Bild die 05 001 mit den Olympischen Ringen aus Anlass der Sommerspiele 1936 und dem dazu im gänzlichen Widerspruch stehenden Symbol für Hass und Mord unter dem Windleitblech.

05 001

Reichspräsident Hindenburg geht auf Reisen! Tritt er den alljährlichen Sommerurlaub in Oberbayern an? Als Heerführer des Ersten Weltkriegs genoss er grenzenlose Popularität, doch die Republik, deren Präsident er mit 78 Jahren wurde, blieb ihm fremd. Mit der Auslieferung der Staatsmacht an Hitler 1933 wurde er endgültig zur tragischen Figur. Seinen Krieg hatte er verloren, seinen Kaiser ins Exil geschickt und seinen Staat dem erklärten Feind ausgeliefert.

Unten: Ab 1933 wurde so mancher Bahnhof zum Schauplatz großer Begrüßungs- und Verabschiedungsspektakel. Wenn der „Führer" auf große Fahrt ging oder hohen Besuch bekam, konnten gar nicht genug Hakenkreuzfahnen flattern und Reichsadler glänzen. Hier in Kassel ist wie zu Zeiten der Monarchie der rote Teppich ausgelegt

15. Mai 1928
Reichsbahn und MITROPA setzen mit dem Fernschnellzug (FFD) „RHEINGOLD" zwischen Hoek van Holland und Basel ihren hochwertigsten Zug in Lauf.

11. Juni 1928
Auf der Berliner Stadtbahn wird zwischen Potsdam und Erkner der Gleichstrombetrieb aufgenommen. Das System wird zügig ausgebaut und ab 1930 als S-Bahn bezeichnet.

7. Oktober 1928
Die 4. Wagenklasse wird abgeschafft

1928
Im Bahnhof Berlin Zoologischer Garten wird die erste Lautsprecheranlage zur Information der Reisenden in Betrieb installiert.

15. Mai 1929
Gleichstrombetrieb auch auf der Berliner Ringbahn

21. Juni 1929
Für leichte Güterzüge wird unter bestimmten Bedingungen (vor allem durchgehende Bremse) eine Höchstgeschwindigkeit von 100 km/h erlaubt.

Juni 1930
Die letzten französischen Besatzungssoldaten verlassen das Rheinland.

21. Juni 1931
Auf der noch nicht für den Verkehr freigegebenen Neubaustrecke Hannover – Celle erzielt ein von Franz Kruckenberg konstruierter extrem leichter Triebwagen mit Propellerantrieb einen Weltrekord für Schienenfahrzeuge mit 230 km/h.

1932
Die Reichsbahn reagiert auf Ertragsrückgänge mit Rationalisierung. Sie reduziert ihr Personal von 1928 bis 1932 um 140.000 auf nur noch 563.000 Arbeiter und Beamte und trägt so zur Massenarbeitslosigkeit bei.

Rechts: Der Maler Hans Baluschek (1870–1935) schuf für Publikationen der Deutschen Reichsbahn viele schöne Gemälde. Die Darstellung der preußischen P 10 vor einem D-Zug über den Dächern einer Stadt verrät Liebe zur Eisenbahn und Sachverstand.

30. Januar 1933
Reichspräsident Paul von Hindenburg ernennt Adolf Hitler zum Kanzler einer Koalitionsregierung. Bereits am 3. Februar verkündet Hitler vor der Reichswehrführung sein Ziel eines Krieges zur „Eroberung neuen Lebensraums im Osten". Die Notverordnung nach dem Reichstagsbrand vom 27. Februar 1933, das Ermächtigungsgesetz vom 24. März 1933, ein Staatsstreich auf Raten sowie Terror gegen politische Gegner verschaffen Hitler und seiner Partei bis Mai 1933 die unbeschränkte Macht in Deutschland. Bei der DRG beginnt die Entlassung jüdischer Beamter. Wie alle Gewerkschaften werden auch die Organisationen der Eisenbahner zerschlagen

15. März 1933
Die seit den frühen 1920er-Jahren laufende Reform des Ausbesserungswesens von kleinen und veralteten Werkstätten zu großen spezialisierten Reichsbahnausbesserungswerken mit eigener betriebswirtschaftlicher Rechnungsführung findet ihren Abschluss. Zehn Rbd'en erhalten für jeweils mehrere Direktionsbezirke die Funktion einer „Geschäftsführenden Direktion für das Werkstättenwesen"

15. Mai 1933
Der 1932 gebaute zweiteilige Diesel-Schnelltriebwagen 877 von Wumag und Maybach beginnt auf der Strecke Hamburg – Berlin seinen Plandienst unter der inoffiziellen Bezeichnung „Fliegender Hamburger". Mit 160 km/h Höchstgeschwindigkeit ist er der weltweit schnellste Zug des öffentlichen Verkehrs

27. Juni 1933
Die Reichsregierung befiehlt die Gründung der „Gesellschaft Reichsautobahnen" als Tochterunternehmen der DRG. Fortan werden finanzielle und personelle Kapazitäten der Eisenbahn für den Bau der Wege für die Konkurrenz eingespannt

1933
Nach einer mehrjährigen Erprobung von Vorläufern beginnt der Großserienbau der mit Dieselmotor angetriebenen Einheits-Kleinlokomotive Kö(f). Sie bewältigt fortan auf zahlreichen kleinen Bahnhöfen den Rangierbetrieb und entlastet damit die Zugloks der Güterzüge.
Im Fahrzeugbau hat sich weitgehend die Schweißtechnik durchgesetzt

1929–1939: Die Fahrt in Diktatur und neuen Krieg
Die Weltwirtschaftskrise ab 1929 machte alle Ansätze politischer Stabilisierung zunichte. Sechs Millionen Arbeitslose fast ohne staatliche Hilfe und Millionen weitere in ihrer wirtschaftlichen Existenz bedrohter Menschen waren allzu empfänglich für die Hasstiraden und Versprechungen Hitlers. Allzu viele Bessersituierte in Verwaltung, Schulen, Wirtschaft, Wissenschaft, Kirche und Presse, denen von ihrer Bildung her mehr Einsicht zuzutrauen gewesen wäre, bereiteten in ihren seit 1918 (oder seit 1914? oder seit 1871?) gepflegten autoritär-nationalen Ressentiments den Boden für die giftige Saat des „Führers". Die demokratischen Kräfte blieben in hilfloser Defensive und waren zusätzlich geschwächt durch die Verblendung der Kommunisten, die auf Moskaus Geheiß in der Sozialdemokratie den „Hauptfeind der Arbeiterklasse" bekämpften.
Obwohl alle Wahlerfolge Hitler nie die Mehrheit gebracht hatten, versagte der im Ersten Weltkrieg so erfolglose wie verehrte Feldmarschall Hindenburg nun auch als Reichspräsident grandios und ernannte am 30. Januar 1933 den ärgsten Feind der Republik zu ihrem Kanzler. In einem

Den flüchtigen Glanz der Reichsbahnzeit vermittelten auch die Schnelltriebwagen. Das erste planmäßige Angebot mit 160 km/h im weltweiten Reiseverkehr behält seinen geschichtlichen Rang, doch konnte mit knappem Fahrzeugbestand das weit gespannte Programm nur gerade eben erfüllt werden. Und im August 1939 war Schluss.

Spitzenangebot der Deutschen Reichsbahn und des Schlaf- und Speisewagenunternehmens MITROPA war der 1928 in Lauf gesetzte RHEINGOLD als äußerst komfortable Verbindung zwischen den Niederlanden und der Schweiz. Heute haben sich die Eisenbahnen aus der echten Luxusklasse völlig zurückgezogen. Weiß man so genau, dass ein mondänes Angebot nicht wie im Hotel- und Kreuzfahrtgeschäft seine – wenn auch kleine so doch sehr zahlungsfähige – Kundschaft finden würde?

Oben: Die Entwicklungsarbeit an der Dampflokomotive in der Reichsbahnzeit bewegte sich zwischen den Polen einer konservativ-beharrenden Verwaltung und Experimentalkonstruktionen der Industrie, die sich im Regelbetrieb selten bewährten. Innovativste Stromlinienlok war die erst 1941 vollendete 19 1001 von Henschel mit vier schnelllaufenden Dampfmotoren. Der Krieg verhinderte Ausreifung und Weiterbau.

Unten: 1935 stellten Kraus-Maffei und Voith die erste dieselhydraulische Streckenlokomotive der Welt vor. Mit einem Strömungsgetriebe von Föttinger hatte man das alte Problem der Kraftübertragung zwischen Dieselmotor und Antriebsradsätzen gelöst.

15. März 1939

Hitler lässt die Wehrmacht in die größtenteils tschechisch besiedelten Kerngebiete Böhmens und Mährens einmarschieren und errichtet dort ein „Protektorat". Die „Böhmisch-Mährischen Bahnen" (BMB) werden vom Reichsverkehrsministerium kontrolliert. Zur Rbd Königsberg hingegen kommen die Bahnen des von Litauen übernommenen Memellandes.

22. August 1939

Zur Sicherung des Truppenaufmarsches für den seit langem geplanten Angriff auf Polen geht die Reichsbahn auf einen Notfahrplan über. Der Einsatz von Dieseltriebwagen für den öffentlichen Verkehr wird wegen Treibstoffknappheit fast völlig eingestellt. Viele Schnellzüge entfallen, die Fahrzeiten der verbleibenden Verbindungen werden verlängert.

1. September 1939

Mit dem „Polenfeldzug" beginnt der Zweite Weltkrieg. Binnen weniger Wochen erreicht die Wehrmacht die mit der Sowjetunion vereinbarte Interessengrenze. Weite Gebiete Polens werden annektiert; Zentralpolen wird als „Generalgouvernement" zu einer Art Kolonie. Dort amtiert die „Ostbahn". Bei der Reichsbahn werden Luftschutzvorschriften wirksam.

Links: Die Schnellfahr-Elektrolok E 19 12 wurde 1939 gebaut und erreichte im Versuchsbetrieb 200 km/h.

Triumph und Siegesgewissheit sprechen aus den Gesichtern der deutschen Soldaten, die sich im heute polnischen Stargard mit der 03 026 fotografieren lassen. Doch der Zweite Weltkrieg zeigt schon nach kurzer Zeit seine Schrecken.

22. Dezember 1939

Bei Genthin (Strecke Berlin – Magdeburg) ereignet sich das schwerste Zugunglück der deutschen Geschichte. Der D 180 fährt auf den im Bahnhof haltenden D 10 auf; Opfer sind 186 Tote und 106 Verletzte.

1940

Für die „Blitzkriege“ gegen Dänemark, Norwegen, Luxemburg, Belgien, die Niederlande und Frankreich muss die DRB weiterhin Hochleistungen erbringen. Die Lieferung von Güterzugloks der Baureihen 41, 44, 50, 86 und E 94 in den ersten Kriegsjahren schafft nur unzureichend Abhilfe. Im Herbst beginnen zur Vorbereitung des Angriffs auf die Sowjetunion große Investitionen in Bahnanlagen in Ostpolen. Das Verwaltungsgebiet bleibt mit kleineren Übernahmen in Ostbelgien und Luxemburg fast unverändert.

April 1941

Auch gegen Jugoslawien und Griechenland erzielt die Wehrmacht schnelle Erfolge, denen jedoch ein verlustreicher Partisanenkrieg folgt. Die RBD'en (Schreibweise seit 1937 meist mit Großbuchstaben) Villach und Wien erweitern ihre Streckennetze nach Slowenien („Untersteiermark und Oberkrain“).

Im Schatten der „Blitzkriege“ 1939–1941

Ab 1. September 1939 ließ Hitler, der kampflosen Einmärsche und der letzten diplomatischen Rücksichten längst überdrüssig, die Wehrmacht gegen Polen marschieren – nachdem er sich eine Woche zuvor mit dem bolschewistischen Erzfeind Stalin auf einen Nichtangriffspakt und auf die Teilung Osteuropas geeinigt hatte. Die Deutsche Reichsbahn übernahm weite Teile der Polnischen Staatsbahn (PKP), errichtete die RBD'en Danzig und Posen neu und vergrößerte die RBD Oppeln. In Zentralpolen wurde ein „Generalgouvernement“ errichtet, in dem die polnische Bevölkerung ein rechtloses Sklavendasein führen sollte. Das Eisenbahnwesen wurde hier einer „Generaldirektion der Ostbahn“ mit Direktionen in Krakau, Warschau (und später Lemberg) übertragen.

Die Bahnen im „Altreich“ mussten in diesen Jahren personell und technisch von der Substanz zehren, um sowohl den militärischen Erfordernissen zu genügen als auch Soforthilfe für die schwach entwickelten Bahnen Ostmitteleuropas zu leisten. Weit über ihre geplante Rolle als „Ersatz-G 10“ hinaus wurde die Baureihe 50 zur wichtigsten Neubaulokomotive der Jahre 1940/42, war sie doch mit ihrer Achslast von 15 Tonnen gerade auf den Bahnen der erworbenen Gebiete universell einsetzbar, während ihre fünf Kuppelachsen für den schweren Güterzugdienst ausreichten und die Höchstge-

Die Kontraste im lokalen und industriellen Eisenbahnwesen außerhalb der Deutschen Reichsbahn waren faszinierend groß. Elektrische Stadtschnellbahnen arbeiteten neben ländlichen Kleinbahnen; Tagesleistungen im Gütertransport konnten sich hier mit etlichen tausend Tonnen Stein- oder Braunkohle und dort mit ein paar Fässern Bier oder Sauerkraut bemessen lassen. Schon der Anblick der Lokomotiven spricht Bände: links die in privater Hand immer noch aktive erstmals 1878 gebaute preußische T 3, unten die auf staatlichen Gleisen nicht ihresgleichen findende Riesenmaschine für die Oberschlesische Sandversatzbahn, die Füllstoff für ausgebeutete Bergwerksstollen liefert.

Die Borsig-Schnellfahrlokomotiven 05 001 und 002, rote Stromlinienrenner mit 2300 mm großen Treibrädern, wurden mit dem Lorbeer des Weltrekordes von 200,4 km/h vom 11. Mai 1936 unsterblich. Ihre Schwesterlok 05 003 mit Steinkohlenstaub-Feuerung, hier kurz vor Fertigstellung aufgenommen, war hingegen ein glatter Fehlschlag. Hintergrund des Experiments war das Streben nach Schnellverkehr mit einheimischem Brennstoff ohne den Ölbedarf der Triebwagen.

Eisenbahn im Winter, eigentlich ein anheimelndes Motiv, weil sich der Betrachter in einen gut geheizten Wagen hineindenkt. Im Herbst 1941 vor Moskau und in weiteren Kriegs- und Nachkriegsjahren wurden Schnee und tiefe Minusgrade jedoch zum zentralen Problem für den Eisenbahnbetrieb – und zur tödlichen Bedrohung für die unfreiwilligen Fahrgäste von Militär-, Gefangenen-, Deportations- und Flüchtlingszügen.

22. Juni 1941

Nach einem Aufmarsch mit insgesamt 33.800 Zügen beginnt der Krieg gegen die Sowjetunion. Die DRB muss viele Eisenbahner und Fahrzeuge in den „Osten" entsenden; Strecken im eroberten Gebiet werden von Breit- auf Normalspur umgebaut.

Dezember 1941

Der „Ostfeldzug" kommt gegen neu formierten Widerstand der Roten Armee und unter den Bedingungen des russischen Winters zum Erliegen. Tausende preußischer Länderbahnloks stehen mit Frostschäden untauglich abgestellt und warten auf Reparatur im Reich.

20. Januar 1942

Die „Wannsee-Konferenz" aus Staatssekretären, hochrangigen Beamten und Funktionären koordiniert den europaweiten Judenmord; die Systematik reicht von Enteignung und Konzentration über Deportation und Zwangsarbeit bis zur „Sonderbehandlung" in den Gaskammern. Die Reichsbahn erhält mit den Transporten in den Massenmord eine zentrale Funktion – und nimmt sie mit gewohnter Effizienz wahr.

Januar 1942

Die Zuständigkeit für Entwicklung und Beschaffung von Fahrzeugen geht von Dorpmüllers Reichsverkehrsministerium auf das Ministerium für Bewaffnung und Kriegsproduktion von Albert Speer über. Der von ihm eingesetzte Hauptausschuss Schienenfahrzeuge verspricht Hitler den Bau von 15.000 „Kriegslokomotiven" innerhalb von zwei Jahren.

schwindigkeit von 80 km/h auch den Bedürfnissen des Reisezugverkehrs unter Kriegsbedingungen vielfach gerecht wurde. Den prestigeträchtigen Fernverkehr, für den man die ebenfalls um 1940 gelieferten Stromlinienloks der Baureihen 01^{10} und 03^{10}, die E 19 und die Schürzenwagen hätte verwenden können, gab es hingegen nicht mehr.

Am 5. Juli 1940 hatten zwei 01^{10} ihren großen Auftritt in der Kinowochenschau: Hitler kehrte mit dieser Bespannung von Compiègne zurück, wo er wiederum im historischen Wagen von 1918 die französische Unterschrift zu einem demütigenden Waffenstillstand erlangt hatte. Ein „Blitzkrieg" nach der bereits in Polen geübten Methode (massive Luftangriffe, Luftlandeunternehmen hinter den gegnerischen Grenzbefestigungen, schneller Vorstoß von Panzertruppen) hatte binnen sechs Wochen den Hauptgegner aus dem Ersten Weltkrieg niedergeworfen. Ganz nebenbei hatte die Wehrmacht ohne Kriegserklärung kurz zuvor Dänemark und Norwegen und jetzt auch die Niederlande, Belgien und Luxemburg überrannt. Der Siegeszug über die Schlachtfelder, auf denen 1914-18 Millionen verblutet waren, brachte Hitler an den Höhepunkt seiner Popularität. Die scheinbar mühelosen „Blitzkriegs"erfolge im Frühjahr 1941 auch gegen Jugoslawien und Griechenland verstärkten den Glauben an seine Unbesiegbarkeit. Die Eisenbahnen der 1940/41 besetzten Länder blieben bis auf einige annektierte Gebiete Belgiens und Jugoslawiens selbständig, die Bahnen in Elsass-Lothringen und Luxemburg wurden später von der Reichsbahn übernommen.

„Transportschlacht im Osten" und Kriegswende 1941

Mit dem Angriff auf den Vertragspartner Sowjetunion ab 22. Juni 1941 überforderte Hitler seine Wehrmacht, seine wirtschaftlichen Reserven und auch alle Transportmöglichkeiten. Auf dem russischen Straßennetz konnte der Nachschub zur immer weiter vorrückenden Front nicht mithalten. Das Eisenbahnmaterial hatten die Sowjets bei ihrem Rückzug mitgenommen. In aller Eile mussten die Deutschen die eroberten Eisenbahnstrecken auf europäische Normalspur umnageln. Die Weite Russlands verschlang immer mehr preußische Länderbahnlokomotiven, immer größere Teile des knappen Güterwagenbestandes und immer größere Kontingente von Reichsbahnern aller Dienstränge, von denen viele ihre Heimat nie wiedersehen sollten. Schon im Herbst 1941 brachte der Regen den deutschen Vormarsch auf verschlammten Straßen vor Moskau zum Stehen, wenig später kämpften die nur mit Sommerkleidung ausgerüsteten deutschen Soldaten im russischen Winter ums Überleben statt um den Sieg.

Eine Lok des Krieges: Die vormals preußische S 10 mit belgischer Nummer 6205. Nach dem Ersten Weltkrieg wurde sie als Waffenstillstandsabgabe nach Belgien abgegeben, jetzt dient sie der „Großdeutschen" Reichsbahn und der Durchhaltepropaganda.

Jeder Überraschungsvorteil gegen die Rote Armee war verbraucht, ausgeruhte Verbände aus fernöstlichen Landesteilen traten zum Gegenangriff an. Das deutsche Transportsystem „im Osten" (wie man die sowjetischen Gebiete nannte, um die dortigen Völker bewusst zu ignorieren) war zusammengebrochen. Die 38er, 55er und 57er der Deutschen Reichsbahn standen mit Frostschäden auf den Abstellgleisen, steckten in Schneewehen fest oder waren durch Minen legende Partisanen zur Entgleisung gebracht worden. Zehntausende von Wagen mit kriegswichtigen Gütern lagen fest, vielerorts funktionierte nicht einmal irgendeine Form der Nachrichtenübermittlung.
Hitler hatte nichts Besseres zu tun, als im Dezember 1941 auch noch den USA den Krieg zu erklären. Eine verhängnisvolle Kombination von Fanatismus, Kadavergehorsam und Angst ließ das deutsche Volk in seiner übergroßen Mehrheit an der Seite des Diktators weitermarschieren – auch in den Abgrund. Es fehlte bis 1945 nicht an Zeitungsschreibern, die in noch so großen Opfern für den „Endsieg" eine spezielle „deutsche Sendung" erkennen wollten, an Richtern, die jede Äußerung von Zweifeln mit dem Tode bestraften, – und an Eisenbahnern, die für Intensivierung und Verlängerung des verlorenen Krieges ihr Bestes gaben.

1942 – Die Kriegslok kommt zu spät

Das Jahr 1942 wurde zum Jahr der Lokomotivtechniker. Entwicklung und Beschaffung von Eisenbahnfahrzeugen wurden aus den Zuständigkeiten des Reichsbahnzentralamtes Berlin und des Verkehrsministeriums in den Geschäftsbereich des Ministers für Bewaffnung und Munition Albert Speer verlegt, von dem sich die Führung mehr politischen Fanatismus und jugendliche Dynamik versprach als vom greisen Verkehrsminister Dorpmüller (der unermüdliche Diener des Regimes und Durchhaltepropagandist hatte 1939 seinen 70. Geburtstag

12. September 1942

Borsig stellt die Kriegslok 52 001 vor. Die Umstellung von der friedensmäßigen Produktion verschiedener Baureihen zur „entfeinerten" Kriegslok mit dem Zwischenstadium der „Übergangs-Kriegslok" (ÜK als Ergänzung der Betriebsnummer bei der 44, 50 und 86) hat länger gedauert als geplant.

Januar/Februar 1943

Mit der Kapitulation der in Stalingrad eingeschlossenen 6. Armee wird Hitlers Niederlage offenkundig. In der Folgezeit werden große Gebiete im Süden der Sowjetunion geräumt.

Und in diesem Zustand treffen wir die 05 003 von S. 112 oben im März 1945 wieder! Als Schnellzuglok der Regelbauform soll sie Sonderzüge einer Reichsregierung befördern, die jedoch inzwischen mangels Machtbereichs aufs Reisen verzichten muss. Nach genau einer Fahrt ins zunächst wenig „feindbedrohte" Schleswig-Holstein wird sie abgestellt.

Aus beiden Weltkriegen las und hörte man Anekdoten von Soldaten, die ihren Zug bergauf schieben mussten, weil die Physik der Lokomotive wieder einmal nicht dem militärischen Befehl gehorcht hatte. Bilder blieben selten. Hier der Beweis menschlicher Hilfe für die preußischen Abteilwagen bei irgendeinem Transport der Jahre 1939 bis 1945.

1943

Schwere Luftangriffe auf Köln, Hamburg und das Ruhrgebiet verursachen „Feuerstürme", in denen viele tausend Zivilisten sterben. Bombenschäden auf Bahnhöfen und in Werkstätten beeinträchtigen den Bahnbetrieb zunehmend. Der wachsende Personalbedarf wird durch die Beschäftigung von Frauen (Ende 1943: 182.000) und Zwangsarbeitern/innen gedeckt. Die Großserienfertigung der Baureihe 52 kommt zu spät für eine Wende im Krieg gegen die Sowjetunion.

Juli bis September 1943

Nach der Vertreibung der Wehrmacht aus Nordafrika und der alliierten Landung in Sizilien und Süditalien verlässt Italien das Bündnis mit dem Deutschen Reich. Die Wehrmacht versucht in Mittelitalien, den Vormarsch britischer und amerikanischer Kräfte zu verlangsamen. Die Brennerstrecke bleibt eine der wichtigsten Nachschublinien der deutschen Kriegführung.

7. Dezember 1943

Propagandaminister Joseph Goebbels inszeniert erstmals den „Tag des deutschen Eisenbahners" und dankt den 1,6 Millionen Reichsbahnern für ihre Leistungen.

gefeiert). Aus der Dampflokbaureihe 50 entwickelten Rüstungsministerium und Industrie (die im „Hauptausschuss Schienenfahrzeuge" zusammenarbeiteten) nun die radikal vereinfachte und frostgeschützte Kriegslok der Reihe 52. Entwicklung und Produktionsumstellung brauchten freilich ihre Zeit, vorerst musste man sich mit Zwischenlösungen wie den zu „Übergangs-Kriegslokomotiven" entfeinerten 44ern, 50ern und 86ern zufrieden geben und nebenbei auch Kriegsbauarten von Personen- und Güterwagen, Werks- und Grubenloks, Elloks und Straßenbahnen typisieren. Für den Reichsbahnbetrieb wenig geeignete französische und belgische „Mietloks" sollten den Fahrzeugmangel abmildern, alle Kesselfristen wurden pauschal um ein Jahr verlängert. Im September 1942 erschienen endlich die 52er auf den Schienen. Nicht zuletzt der Sklavendienst von unzähligen Zwangsarbeitern aus den besetzten Ländern führte dazu, dass die Herstellerwerke 1943/44 eine monatliche Auslieferung von 500 Stück erreichten, eine im weltweiten Lokomotivbau bis dahin unvorstellbare Zahl. An diesen Erfolgen in der „Produktionsschlacht" mochte sich die Propaganda begeistern, doch die „Transportschlacht", die man mit den Kriegsloks schlagen wollte, war 1941 verloren worden. Dass die 52er vor allem mit der weitgehenden Anwendung der Schweißtechnik einen Meilenstein darstellte und zu einer in fast ganz Europa geschätzten und jahrzehntelang verwendeten Lokomotivtype wurde, steht auf einem anderen Blatt.

Mit der Katastrophe im Kessel von Stalingrad im Februar 1943 waren auch alle 1942 noch einmal erzielten Vormarscherfolge zunichte gemacht. Die 52er und erst recht die ein Jahr später erschienene schwerere 42 wurden Lokomotiven für den Rückzug, für den Ersatz von Bombardierungsverlusten – und für das grausige Vorhaben, für das Hitler auch in einem verlorenen Krieg noch genügend Zeit blieb.

Links: Hilflos beobachten Soldat und Bahnbeamter einen brennenden Benzinzug nach einem Luftangriff. Der Mangel an Treibstoff wurde gegen Kriegsende zum großen Problem aller kämpfenden Mächte. Nach den Farben ihrer Uniformen unterschied man die zur Wehrmacht einberufenen „grauen" und die von der Reichsbahn in die besetzten Gebiete entsandten „blauen" Eisenbahner.

Rechts oben: Die Wirkung einer Mine: Jeden Tag und jede Nacht gelang es den sowjetischen, jugoslawischen, griechischen und französischen Partisanen, den Besatzungsbetrieb nachhaltig zu stören.

Rechts unten: Wie hier in Halle am 19. Dezember 1944 übte man auch für den Krieg mit Giftgas. Dieser blieb aber – anders als 1914 bis 1918 – aus.

Eisenbahnwagen als Todeszellen: Mit der Reichsbahn in die Gaskammer

Auch nach der Kriegswende vom Dezember 1941 war der Machtbereich der Nationalsozialisten noch groß genug, um weit hinter allen Fronten an unbewaffneten Zivilisten jenes „Kriegsziel" zu vollstrecken, das in der Geschichte der Welt mit keinem anderen Verbrechen vergleichbar ist: die Ermordung der europäischen Juden. Jedem Vergleich entzieht sich diese Tat nicht allein wegen der dabei im Detail entfalteten Grausamkeit und auch nicht einfach aufgrund der unfassbaren Zahl von Opfern, sondern weil sie im 20. Jahrhundert mitten im zivilisierten Europa von zahllosen Tätern vor zahllosen Zeugen unter bereitwilliger Mitwirkung aller Behörden eines modernen Staates „durchgeführt" wurde wie irgendeine andere „Maßnahme" der Verwaltung.

Genauso eifrig wie führende Juristen in den Dreißigerjahren die Entrechtung der Juden in Paragraphen gegossen hatten und die deutschen Finanzbehörden den Raub des jüdischen Vermögens erledigt hatten, erfüllte die „politisch" so unverdächtige Reichsbahn in den Vierzigerjahren ihre Aufgabe bei der Deportation der Juden in die Vernichtung.

Als die Wehrmacht 1941 die Sowjetunion überfiel, folgten ihr „Einsatzgruppen" auf dem Fuße und erschossen in wenigen Monaten hunderttausende russischer, ukrainischer und baltischer Juden vielfach vor den Augen der regulären deutschen Soldaten. Ende 1941 vegetierten noch immer Millionen von Juden im deutschen Machtbereich, von legaler Arbeit und vom System der Lebensmittelmarken weitgehend ausgeschlossen, ihres Eigentums, ihrer Bewegungsfreiheit und meist auch ihrer Wohnungen beraubt, mit dem Judenstern demütigend gekennzeichnet und oftmals bereits eingesperrt. In der berüchtigten „Wannsee-Konferenz" vom 20. Januar 1942 einigten sich die Spitzen verschiedener Ministerien und Behörden auf die Details einer „Endlösung": Alle irgend erfassbaren Juden sollten per Bahn „nach Osten gebracht" werden. Nicht arbeitsfähige Juden oder solche, bei denen das Konzept der „Vernichtung durch Arbeit" nicht gefruchtet hatte, seien in speziellen „Vernichtungslagern" der „Sonderbehandlung" mit Giftgas zu unterziehen. Drei Jahre lang, von Anfang 1942 bis Ende 1944, rollten die Züge aus Frankreich, Belgien, den Niederlanden, Luxemburg, Italien, Jugoslawien, Griechenland, Rumänien, Ungarn, aus der Slowakei, aus dem „Altreich", der „Ostmark", dem „Sudetengau" und dem „Protektorat" in die Ghettos und Arbeitslager in Polen und von dort zu den Erschießungsgräben und Gaskammern. Inbegriff des Judenmordes wurde der Ortsname des Städtchens Auschwitz in Oberschlesien. Indes: dort gab es immerhin die berüchtigte „Selektionsrampe", von deren „richtiger" Seite aus der Weg in die Zwangsarbeit und manchmal in eine Überlebensmöglichkeit führte. Hingegen in Treblinka, Maidanek, Sobibor und Belzec standen keine Rüstungsbetriebe, keine Arbeiterbaracken, gab es nur Gaskammern.

Von den Ländern im deutschen Machtbereich schützten nur Dänemark, Bulgarien, Rumänien und zunächst Italien ihre jüdischen Einwohner vor dem Zugriff der Mörder.

Die wenigen Eisenbahner, die nach dem Krieg vor Gericht standen, wollten von nichts gewusst haben. Für die Gewährleistung der langen Laufwege tausender Züge der Gattung „Da" (vermutlich „D-Zug für Aussiedler") unter Kriegsbedingungen war niemand zuständig gewesen. Die merkwürdige Tarifgestaltung (immer nur einfache Fahrt, Ermäßigung sowohl für Gruppenfahrt als auch für Güterwagenbenutzung) hatte niemanden stutzig gemacht. Die Schreie nach Wasser und Brot aus den überfüllten schwer-

Im November 1942 besetzte die Wehrmacht das 1940 halbwegs frei gebliebene Südfrankreich. Im Januar 1943 sprengte die SS das Stadtviertel am alten Hafen von Marseille, das als Zentrum des Widerstands galt, und deportierte 800 Juden.
Das Foto vom 24. Januar 1943 zeigt ihre Verladung im Gare d'Arenc.

Der gedeckte Güterwagen, für Kartoffeln genauso geeignet wie für Schlachtvieh, stets bereitgehalten aber auch für Soldaten und Militärpferde, wurde mit Stacheldraht über den Lüftungsöffnungen zur Todeszelle für Millionen Menschen.

„Wie leicht wären die Schienen nach Auschwitz zu bombardieren gewesen“, *Klaus Brinkbäumer in „Der Spiegel“ Nr. 45/2008 Seite 128*

Ausgrenzung, Entrechtung, Deportation und zuletzt den Beschluss zum Massenmord richteten die Nazis auch gegen die Sinti und Roma. Angehörige dieser Gruppen werden am 22. Mai 1940 vom Sammellager auf Burg Hohenasperg in Württemberg ins besetzte Polen verschleppt. Das Bild belegt auch den Einsatz herkömmlicher Personenwagen für Deportationen aus dem „Altreich“.

bewachten Zügen beim stundenlangen Aufenthalt in irgendwelchen Rangierbahnhöfen hatte angeblich niemand gehört. Entsprechende Behauptungen finden sich in Zeitungen, Magazinen, in der Literatur und im Internet zahlreich.

Die Wahrnehmung des deutschen Judenmordes durch Regierungen und Öffentlichkeit der gegen Nazideutschland kämpfenden Staaten, der neutralen Länder und im Vatikan, ihre Fähigkeit und ihre Bereitschaft zur Hilfe für die Juden, das sind außerordentlich komplexe Themen. Ihre Untersuchung führt oftmals zu Ergebnissen, die für das offizielle London, Washington oder Bern nicht angenehm sein können, die das historische Bild von Churchill und Roosevelt trüben können.

Ein Vorwurf jedoch greift zu kurz, nämlich die Unterstellung, die Westalliierten hätten absichtsvoll einen angeblich so leichten Luftangriff auf die Zufahrtswege nach Auschwitz unterlassen, der den Massenmord erschwert oder unterbrochen hätte.

Der systematische Mord in den Gaskammern begann im ersten Halbjahr 1942 nicht nur in Auschwitz-Birkenau, sondern auch in den Vernichtungslagern im „Generalgouvernement“. Zu dieser Zeit konnten die englischen und amerikanischen Bomber nur von Großbritannien aus operieren. Stützpunkte in Süditalien konnten sie erst ab Herbst 1943, Flugplätze in Frankreich erst ab Sommer 1944 nutzen. 1942/43 führte jeder Flug ins Reichsgebiet über hunderte Kilometer feindliches Territorium mit immer noch schlagkräftiger Fliegerabwehr. Ganz allgemein richteten sich deshalb die Luftangriffe zu dieser Zeit vorrangig gegen Ziele im nordwestlichen Deutschland. Während Köln, Essen, Dortmund, Lübeck oder Hamburg längst schwere Bombardierungen erlebten, waren diese etwa in Berlin und Leipzig noch selten und blieben die wichtigen Industriegebiete Oberschlesiens, Böhmens und Niederösterreichs noch ganz verschont.

Im Übrigen hatten die Nazis den Mittelpunkt ihrer Ausbeutungs- und Mordlogistik durchaus geschickt gewählt. In den Knotenbahnhöfen nahe Auschwitz kreuzten sich Eisenbahn-Hauptstrecken aus Berlin, Danzig, Warschau, Krakau, Budapest, Wien, Prag und Dresden. Auch an Straßenverbindungen und schiffbaren Flüssen sowie Kanälen fehlte es nicht. Das bis 1918 preußisch-russisch-österreichische und dann deutsch-polnisch-tschechoslowakische Dreiländereck und nunmehrige Grenzgebiet zwischen Reich und Generalgouvernement war eine kohlereiche Region mit einer engmaschigen Infrastruktur, die sowohl die Zuführung von Arbeitskräften als auch ihren Einsatz in ortsnaher Großindustrie erleichterte.

Die Erfahrung des Luftkrieges bewies übrigens, dass auch mit sehr massiven und ständig wiederholten Angriffe kaum je die Eisenbahnerschließung einer Stadt oder einer Region über längere Zeit unterbrochen werden konnte. Wo nicht große Brücken getroffen wurden, konnten Baukolonnen meist binnen 24 Stunden die notdürftige Befahrbarkeit von Strecken wieder herstellen. Die großflächige Ausschaltung der Eisenbahninfrastruktur gelang den Alliierten nur zweimal, jeweils mit sehr hohem Aufwand. Erstmals in Nordfrankreich im Vorfeld der Landung vom 6. Juni 1944 und zum zweiten Mal um die Jahreswende 1944/45 zur Unterbindung der Kohleabfuhr aus dem Ruhrgebiet. Voraussetzung waren jeweils kurze Anflugwege.

Ein schärferer Blick richtet sich allerdings auf die Situation ab Mai 1944, als die Juden aus dem nunmehr besetzten Ungarn mit dem einzigen Zielort Auschwitz nordwärts deportiert wurden. Zu dieser Zeit konnte in der freien Welt kein vernünftiger Zweifel mehr an Umfang und Systematik der deutschen Mordaktion bestehen. Die Zugläufe waren nun auf einen recht engen Streckenkorridor insbesondere von Budapest durch die Slowakei nach Auschwitz gebündelt. Zu dieser Zeit wäre mit wiederkehrenden Luftangriffen eine Unterbrechung der Schienenwege in den Tod möglich gewesen und hätte den Opfern kostbaren Zeitgewinn ermöglicht. Ganz einfach und ganz risikolos hätte sich freilich eine solche Luftkriegsaktion mit immer noch weiten Anflügen von Frankreich oder Mittelitalien auch nicht gestaltet.

All diese Fakten machen deutlich: Die Alliierten hätten nur um den Preis riskanter Fernflüge mit ihren Bombern die Vernichtungslager erreichen können – und sie hätten nur mit sehr starken und ständig wiederholten Angriffen das umgebende Eisenbahnnetz lahmlegen können. Ob sie dies hätten tun sollen, ist nicht an dieser Stelle zu erörtern. Mit guten Gründen bestreiten kann ich jedoch, dass es *für die Amerikaner so leicht gewesen wäre, die Schienen nach Auschwitz zu bombardieren.*

In den annektierten Teilen Polens und im kolonial beherrschten Generalgouvernement hatten die Nazis die Vernichtungslager errichtet, in denen sie über drei Jahre hinweg Menschen in Gaskammern ermordeten. Von den osteuropäischen Ghettos und Zwangsarbeitslagern dorthin fuhren genauso tagtäglich die aus Güterwagen gebildeten Todeszüge. Dass in Krakau ein Wagen mit der Aufschrift „München" fotografiert wurde, lässt keinen Rückschluss auf den Abfahrtort des Zuges zu.a

Der „Viehwagen" – ein überstrapazierter Begriff

In der Literatur der Erinnerung und des Gedenkens wiederholen sich – bei bester Absicht – Formulierungen, die das Verständnis für Abläufe und ihre Wahrnehmung im Zusammenhang mit Deportation und Mord trüben. Zum Standardbegriff für das Transportmittel zu den Ghettos, Erschießungsgräben und Gaskammern ist der **„Viehwagen"** geworden. Differenzierung ist geboten.

Die meisten Transporte von Juden jedenfalls aus dem Reichsgebiet und aus Westeuropa in Richtung „Osten" wurden nicht mit Güterwagen, sondern mit älteren **Personenwagen** durchgeführt, wie sie aus dem großstädtischen Nahverkehr geläufig waren.

Die Beförderung auch auf langen Strecken mit solchen Wagen war nicht von vorneherein menschenunwürdig. Absichtsvoll verschärft waren die „Transport"bedingungen allerdings durch die Überfüllung der Wagen mit zu vielen Personen und ihr befehlsgemäß mitgenommenes Gepäck. Für genügende Belüftung, Beheizung und ausreichende Kapazität der Toiletten konnte (und sollte) bei Überbesetzung auf langen Strecken nicht mehr gesorgt werden.

Jeder Personenwagen gehörte zum festen Bestand einer regionalen Reichsbahndirektion. Von daher hat die auf einem Foto erkennbare etwa mit „Stuttgart", „Dresden", „Erfurt" oder „München" beginnende Wagennummer einen gewissen Aussagewert für den Ausgangsort eines Transports. Er darf jedoch nicht überschätzt werden, weil Wagengarnituren auch im Dreiecksverkehr eingesetzt wurden. Beispielsweise konnte eine Zuggarnitur aus Wagen der RBD München zunächst bayerische Arbeitsdienstmänner ins Ruhrgebiet bringen, dann Juden von Köln nach Theresienstadt und schließlich polnische Zwangsarbeiter nach Berlin.

Typisch für die Transporte innerhalb der annektierten und besetzten Gebiete, also etwa von Ghettos und Zwangsarbeitslagern des Generalgouvernements oder des Baltikums oder von dem im „Protektorat Böhmen und Mähren" angelegten Konzentrationslager Theresienstadt in die Vernichtungslager war der **gedeckte Güterwagen**. Alle europäischen Bahnverwaltungen hatten insgesamt Millionen zweiachsige hölzerne Wagen beschafft, lange Zeit mit fast flachen Dächern, von den Zwanzigerjahren an mit höher gewölbten Tonnendächern. Als Güterwagen selbstverständlich fensterlos waren sie über beiderseitige Schiebetüren zu beladen. Die Wagen dienten zur Beförderung der verschiedensten nässeempfindlichen Güter, als da wären Säcke mit Kartoffeln, Getreide, Mehl, Zucker, Kunstdünger oder Zement, Stoffballen, Papierrollen, Fässer mit Bier, Wein oder Sauerkraut, kistenweise gestapeltes Obst und Gemüse, Maschinenteile usw. usw.

Die Wagen waren auch für die Beförderung von Großvieh geeignet. Speziell hierzu gab es Lüftungsklappen. Je nach Außentemperatur wurden die Schiebetüren nicht ganz verschlossen, sondern in einer Position arretiert, die einerseits zusätzliche Belüftung ermöglichte, andererseits das Entweichen der Rinder oder Pferde verhinderte.

Spezielle **Viehwagen** gab es auch. Es handelte sich um doppelstöckige Wagen mit durchbrochenen Wänden für die Beförderung von Schafen, Ziegen, Schweine und Gänsen. **Sie spielten beim Transport von Menschen keine Rolle.**

Die **Beförderung von Menschen in Güterwagen** war keine nationalsozialistische Erfindung. Jeder Soldat war in die Manöver vor 1914 und in den Ersten Weltkrieg mit einem Güterwagen gefahren. Zur planmäßigen militärischen Nutzung des Güterwagenbestandes hatten die Bahnverwaltungen auch die entsprechenden Kapazitäten angeschrieben; der häufigst beschafften Baugröße entsprach die Aufschrift „6 Pferde/40 Mann“ bzw. „6 chevaux/40 hommes“. Für die Mannschaftstransporte konnten speziell vorrätig gehaltene Querbretter als Bänke eingehängt werden. Zu Verrichtung der Notdurft genügten Eimer. Aber auch die zahlreichen aus betrieblichen Gründen oder zur Verpflegung eingelegten Unterwegsaufenthalte aus betrieblichen Gründen gaben ausreichend Gelegenheit, „sich in die Büsche zu schlagen“.

Dieselbe Transportmethode galt auch wieder für Soldaten, Kriegsgefangene und Zwangsarbeiter des Zweiten Weltkrieges.

Zu **„mobilen Särgen mit der deutschen Aufschrift“** (Béla Szolt, Neun Koffer, Budapest 1946/47) wurden die Güterwagen erst durch die spezielle Perfidie bei der „Durchführung“ der Transporte in den Tod. Wenn statt 40 Personen 60 oder 80 in einen Güterwagen gezwängt wurden, wenn auch bei sommerlichen Temperaturen die Türen verriegelt blieben – und dies selbstverständlich auch bei stundenlangen, im Zeitalter des Luftkrieges aber auch tagelangen Aufenthalten, wenn im Sommer nicht für Wasser und im Winter nicht wenigstens für heiße Getränke für die Insassen der ungeheizten Wagen gesorgt wurde, dann mussten regelmäßig am Zielort auch schon viele Leichen entladen werden – und dann befanden sich die leer zurücklaufenden Wagen hygienisch in einem Zustand, den Beamte der Deutschen Reichsbahn gelegentlich bei Reichssicherheitshauptamt, Gestapo oder SS als Besteller der Transporte beanstandeten. Mit Stacheldraht über den Lüftungsklappen bleibt der gedeckte Güterwagen der europäischen Bahnen ein Symbol der Shoah.

Verfehlt ist es, aus einem Städtenamen auf dem Wagenkasten auf einen Heimatort des Wagens oder gar auf einen Ausgangsort eines Transports zu schließen. Der gesamte riesige Güterwagenpark der Deutschen Reichsbahn wurde vor und nach 1933 freizügig auf dem gesamten Netz eingesetzt. Ab 1939 galt dies auch für die Wagen aus den besetzten Ländern, so dass in einen Zug von Warschau nach Treblinka jederzeit ein jugoslawischer oder in einen Zug von Saloniki nach Auschwitz ohne weiteres ein französischer Wagen eingereiht sein konnte. Die **Städtenamen auf deutschen Güterwagen** repräsentierten auch in Friedenszeiten **niemals eine Beheimatung**, sondern standen für bestimmte Bauarten. „Ein Stuttgart“ war ein z.B. für militärischen Fahrzeugtransport geeigneter flacher Wagen mit abklappbaren Seitenwänden und einsteckbaren Rungen, „ein Essen“ war der für das Ruhrgebiet typische offenem Güterwagen für den Kohlentransport, „ein Schwerin“ oder „ein Nürnberg“ dessen älterer Vorläufer mit geringerer Kapazität. Der vom späten 19. Jahrhundert an beschaffte gedeckte Güterwagen mit flachem Dach, für Deportationen am meisten verwendet, konnte bei der Deutschen Reichsbahn u.a. die Bezeichnungen „München“, „Karlsruhe“ und am häufigsten „Kassel“ tragen. In Betracht kamen auch die moderneren Bauarten „Bremen“ und „Oppeln“. Im Zusammenhang der Güterwagenbezeichnungen waren die Städtenamen lediglich griffige Bezeichnungen, die jeder Rangierer und jeder Kunde kannte. Über die Verwendung von Güterwagen wurde nicht Buch geführt. Niemand weiß, welcher der Güterwagen jener Bauarten, die durch Umbau oder Ausmusterung in den sechziger und siebziger Jahren allmählich verschwanden, für Deportationen verwendet wurde.

Die Szenerie bei der Abfahrt der „Transporte“ darf man sich nicht zu dramatisch vorstellen. Der Aufsichtsbeamte auf dem Bahnsteig oder der am Nachbargleis auf seinen Zug wartende Reisende in München oder Mainz wurde nicht Zeuge einer brutalen Einpferchung schreiender Menschen in Viehwagen, sondern des streng bewachten Einsteigens stummer verängstigter Personen in alltägliche grüne Nahverkehrswagen. Der Lokführer eines solchen Zuges begleitete mit seiner Maschine den Zug auf einem Abschnitt von vielleicht 80 oder 120 km. Erst nach mehrfachem Stafettenwechsel übernahm ein Lokpersonal der RBD Oppeln oder der im Generalgouvernement tätigen Ostbahn den Zug; dass die (vielfach polnischen) Lokführer und Heizer wussten, wohin die Reise ging, ist vielfach überliefert.

Ihren Kollegen im Altreich begegneten diese Männer jedoch niemals. ●

Wie jedes andere große Konzentrationslager war auch Buchenwald auf der Schiene erreichbar. Das Reichsbahnnetz war für die Logistik von Verfolgung und Mord unverzichtbar. Eine andere Methode wählte man nur für die Verbringung der behinderten oder aus anderen pseudomedizinischen Gründen für „lebensunwert“ erklärten Menschen. Diese 100.000 Mordopfer wurden in dunkelgrauen Omnibussen zu den Tötungsanstalten gebracht.

„Pflichterfüllung“ bis zum Ende: 1943–1945

Auch nach Stalingrad reichte die wirtschaftliche und militärische Kraft des Reiches noch lange aus, um den unvermeidlichen Niedergang hinauszuzögern. Die Fronten verliefen zunächst noch fern in Russland und in Afrika. Die Alliierten verloren viel Zeit und moralische Integrität, als sie ihre einstweilen schärfste Waffe, die Bombenflugzeuge, jahrelang kaum gegen Militär-, Verkehrs- und Industrieziele, sondern gegen Wohngebiete einsetzten. Statt wie erhofft die Bevölkerung zu demoralisieren, stärkten sie eher deren Durchhaltewillen, während die Rüstungsindustrie noch bis Ende 1944 (!) ihre Produktionszahlen steigern konnte.

Trotz vielfacher Bombenschäden in einzelnen Lokfabriken, Betriebs- und Ausbesserungswerken wurde der Bahnbetrieb bis 1944 selbst in kritischen Phasen und Regionen jeweils nur für wenige Tage spürbar beeinträchtigt, zumal der laufende Rückzug aus dem Osten das Betriebsnetz verkleinerte und damit die Fahrzeuglage entspannte. Selbst der lange für störanfällig gehaltene elektrische Betrieb hielt überraschend gut mit.

Erst im Frühsommer 1944 begannen die Engländer und US-Amerikaner mit konzentrierten kriegsentscheidenden Luftschlägen gegen Wirtschaftsziele. Erstes Ziel war die deutsche Treibstoffproduktion, die binnen weniger Wochen zum Versiegen gebracht werden konnte. Nach lähmenden Kompetenzstreitigkeiten und nach erstaunlich langwierigen Analysen der deutschen Kriegswirtschaft einigten sich die Engländer und Amerikaner endlich im Herbst 1944 auf größere konzentriert anzugreifende Objekte des Luftkrieges: Die Rangierbahnhöfe. Pausenlose Tages- und Nachtangriffe auf die Verschiebebahnhöfe des Ruhrgebietes ließen nunmehr den Kohletransport für Rüstungsindustrie, Kraftwerke und Bahnbetrieb zusammenbrechen und legten damit Kernbereiche der Volkswirtschaft lahm.

Die Ostfront rückte inzwischen unaufhaltsam der alten deutschen Grenze näher; die in der Normandie gelandeten Engländer und Amerikaner befreiten Aachen als erste deutsche Großstadt. Während die Eisenbahner dazu übergingen, lange Reihen blockierter Güterwagen aus den Gleisen zu werfen, lieferte die Industrie noch immer Kriegslokomotiven ab!

Die Jahreswende 1944/45 brachte der Reichsbahn eine neue trostlose Aufgabe: Den Transport deutscher Frauen und Kinder, die zwischen Ostpreußen und Siebenbürgen vor der Roten Armee geflüchtet waren und nun verzweifelt nach Westen drängten.

Die Einstellung des gesamten D- und Eilzug-Verkehrs am 23. Januar 1945 war eines der vielen augenfälligen Zeichen für den fortschreitenden Zusammenbruch der deutschen Kriegsmaschinerie. Die Bürokratie trieb groteske Blüten, als sie die Direktionszentralen gänzlich verlorener Gebiete nicht etwa auflöste, sondern „verlagerte“. Im Februar 1945, als die Russen an der Oder und die Amerikaner am Rhein standen, riefen alliierte Flugblätter die deutschen Eisenbahner auf, durch Streik und Sabotage den Krieg zu verkürzen. Ein DB-offiziöses Werk aus dem Jahre 1973 bemerkte hierzu lapidar: „Die deutschen Eisenbahner aber taten weiter ihre Pflicht.“

Ob es aber wirklich eine wohlverstandene Pflicht war, auch den letzten Hitlerjungen und Volkssturmrentner vor die Rohre der feindlichen Panzerarmeen zu karren, darüber wollte man offensichtlich auch nach Jahrzehnten noch nicht nachdenken. Dass der Zweite Weltkrieg so lange geführt wurde, bis die rote Fahne auf dem Reichstag wehte und auch der letzte Durchhaltefaschist im S-Bahn-Tunnel neben dem Führerbunker besiegt war, mag ein Gutes gehabt haben: Anders als nach dem Ersten Weltkrieg konnten Legenden von einem im

Die ab 1942 stetig zunehmenden Bombardements der Engländer und Amerikaner legten zahlreiche Bahnanlagen in Schutt und Asche. Der Augsburger Hauptbahnhof nach dem Angriff am 27. Februar 1945

Oktober 1944
Im Raum Aachen und in Ostpreußen übernehmen US-Truppen bzw. Rote Armee die ersten Reichsbahnstrecken. Alsbald gehören Flüchtlingszüge aus den östlichen Teilen des Reiches zum Aufgabengebiet der DRB.

7. März 1945
Auf der Eisenbahnbrücke bei Remagen gelingt den Amerikanern die erste Überquerung des Rheins.

Die deutsche Politik der Kriegsverlängerung um jeden Preis führt zur Fortsetzung schwerster Luftangriffe auf deutsche Städte. Noch in den letzten Kriegswochen werden u.a. in Augsburg, Crailsheim, Dresden, Gotha, Graz, Mannheim, Plattling, Treuchtlingen, Wiener Neustadt, Würzburg sowie im Ruhrgebiet und Berlin noch Bahnanlagen verwüstet und tausende Eisenbahner und Reisende getötet. Weitere nachhaltige Schäden verursacht die Wehrmacht durch Sprengung großer Brücken vielerorts nur Stunden vor der Einnahme durch alliierte Truppen.

25. April 1945
Bei Torgau an der Elbe begegnen sich sowjetische und amerikanische Truppen

30. April 1945
Selbstmord Adolf Hitlers

8. Mai 1945
Die Wehrmacht kapituliert bedingungslos. Die zentrale Verwaltung der deutschen Eisenbahnen entfällt. Der Betrieb wird von den Alliierten übernommen, aber noch im Laufe des Jahres 1945 zivilen Behörden übergeben. „Deutsche Reichsbahn“ heißt die Eisenbahnverwaltung in den Westzonen noch bis 1949. In der sowjetischen Besatzungszone bzw. DDR sowie den vier Sektoren von Berlin bleibt der Name bestehen.

letzten Moment verratenen Sieg gar nicht erst entstehen.
Bei der Bewältigung der riesigen Aufgaben, die sich den deutschen Eisenbahnern ab Mai 1945 stellten, waren sie von den nach 1918 so drückenden Fesseln eines völkisch-autoritären Wahns nicht behindert. Schon 1945 nahm jedoch eine von vier Besatzungsmächten das Pflichtgefühl der Reichsbahner erneut für ein ideologisch begründetes Zwangssystem in Anspruch. Die Deutsche Reichsbahn überlebte das Kriegsende zwar dem Namen nach, nicht aber als organisatorische Einheit. Das Streckennetz, das ihrer Verwaltung unterstanden hatte, ging in der Folge des 8. Mai 1945 auf nicht weniger als zwölf nationale und zonale Bahnverwaltungen über. Vier Jahre nach der Kapitulation ließen die Gegensätze der Besatzungsmächte die zonenübergreifende Geltung des Namens „Deutsche Reichsbahn“ entfallen.

Für Flüchtlinge aus dem Osten wurde zuletzt sogar der offene Güterwagen zur provisorischen Heimstatt (Aufnahme in Stettin, April 1945).

Alltag am Schienenstrang

Universum Eisenbahn im 20. Jahrhundert

Die politisch-staatliche Zäsur des 8. Mai 1945 stürzte hierarchische Koordinatensysteme, riss Verbrechern die Maske vom Gesicht und ließ aus verlogenen Begriffen, einschüchternden Uniformen und pseudorechtlichen Paragraphen die Bedeutung entweichen wie die Luft aus zerplatzten Ballons. Aber auch schon die Niederlage von 1918, der Beginn der Diktatur 1933, die lange Folge von Katastrophen seit Dezember 1941 und später die Währungsreform, der Aufbau der SED-Herrschaft, die mit der Jahreszahl 1968 in Erinnerung bleibende westdeutsche Unruhe und schließlich der Untergang der DDR hatten teils plakativ und teils schleichend solche Wirkungen.

Beharrung im stetigen Wandel: der Alltag

Doch unterhalb der großen ideologischen Schlagworte, der prominenten Namen, der gefeierten Programme, der staatsrechtlichen Neuordnungen, gab es auch immer den Alltag mit seinen zähen Kontinuitäten und seinem schleichenden Wandel. Als mein Vater 1957 das erste Auto seines Lebens kaufte, einen Opel Rekord in der beliebtesten Ausführung blau mit weißem Dach, parkte er mit völliger Selbstverständlichkeit vor der Tür des Wohnhauses in München-Schwabing. Als er mit seiner Familie nur vier Jahre später den Mietvertrag für das Eigenheim in der Vorortgemeinde unterschrieb, hatte sich die Parkplatzsituation schon so verschärft, dass er für die Suche nach einer passenden Lücke einmal um den ganzen Block fahren musste. In der 1961 mit kindlicher Neugier erkundeten Vorortgemeinde bemerkte ich außer der E 44 mit Plattformwagen (von der S-Bahn war noch keine Rede) die ununterbrochene Reihe hölzerner Stege am Bachufer, von denen aus die Hausfrauen ihre Wäsche im fließenden Wasser schwenkten. Wiederum dauerte es nur wenige Jahre, bis die Verbreitung der Waschmaschinen eine solche seit undenklichen Zeiten gepflegte Gewohnheit ausgelöscht hatte.

Zum Alltag gehörte im deutschen 20. Jahrhundert die Eisenbahn. Dem Laien konnten technische Daten und Lokomotivnummern herzlich gleichgültig sein. Aber sogar den allermeisten Reichs- oder Bundesbahnern war es egal, ob der Packwagen ihres Zuges nun sächsischer oder württembergischer Bauart war oder was aus irgendeiner nach dem Fahrplanwechsel plötzlich nicht mehr beobachteten Kleinbahn geworden sein mochte. Die „Eisenbahngeschichte" des kleinen Mannes und seiner Frau und seiner Kinder war keine Perlenkette von technischen Richtungsentscheidungen und Hochleistungen, sondern begleitete das Leben als meist graues Band der Eindrücke von überfüllten und leeren Wagen, eisigen und überhitzten Zügen, Regen oder Sonnenglut auf Bahnsteigen und die schrillen Pfiffe, knallenden Puffern und in den schwarzen Himmel aufschießenden Dampfwolken bei Nacht. Da erinnern sich nicht nur alt gewordene Augen an Kindheitseindrücke vielfarbiger Expresszüge und müde Ohren an Schienenstöße und unverständliche Lautsprecherdurchsagen, sondern auch die Gesäße der Reisenden an Holzbänke und klebrige Kunststoffsitze, die Hände der Rangierer an ölige Schraubenkupplungen und frostkalte Weichenhebel, die Nasen der Wagenputzerinnen an verschmutzte Toiletten und scharfe Reinigungschemie, der Gaumen des ewigen Gastes im Wartesaal an Bockwürste, dünnen Kaffee und laues Bier, die Füße des Streckengehers an Schwellen aus Eichenholz, Stahlprofil und Beton ... Und dies alles meist nur mittelbar von einem Zeitgeschehen beeinflusst, in dem gerade aus dem Volksempfänger die Größe des Reiches beschworen, in der Zeitung der sozialistische Aufbau erläutert oder im Fernsehen die nächste Bundestagswahl als schicksalhaft für Abendland und Marktwirtschaft deklariert wurde.

Was mag sich einem durchschnittlich aufmerksamen Zeitgenossen beispielsweise der Geburtsjahrgänge etwa zwischen 1900 und 1960 in Sachen Eisenbahn besonders eingeprägt haben, also jener Jahrgänge, für die Eisenbahn jedenfalls keine Neuigkeit mehr war, sondern im gefühlten Sinne „schon immer da" war und mithin jener Jahrgänge, von denen ich einen hoffentlich großen Teil der jüngeren Hälfte noch als Leser begrüßen darf? Nein, nicht der in einem Exemplar gebaute und nur ein paar Wochen brillierende „Schienenzeppelin" und nicht das vorzügliche Triebwerk der bayerischen S 3/6, nicht die Kontroversen um die Heizflächenproportionen der Einheitsloks und nicht der Übergang zur Schweißtechnik beim Triebwagenbau. Wenden wir den Blick weg von den „Legenden" des Schienenstranges.

Betrachtung ohne Berührung: der Bahnübergang

Auch wer nicht reisen wollte, konnte oder durfte, wartete auf Züge, beobachtete Lokomotiven und Wagen,

Die Linien von Fernweh, Ruhe und Einsamkeit kreuzen sich am Bahnübergang. Strecke Berlin – Magdeburg nahe Genthin im Oktober 1991.

Kein Auto muss halten, weil die Schranken 1963 dem Personenzug von Bad Schandau nach Dresden seinen Weg sichern.

lernte ihre Gestalten und Geräusche kennen, nämlich an der Schranke des groß- oder kleinstädtischen Bahnübergangs oder am schlichten Warnkreuz der Nebenbahn in Wald und Feld. Da wurde denn geduldig ausgeharrt oder fruchtlos geschimpft, die Zeit für eine kleine Plauderei genutzt, dem Pferd oder dem gebrechlichen Lieferwagen eine Ruhepause gegönnt oder die Eisenbahn bestaunt. Arbeitsfahrt oder Spaziergang hatten zu ersterben vor der Dynamik der Zugfahrt, um Minuten später wieder aufzuleben, während im schnell fahrenden Zug die Ruhe der Reisenden anhielt. Schrankenbäume sicherten den Weg von Schnellzügen quer durch städtische Straßenschluchten oder von nicht enden wollenden Rangierfahrten auf zehngleisigen Bahnhofsvorfeldern, sie markierten die Kreuzungen zwischen schnurgeraden Alleen und Eisenbahnstrecken in der norddeut-

Ein Posten mit der hohen Nummer 535 a! Es muss eine lange Fernbahn gewesen sein an der ein unbekannter Meister in früher Bundesbahnzeit die P 8 bewegungsunscharf hinter Schranke und Warnkreuz aufgenommen hat.

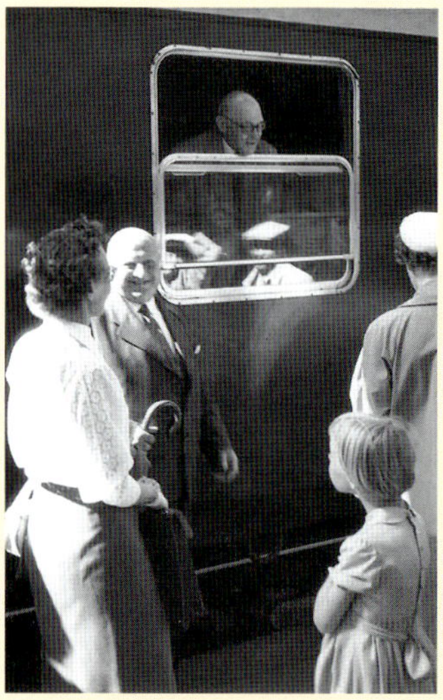

Durchs geöffnete Fenster konnte man sich einst am D-Zug verabschieden so wie wie hier in Stuttgart Hbf am 19. August 1956.

Ein klassisches Tonnendach wölbt sich über dem Berliner Ostbahnhof. Urlauber besteigen am 25. Juli 1963 einen D-Zug vermutlich in den Süden der DDR. Der Zug mit der 38er hält nicht an einem Bahnsteiggleis. Fast nur aus Gepäck- und Postwagen gebildet, dient er nicht dem öffentlichen Verkehr.

schen Ebene. Bahnübergänge fanden Platz in der Enge von Kleinstädten im Mittelgebirge zwischen Weinberg, verwitternder Stadtmauer und Fachwerk. Da gab es die moderne stählerne Schranke mit rasselndem Gehänge gegen etwa durchschlüpfende Kinder und Hunde und da gab es die knorrige Holzschranke, da gibt es die automatische Halbschrankenanlage mit unübersehbaren Warnsignalen für den Autofahrer und das rostige Feldzeichen des einsamen Andreaskreuzes zwischen Weideland und Kiefernwald. Jahrzehnte der Streckenstilllegungen, der Konzentration des Straßennetzes und des Neubaus von Über- und Unterführungen haben den Bahnübergang nicht aussterben lassen, ihn aber doch selten werden lassen.

Werkshalle der Beförderungsfabrik: das große Bahnhofsgewölbe

Der „Hof der Bahn" war anfangs nur eine Ansammlung von Nutzbauten kommerzieller oder technischer Funktion an einer Gleisanlage. Im letzten Drittel des 19. Jahrhunderts entdeckte die Repräsentationsarchitektur den Bahnhofsbau. Oft wurden die Kopfbahnhöfe von Berlin, Frankfurt (Main), München oder Leipzig als „Kathedralen" bezeichnet. Unter dem Aspekt des Städtewettstreits um den schönsten Bau aus Sandstein, Ziegeln, Stahl und Glas und in Erinnerung an mittelalterlichen Wetteifer um höchste Gewölbe und Türme bot sich dieser Vergleich unmittelbar an; unter dem Aspekt der sakralen Widmung war er gerechtfertigt, wenn man den Dienst des modernen Menschen an Lokomotivtriebwerken, Bremsgestängen, Speisewagenkühlschränken, Heizschläuchen, Elektrokarren, Postsä-

Rechts und in der Mitte drei Personenzüge, links ein D-Zug, und dazwischen viele Menschen in der Kleidung um 1930 in einem voll belegten Kopfbahnhof, dessen Beschilderung uns seinen Namen leider vorenthält.

Am 8. September 1962 zeigt sich die Halle des Hamburger Hauptbahnhofes in voller Belegung. Vorne erkennen wir einen zweiklassigen 26,4-Meter-Einheitswagen der DB, dahinter zwei Wagen der Italienischen Staatsbahnen, einen davon in Vorkriegsbauart. Zur Epoche der großen Bahnhöfe und der großen Züge gehörte auch der Kurswagen. Lange vor Erfindung des Billigfluges konnte man damals mit dem „Alpen-Express“ von Kopenhagen über Hamburg bis nach Rom durchfahren. Fahrzeit 33 Stunden.

Ebenfalls in Hamburg Hbf zeigt die Grafik der frühen Nachkriegszeit den von der DB als VT 06 reaktivierten Vorkriegs-Schnelltriebwagen Bauart Köln.

cken und Gepäckaufzügen zu Füßen unerbittlicher riesiger Uhren als Dienst an den neuen Göttern des Industriezeitalters interpretieren wollte. Genauso nahe liegt der Vergleich mit der Werkshalle einer Maschinenfabrik und die Interpretation des Geschehens im großen Hauptbahnhof als arbeitsteilige Produktion von Dienstleistung und Pünktlichkeit. Kulturgeschichtlich bemerkenswert war im Vergleich zu den Anfangsjahren der Eisenbahn die Vereinigung von technischen Funktionen (in der Fachsprache „Betrieb“) und fahrgastbezogener Aktivität („Verkehr“) unter einem Dach. Der Reisende hatte keine Angst mehr vor Lokomotivdonner und Rauch, der Lokführer keine Angst mehr vor unerfahrener Unachtsamkeit an der Bahnsteigkante.

Die Begrüßung am quietschend zum Stehen kommenden Zug und der Abschied am offenen Fenster des schon anrollenden D-Zug-Wagens wurden zu Urszenen des rastlosen 20. Jahrhunderts und wurden entsprechend oft im Spielfilm reproduziert. Ein genauso langlebiges Motiv jedoch ist die Sehnsucht des schlichten Vorortpassagiers, der tagtäglich an edlen Wagen mit Laufschildern nach Ventimiglia, Karlsbad, Amsterdam oder Budapest keleti pu. entlang läuft, ohne selbst je weit über Papestraße, Sprockhövel oder Moosach hinauszukommen.

Die DB hat sich keinen Gefallen damit getan, Bahnhöfe wie Ham-

Rauchpause am Güterbahnhof um 1930. Fünf Herren mit so unterschiedlichen wie originellen Körperformen, Gesichtszügen und Gewändern beschäftigen sich mit dem Transport von Salatgurken. Bis auf einen tragen sie bei der Arbeit Krawatten! Zur Bedeutung der Gattungsbezeichnung „München“ siehe auch Seite 118/119.

Lebensnerv Güterbahnhof

Ganz gleich ob man nun selbst mit Hopfen oder Autoreifen oder Sanitärkeramik oder Salatgurken handelte oder in einer Firma arbeitete, die dergleichen ankaufte und vertrieb, oder ob man lediglich von der Straßenbahn aus durch schmiedeeiserne Zäune das Leben und Treiben auf den Laderampen und an den Güterschuppen der Eisenbahn verfolgte: Jedem war klar, wie wichtig der Güterbahnhof für volle Schaufenster und satte Mägen war. Die Bezeichnungen der bahnamtlichen Feinverteilungsziele wie „Großmarkthalle“, „Schlachthof“, „Überseehafen“, „Milchladehof“ oder „Kohlenkai“ sprachen für sich. Ohne pünktliche Güterzüge bei Tag und Nacht und ohne Kran, Sackkarre, Förderband und Gabelstapler am Güterbahnhof konnte man nicht hoffen auf Kartoffeln und Mehl, Waschpulver und Glühbirnen, Käfer und Trabanten, Rundfunkgeräte und Farbfernseher, Völkischen Beobachter, Neues Deutschland und Rheinischen Merkur, auf Milch und Bier, auf Schulhefte und Weihnachtskugeln. Die „Bahnamtliche Rollfuhr“ (diese wunderbare Sprachschöpfung fand man einst an den Bretterwänden pferdebespannter Lastenfuhrwerke), der LKW-Verkehr für Kleinbehälter, ausnahmsweise der mit ganzen Güterwagen beladene schwerfällige Culemeyer und mancherorts sogar die elektrische Straßenbahn übernahmen die Feinverteilung der Güter – im Westen Deutschlands etwa bis vor 30 und im Osten bis vor 20 Jahren. Heute ist Eisenbahngüterverkehr auf große

burg-Altona in beliebige Provinzstationen zurückzubauen. In neuerer Zeit genießt die Bahnhofshalle wieder größeres Ansehen, doch der Abschied mit Taschentuch am offenen Fenster war ein Abschied für immer. Alle Fenster des vollklimatisierten Fahrzeugs für den Schnellverkehr sind hermetisch verschlossen.

Berlin bekommt Braunkohlebriketts aus der Niederlausitz. Für die staubige weitere Verladung des nicht etwa gebündelten, sondern als Schüttgut behandelten Brennstoffs werden mindestens so viele Frauen wie Männer eingesetzt. Aufnahme im Bahnhof Grünau am südöstlichen Rand des Ostsektors 1953.

Hier wird für die Umladung von Ruhrkohle schon vielerlei Technik eingesetzt. Dennoch ist der Transportweg kompliziert! Der irgendwo zwischen Königsborn und Wanne-Eickel gefüllte Selbstentladewagen ist in Syke auf die Rollböcke der Schmalspurbahn umgesetzt worden; nach der Umladung per Förderband in Bruchhausen-Vilsen wird der Hanomag-Traktor mit seinem hölzernen Anhänger der letzten Abschnitt der Reise bewältigen.

Transportvolumen von Kohlengrube zu Kraftwerk und von Hafen zu Fabrik konzentriert. „Güterabfertigung“ und „Ladegleis“ sind historische Begriffe geworden.

P 8 – Die populäre Lok

Dieses Kapitel will bewusst alles andere als den Lokomotivkult pflegen. Aber die Überlegung mag erlaubt sein, mit welcher Lokomotivgattung Deutschlands kleine Leute vor der Elektrifizierung des Massenverkehrs in den Ballungsräumen die meisten Kilometer zurückgelegt haben mögen. Nach Stückzahlen, Nutzungsdauer und spezifischer Verwendung der Lokomotiven ist das Ergebnis eindeutig: Dies war die fünfachsige Heißdampfpersonenzuglok mit der Gattungbezeichnung P 8, später Reihe 38^{10} der DRB, gebaut

Die P 8 in modernem DB-Standard mit Wannentender, aber noch ohne drittes Spitzensignal. 38 3705 wurde Ende 1958 vom Bw Goslar betreut.

38 3158

Links: Die P 8 mit DB-Windleitblechen der provisorischen Ausführung, noch etwas hoch und recht weit von der Rauchkammer angesetzt. 38 3158 war Ende 1958 in Mannheim stationiert.

für deutsche Verwaltungen zwischen 1906 und 1923 in 3438 Exemplaren und aus dem Regelbetrieb genommen erst 1974. Ende 1936 waren bei der DRB 2683 Loks dieser Art vorhanden, Ende 1958 bei der DB noch 1069 und bei der DR 656. Auf deutschen Hauptbahnen war „die P 8" oder „die 38" zwischen 1920 und 1965 der Normalfall der Bespannung von Personenzügen. Auch wenn wir nur mit großer Vorsicht eine breite Aufmerksamkeit für Lokomotivtypen unterstellen wollen, war doch das „Gesicht" der P 8 mit der gegenüber dem Langkessel verdickten Rauchkammer zwischen zwei „braven" kleinen Windleitblechen und nicht allzu hoch über dem Pufferträger gewiss bekannt. Auch die Reihenbezeichnung war populär nach dem übersichtlichen Schema: Die 01 kannte und bewunderte man, die 89 besaß man (nämlich als Modell), und mit der 38 fuhr man. Kein amtlicher Nachweis belegt eine dennoch plausible Annahme: Kaum ein Bewohner Deutschlands ist ganz ohne P 8 durch die ersten zwei Drittel des 20. Jahrhunderts gefahren!

Lackiertes Blech und Petroleumlaterne: das Signal

Dem etwa 14- oder 15-jährigen war einst im Fach Kunsterziehung ohne weitere Präzisierung das Thema „Signale" vorgegeben. Während sich die Mitschüler konform mit dem Zeitgeschmack der 1960er-Jahre an der einen oder anderen Abstraktion in grellen Farben abarbeiteten, erntete eine realistische Kombination „Hp 1 plus Vr 2", zu deutsch „Hauptsignal mit rot gerandetem weißem Flügel in 45-Grad-Stellung und senkrecht gestellte orange Scheibe des Vorsignals mit rechts abwärtsweisendem

Das Titelbild des Bundesbahnkalenders 1950 betonte die Bedeutung von Güter- und Reiseverkehr für Industrie und Landwirtschaft. Unverzichtbar die Symbolwirkung der klassischen Formsignale, die übrigens auch anno 2010 noch keineswegs ausgestorben sind.

Die P 8 noch mit Windleitblechen der Vorkriegsbauart. 38 2650 war Ende 1958 in Soest beheimatet. Sie schleppt auf einer nicht elektrifizierten Strecke eine abgebügelte E 50. Neue Elloks von Henschel und Krupp mussten lange Zeit zunächst mit Dampftraktion bis zum Fahrleitungsnetz überführt werden!

Zusatzflügel" die beste Note – und wurde selbstverständlich 1971 nicht etwa dem Abiturienten ausgehändigt, sondern als dienstliches Schuleigentum ordnungsgemäß vernichtet.

Das „Waagerecht" für „Halt" und das „Schräg" für „Fahrt" sind noch heute genauso geläufig wie die Bedeutung von „Rot" und „Grün". Jedes Schulkind der letzten 100 Jahre hat mit seinen Armen den Holzeisenbahnen, Dreirädern oder Rollern seiner Kameraden Signale gegeben. Die Symbolik ist so einleuchtend, dass man kaum glauben möchte, dass im alten England oder Italien der kraftlos schräg nach unten hängende Signalflügel und zur deutschen Länderbahnzeit auch noch die mit so vielen anderen Lichtern verwechselbare weiße Laterne für „Freie Fahrt" standen. Insgesamt war und bleibt die Vielfalt der Signale groß. Zu ihnen gehör(t)en ja nicht nur die per Drahtzug bewegten

Die im Grundaufbau hundert Jahre alte Kombination aus Einfahrtsignal und Ausfahrvorsignal im Februar 2006 vor dem kleinen Bahnhof Roßberg in Oberschwaben.

Bäuchlein und Weste unter der Lodenjacke, ernster Blick, die Hand am Bremsventil: der Lokführer als Inbegriff des Bahnbeamten 1926 auf einer damals brandneuen E 52.

Flügel und Scheiben am hohen Mast, sondern auch die statischen Tafeln in Schwarz und Weiß, Orange und Rot. Im kulturellen Gedächtnis wurzeln die Signale tiefer als nur in Bahndämmen und betrieblichen Erfordernissen. Seit jeher standen Grenzpfähle, Fahnenmasten, Standarten militärischer Einheiten, Schellenbäume oder Wehrtürme für weithin sichtbare Besitzansprüche und Farbenprivilegien.

Noch fehlt es nicht an den heute meist nur noch farbiges Licht zeigenden Signalen im Revier der Schiene. Doch auf Neubaustrecken verzichtet man auf sie. Dort muss der Lokführer über Geschwindigkeitsvorgaben längst am Bildschirm informiert werden, bevor er am Horizont ein Signal erkennen kann.

Der Bahnbeamte

„Ministerpräsident fordert Beamtenbesoldung nach Leistung". Solche Schlagzeilen liest man wahrscheinlich bereits seit etwa 1918 mit gewisser Regelmäßigkeit. Dass Staatsdiener aufgrund der Natur ihrer Aufgaben nicht wie Fließbandarbeiter „nach Menge" entlohnt werden können, sollte einleuchten. Wo die Maßstäbe des Stücklohns nicht zur Verfügung stehen, fällt die objektive Vergleichbarkeit von Leistungen stets schwer. Das ist aber beim angestellten Lehrer oder Rentensachbearbeiter oder Zugbegleiter nicht anders als bei seinem Kollegen im Beamtenverhältnis, von Politikern und Managern übrigens ganz zu schweigen. Entsprechend der Entstehung des Beamtentums im 18. und 19. Jahrhundert als eines loyalen Machtapparates von Regierungen trifft historisch sicherlich die Diagnose zu, dass die Beamten nicht gerade für Oppositionsgeist berühmt wurden. Andererseits: Gerade ihr Status erlaubt ihnen unter den Bedingungen der Demokratie mehr fachlichen Ernst abseits politischer Moden. Die Faulheit des Beamten mochte als Thema volkstümlichen Humors genauso ihren Platz haben wie die Dummheit des Bauern oder die Geldgier des Gastwirts. Orientierungen zur Soziologie des öffentlichen Dienstes oder zu seiner Modernisierung liefert solche Folklore freilich nicht. Wenn einst über Polizisten, Steuerinspektoren, Oberschaffner und Stationsvorsteher gespottet wurde, war durchaus auch Neid im Spiel. Wir betrachten mit der großen Zeit des Bahnbeamten eine Epoche des sozialen Aufstiegs. Wenn sich der Großvater als Wanderarbeiter aus dem östlichen Mitteleuropa im frühen Bahnbau irgendwo zwischen Rhein und Oder verdingt hatte, der Vater als Bremser oder Werkstättenarbeiter bei einer großen Privatbahn untergekommen war und der Sohn nun zum königlich preußischen Lokomotivführer und schließlich gar Oberlokomotivführer ernannt worden war, dann hatte er nicht Macht oder sorgenfreies Einkommen gepachtet, aber doch ein unterhalb von Adel und Besitzbürgertum kaum zu übertreffendes Maß von Sicherheit und Anerkennung erreicht. Man mochte über den Bahnbeamten spotten oder schimpfen, ihn für seine kleinbürgerliche Anbetung von Titel und Uniform bedauern oder verachten, ihn aus Sicht der Arbeiterbewegung als regierungshörigen Streikbrecher bekämpfen, wie auch immer: Im wechselvollen deutschen 20. Jahrhundert war es dann oft doch ganz beruhigend, einen Reichsbahnobersekretär oder Bundesbahnamtmann als Vater, Ehemann, Sohn und Schwiegersohn zu haben. Kurios genug: Die DDR, ideologisch angeblich meilenweit vom preußischen Beamtentum entfernt, gönnte ihren Bahnangestellten weiterhin das ganze überkommene Orgelpfeifensortiment von Beamtentiteln.

Kleider machen Leute! Vor dem Triebwagen der Berliner S-Bahn links der Beamte mit Weste, Uhrkette und Schirmmütze, rechts ein Arbeiter; und der Herr in der Mitte könnte beispielsweise als angehender Diplom-Ingenieur im maschinentechnischen Vorbereitungsdienst das Erinnerungsfoto bestellt haben.

Noch wohlgenährter als der bayerische Kollege, jedoch mit vorschriftsmäßiger Mütze und hoch geschlossener Jacke, präsentiert sich der Lokführer der neugebauten Meterspurlok 99 223 in Eisfeld in Thüringen.

Ein eher kleinbürgerlich wirkendes Paar stärkt sich 1958 im Speisewagen.

Bis Ende der 1920er-Jahre konnte man nächtliche Fernreisen auf den Holzbänken des „Beschleunigten Personenzuges“ absolvieren, später boten Eil- und D-Züge etwas mehr Komfort. Die Alternative für Besserverdiener war das von Thomas Mann gelobte „schneeig bereitete Bett ... man legt sich in dieses Bett wie zu Hause, es bebt ein wenig die Nacht hindurch, und das hat zur Folge, dass man am Morgen in Dresden ist.“

Schlaf- und Speisewagen

1994 reiste ich mit einem etwa 60-jährigen Arbeitskollegen von Bayern nach Sachsen und nötigte ihn zum Mittagessen in den Speisewagen. Überraschend sein Geständnis, dass er einen solchen noch nie betreten hatte! Zur Wissenschaft vom Alltag gehört die Binsenweisheit, dass ein großer Teil luxuriöser Lebensgewohnheiten ungeachtet seiner aus Sehnsucht gespeisten Popularität doch von der breiten Mehrheit der Bevölkerung kaum je gepflegt werden konnte. Wie leicht plaudert es sich über Orient-Express und Ozeandampfer, über Horch und Maybach, über Hotel Adlon und Moselwein Jahrgang 1957, doch wie wenige Zeitgenossen konnten derlei in Wirklichkeit genießen! In der Gastwirtschaft mochte man vom Restaurant träumen, und auf der Holzbank 3. Klasse zwischen Butterbrotpaket und Bierflasche von dem Menü im Speisewagen und den Polstern im Schlafwagen. Sehnsucht des kleinen Mannes und gepflegtes gutbürgerliches Niveau 1930, 1950 und 1970. Nicht die schlechteste Erinnerung deutscher und in diesem Segment auch früh schon europäischer Eisenbahnkultur.

Die Kleinbahn

„So ein winziger Bahnhof war das; eigentlich war es nur ein kleines Haus, das aber furchtbar ernst tat und vor lauter Bahnhof vergessen hatte, dass es Haus war. Da lagen auch zwei Schienenpaare, weil die ja zu einem Bahnhof gehören, und hinten kam der Waggon angeschnauft. Einen Zug gab es hier nicht – nur einen Motorwagen. Er hatte sich einen kleinen Schornstein angesteckt, damit man es ihm auch glaubte.“ Mit dieser kleinen Skizze nähert sich Kurt Tucholsky 1931 in seinem unsterblichen Buch „Schloss Gripsholm“ dem Thema „Kleinbahn“. Mitten in einer aus unserer Sicht großen Zeit der Dampflok benötigt er für das Bild der Idylle gar nicht deren winzige unentwegt bimmelnde schmalspurige Taschenausgabe mit dem hohen Schornstein, sondern führt uns einen kleinen

Nur von 1925 bis 1933 konnte sich dieser Benzoltriebwagen der Spremberger Stadtbahn in der Niederlausitz im Betrieb halten. Seine Höchstgeschwindigkeit betrug exakt 36 km/h. Herstellung und Ausmusterung fielen in die kurze Lebenszeit von Kurt Tucholsky.

Triebwagen seiner Zeit vor das innere Auge.

Ein ähnliches Motiv 2004 bei Dieter Forte („Auf der anderen Seite der Welt", S. 28 ff.) in der Erinnerung an die 1950er-Jahre: „Inmitten des Platzes stand überraschend ein Denkmal der Industriegeschichte, ein verrosteter Schienenbus ... verlassen ruhte der eckige Blechkasten, rostrot mit blinden Fenstern auf den im Schlamm versinkenden Schienen, obwohl die Abfahrtszeit längst überschritten war". Nach der Beschreibung des umständlichen Einstiegs origineller Fahrgäste wird uns erzählt, wie der glatzköpfige Kaufmann des immer noch als „Kolonialwarenladen" firmierenden Geschäfts in den Wagen springt und einen „Kasten Feuerwasser in der gläsernen Leuchtturmform" im Wagen platziert. „Er stellte einen Leuchtturm wie einen Kompaß auf das Armaturenbrett, nahm einen Ermunterungsschluck, schlug auf einige Hebel, trat gegen ein Pedal, eine Maschine brummte los, der Schienenbus rappelte wie ein alter Lastwagen, überlegte es sich noch lange, ob er überhaupt anfahren sollte, aber er setzte sich dann doch in Bewegung. Der Fahrer blätterte in einer Zeitung, breitete sie aus und las darin. Bei den vielen Tätigkeiten, die er gehetzt ausübte, ermöglichte ihm die Zugfahrt wohl eine Art Kaffeepause, die er genoß, während der Schienenbus auf unebenen Gleisen unbeaufsichtigt und geruhsam durch das Land tuckerte."

Sei es nun die kleine Dampfeisenbahn in Wald und Feld oder die an hölzernen Oberleitungsmasten entlang durch vorstädtische Landschaften rumpelnde elektrische Überlandstraßenbahn, sei es ein literarisch so wunderbar dargestellter Triebwagen (es muss nicht unbedingt ein Schienenbus im technisch engeren Sinne gewesen sein): Schon zu einer Zeit, als die Eisenbahnreise noch der Normalfall moderner Mobilität war, wurde innerhalb des Universums Eisenbahn im 20. Jahrhundert und unterhalb des gebieterischen Diktats von Fahrplänen und Uhrzeigern eine Zeitlosigkeit mit Raum für Heimat wie auch für Beklemmung wahrgenommen. ●

Eines der ersten in größerer Stückzahl erfolgreichen Triebfahrzeuge mit Verbrennungsmotor war der „Wismarer Schienenbus" mit seinen charakteristischen LKW-Schnauzen für die Ford-Motoren. Dieses Exemplar gehörte den Osthannoverschen Eisenbahnen.

Deutschlands Eisenbahnen in zwei Staaten

Reichsbahn und Bundesbahn 1949–1989

Nach dem Zweiten Weltkrieg war die Reichsbahn in vier Zonen Lebensnerv für die hungernden und frierenden Deutschen. Kaum hatte sie indes die größten Brocken des Wiederaufbaus gemeistert, musste sie sich im Westen einer fast übermächtigen Konkurrenz erwehren. Mit aller Modernisierung und Rationalisierung konnte sie ihren Marktanteil nur gerade eben bewahren, doch der grenzenlose Zuwachs im Personen- und Güterverkehr fand auf der Straße statt. Die Zwangs- und Mangelwirtschaft des Ostens schützte zwar vorerst noch die Nische des Schienenverkehrs, machte der DDR-Reichsbahn jedoch auch die Erfüllung ihrer Aufgaben schwer. Aber: Unvergänglich schön war die Zeit des langen Sonnenuntergangs der Dampflok und des frühen Glanzes ihrer Nachfolger doch.

Politischen Symbolwert hatte in der jungen Demokratie die Pflege auch der schlichteren Geschäftsfelder unterhalb des repräsentativen Schnellverkehrs. Der Schienenbus, hier in seiner ersten einmotorigen Ausführung VT 95 bei Gummersbach 1951 ganz neu aufgenommen, wurde schnell zum Liebling des Publikums.

Das Erbe der Nazis und der Wiederaufbau

Nachdem die Wehrmacht jahrelang halb Europa zerstört hatte, lenkte Hitlers Krieg die von ihm heraufbeschworenen und am Ende weit stärkeren Kräfte der halben Welt gegen Deutschland und selbstverständlich auch gegen seine Eisenbahn. Die regierende Verbrecherbande hatte – um die Unausweichlichkeit der Alternative Bestrafung oder Selbstmord wissend – allen Grund, ihre Kapitulation hinauszuschieben. Die Opposition, am 20. Juli 1944 gescheitert und fortan noch gnadenloser verfolgt als zuvor, hatte abgesehen von mutigen örtlichen Initiativen nicht die Kraft, den sinnlosen Kampf zu beenden. Mit dem Einsatz von Lenkwaffen V 1 und Raketen V 2 gegen London und besonders mit der Ardennenoffensive Ende 1944 reizte Hitler die Westalliierten noch einmal bis aufs Äußerste und provozierte damit die militärisch kaum nützlichen schweren Luftangriffe beispielsweise gegen Dresden und Würzburg. Heute weiß man, dass Deutschland mit seinem hinhaltenden Widerstand sogar den Einsatz von Atombomben riskierte, der in Japan im August 1945 grausame Wirklichkeit wurde.

Die Bilder zerstörter Eisenbahnanlagen und Züge prägten sich den Zeitgenossen tief ein. Dass Schienen und Brücken, Lokomotiven und Wagen, in besseren Tagen der Mobilität dienend,

Wir haben zu Beginn unseres Buches die Schlüsselfunktion der Kohle für die moderne industrielle Welt kennengelernt. Nach 1945 gehörte sie neben Brot und Kartoffeln, Fett und Milch zu den unmittelbar lebenswichtigen Gütern. Obwohl die Kohlenzüge aus dem Ruhrgebiet bewacht wurden, machten sich Kinder und Jugendliche wie hier in Hamburg einen Sport daraus, die offenen Wagen zu erklimmen, Ladegut abzuwerfen und hernach von den Gleisen aufzusammeln.

ab 1. Juli 1945

Die vier Siegermächte übernehmen die vereinbarten Besatzungsgebiete; während die Amerikaner und Engländer hauptsächlich Thüringen und das westliche Sachsen den Sowjets überlassen, räumen diese die westlichen Stadtbezirke von Berlin. Die DR der sowjetischen Zone führt aber weiterhin den Betrieb in allen vier Sektoren der Hauptstadt.

19. Juli 1945

Bildung der „Oberbetriebsleitung United States Zone“ in Frankfurt (Main)

11. August 1945

Sowjetischer Befehl, den Eisenbahnbetrieb in der Sowjetzone zum 1. September 1945 an die deutschen Eisenbahner übergeben wird; die DDR entwickelt daraus später den Gründungsmythos einer Reichsbahn „in Volkes Hand“.

20. August 1945

Bildung der Reichsbahn-Generaldirektion für das britische Besatzungsgebiet in Bielefeld

1945 – 1948

Die sowjetische Besatzungsmacht befiehlt den Abbau jeweils eines Streckengleises aus nahezu allen Hauptbahnen und die vollständige Demontage vieler eingleisigen Strecken; ein befriedigender Standard von Zweigleisigkeit wird erst dreißig Jahre später wieder erreicht sein. Besonders nachhaltige Folgen haben der Abbau aller Anlagen der elektrischen Zugförderung in Mitteldeutschland und der Abtransport sämtlicher elektrischen Schienenfahrzeuge aufgrund eines Befehls vom 15. März 1946.

8. Januar 1946

Bildung der „Oberdirektion der Deutschen Eisenbahnen“ für die französische Zone in Speyer; ab Ende Mai wieder der Betriebsführung durch das Militär

1. Oktober 1946

Gründung der „Hauptverwaltung der Eisenbahnen im amerikanischen und britischen Besatzungsgebiet“ für die „Bizone“; Standort ist Bielefeld, später Offenbach

Ein wenige Jahre zuvor unvorstellbarer und auch ein paar Jahre danach schon kaum mehr glaubhafter Tiefstand im Personenfernverkehr: die Reichsbahn erlaubt 1945 die Mitfahrt in den leer ins Ruhrgebiet zurückfahrenden Kohlenzügen. Wer wie hier etwa in Hamburg zugestiegen war, hatte viele Stunden bei Regen und Wind im offenen Güterwagen vor sich.

1. April 1947
Das Saargebiet wird ein autonomes Gebiet und wirtschaftlich an Frankreich angebunden; die dortigen Eisenbahnen werden wie schon 1920 – 1935 selbstständig.

1. Juli 1947
Bildung der „Betriebsvereinigung der Südwestdeutschen Eisenbahnen" in der französischen Zone

20. Juni 1948
Die Währungsreform von wertloser RM auf harte DM bildet die Grundlage zur wirtschaftlichen Gesundung Westdeutschlands; die Sowjetzone folgt wenige Tage später mit einer eigenen Währung. Die beginnende Spaltung Deutschlands wirkt sich vor allem in Berlin aus.

21. Juni 1948
Beginn der Blockade der westlichen Sektoren Berlins durch die Sowjetunion: Der Bahnverkehr von den Westzonen hierher wird gesperrt.

12. September 1948
Umbenennung der Bahnverwaltung der Bizone in „Hauptverwaltung der Deutschen Reichsbahn im Vereinigten Wirtschaftsgebiet"

1948
Wiedereinführung des internationalen Güterverkehrsabkommens RIV

1. Januar 1949
Die meisten Klein- und Privatbahnen in der sowjetisch besetzten Zone werden in die DR eingegliedert.

1949
Inbetriebnahme des ersten Gleisbildstellwerks moderner Bauart in Düsseldorf-Derendorf

12. Mai 1949
Ende der Berliner Blockade; fortan geregelter Zugverkehr zwischen Westzonen und Sowjetzone und nach Berlin

23. Mai 1949
Verkündung des Grundgesetzes für die Bundesrepublik Deutschland

Typisch für die ersten Nachkriegsjahre waren die mit Fahrgästen „panierten" Personenzüge. Der gute alte preußische Abteilwagen bot mit seinen durchgehenden Trittbrettern und seinen vielen Türklinken und Griffstangen besonders viele Möglichkeiten der äußeren Mitfahrt; das Oberlichtdach bot Sitzkomfort und ein Platz im Bremserhäuschen galt als großes Los.

nun zu bizarren Schrott erstarrt waren, hatte hohen Symbolwert. Die Aufschrift „Räder müssen rollen für den Sieg" geriet an unheilbar zum Stehen gebrachten Fahrzeugen zur bitteren Ironie.

Der Eindruck vollständiger Zerstörung täuschte jedoch auch und nährte die Legende von der „Stunde Null". Abseits von Großstädten waren große Teile der Eisenbahninfrastruktur durchaus verwendbar, viele Fahrzeuge konnten mit begrenztem Aufwand repariert werden. In Werkstättenkapazitäten und nicht zuletzt im gut ausgebildeten Fachpersonal (dessen Rückkehr von den zusammengebrochenen Fronten oder aus der Gefangenschaft freilich abgewartet werden musste) steckte unschätzbares Kapital für die Nachkriegszeit.

Lebensnerv Bahn

Für nahezu jeden Bewohner der vier Zonen Deutschlands und der vier Sektoren von Berlin stand die Eisenbahn im Zentrum des Lebens und Überlebens. Dem Straßenverkehr fehlte es an Fahrzeugen und Treibstoff. Die Reichsbahn versorgte Betriebe, Behörden und Privathaushalte mit dem notdürftigen Mindestmaß an Kohle und die hungernde Bevölkerung der Großstädte mit den knappen Lebensmitteln. Reisen unternahm niemand zum Vergnügen. Trotzdem waren die wenigen Züge oft brechend voll, hingen oftmals Menschentrauben an Trittbrettern und Bremserhäuschen. Heimkehrer irrten auf der Suche nach Angehörigen durch das kleiner gewordene Deutschland, Flüchtlinge

„Mangelware“ – ein genauso wie „Normalverbraucher“ oder „Zuteilungsperiode“ längst ausgestorbener Begriff – war nach 1945 auch Fensterglas. Viele Eisenbahnwagen wie auch Straßenbahnen mussten mit provisorischem Windschutz aus Holz oder Pappe auskommen.

und ab 1946 auch die Vertriebenen aus den Gebieten östlich von Oder und Neiße und aus dem Sudetenland suchten Unterkunft und Arbeitsmöglichkeiten. Vieles, was man „im Frieden“ per Brief, Telefon, Paket oder Bahnfracht erledigt hatte, machte in der Nachkriegszeit die persönliche Bahnfahrt notwendig. Im „Hamsterzug“ fuhren Städter mit Mehl, Milch und Eiern vom Lande zurück. Wer eine Firma durch das Chaos der Zeit retten wollte, musste mit Schwarzmarktartikeln bei deutschen und alliierten Ämtern nachhelfen. Die Zuzugsgenehmigung in die Nachbarzone? Die Bergung der wertvollen Briefmarkensammlung aus der russischen Zone? Alles nur mit der Reichsbahn möglich, die man sogar für Fahrten von fünf oder zehn Kilometern benötigte, weil Fahrradreifen und -schläuche einfach nicht zu haben waren und mit leerem Magen im übrigen auch die Kondition für Touren über Schlaglöcher und Kopfsteinpflaster fehlte.

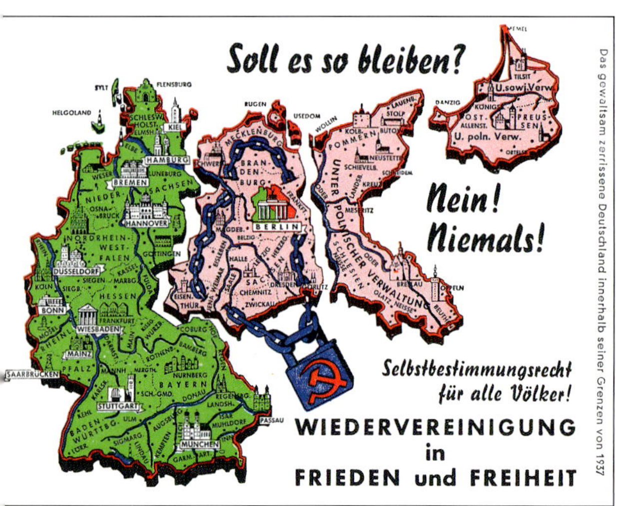

1949
In der sowjetischen Zone erlangt die Feuerung von Lokomotiven mit Braunkohlenstaub Alltagsreife; die von Hans Wendler entwickelte Technik arbeitet ohne Vorschubmechanik auf dem Tender lediglich mit Ansaugung des Staubs durch den Unterdruck der Rauchkammer. Die Aufrechterhaltung des Eisenbahnbetriebes auf ausschließlicher Dampflokbasis (Ausnahme nur Berliner S-Bahn) ohne Steinkohle von der Ruhr und aus Oberschlesien ist seit 1945 eine Schlüsselfrage für Ostdeutschland.

7. September 1949
Umbenennung der Reichsbahn West in Deutsche Bundesbahn (DB)

7. Oktober 1949
Gründung der Deutschen Demokratischen Republik in der sowjetischen Zone

15. Mai 1950
Inbetriebnahme der ersten nach dem Krieg elektrifizierten Fernstrecke Nürnberg – Regensburg

1. November 1950
Beginn der Bauarbeiten am Berliner Außenring zur Umleitung des DDR-Bahnverkehrs um West-Berlin

1950
Gründung der Deutschen Speisewagen-Gesellschaft (DSG) als DB-Tochter; in der DDR firmiert weiter die Mitropa.
Die DB erhält ihre erste Neubaudampflok (Baureihe 82)

20. Mai 1951
Die DB startet ein Netz mit leichten Fernschnellzügen (F-Züge); der „Rheingold“ wird als F-Zug wieder in Betrieb genommen.

Bis in die Ära Willy Brandt pflegten Bonner Regierungen die Illusion, bei einer kommenden Regelung über Frieden und deutsche Einheit auch noch über die Zugehörigkeit der Gebiete östlich von Oder und Neiße verhandeln zu können. Auch die Ansichtskarte nimmt mit der freundlich grünen Bundesrepublik, der kommunistisch eingeketteten „Sowjetzone“ und den „zur Zeit unter fremder Verwaltung stehenden Ostgebieten“ noch Bezug auf das Dogma „Reichsgrenzen von 1937“.

Die große Politik ging, von den hungernden und frierenden Deutschen weithin unbeachtet, ihre eigenen Wege. Das Jahr 1948 mit den scharfen Kontroversen der Siegermächte, die zur Blockade Westberlins und zur „Luftbrücke“ führten, stellte Deutschland ins Rampenlicht des „Kalten Krieges“. Mit den separaten Währungsreformen in Ost und West wurde die staatliche Spaltung absehbar.

Deutsche Bundesbahn

Bundesbahn und Wirtschaftswunder

Die Reichsbahn im Westen hatte außer ihrem Namen weiterhin den klassischen Verwaltungsaufbau mit Dienststellen, Ämtern und Direktionen beibehalten. An der Spitze regierte jetzt anstelle der alten Generaldirektion in Berlin eine Hauptverwaltung für die Bizone in Bielefeld. Sie zog 1947 nach Offenbach um, in die Nachbarschaft des Wirtschaftsrates in Frankfurt (Main). Die französische Besatzungsmacht hatte in ihrer Zone die Bezeichnung „Reichsbahn“ verboten. Hier war nun die von Speyer aus geleitete „Betriebsvereinigung der Südwestdeutschen Eisenbahnen“ (SWDE) tätig. Am 7. September 1949 wurde die vormalige Bizonen-Reichsbahn in „Deutsche Bundesbahn“ (DB) umgetauft, so wie jede bisherige Reichsbehörde den Namen der am 23. Mai 1949 gegründeten Bundesrepublik erhielt. Bis 1951 wurden auch die SWDE integriert.
Die Öffentlichkeit nahm die Fortschritte der 50er-Jahre dankbar entgegen. Nun fuhr man wieder im beheizten Personenzug, selbst wenn er aus klapprigen Wagen bestand, bisweilen im Schritttempo Behelfsbrücken überquerte oder unter unverglasten Bahnhofshallen hielt. Nun stellte die DB wieder jeden gewünschten Güterwagen termingerecht bereit; die Ladung traf pünktlich ein, ohne Transportschaden und ohne Verlust durch Diebstahl. Fast utopisch wirkten die neuen Fahrzeuge der DB: die blauen F-Züge und die roten Schnelltriebwagen von 1951, die elektrischen Probeloks der Reihe E 10 ab 1952, die Diesellok V 200 und der Dieseltriebwagen VT 08 als Novitäten von 1953. Auf der Verkehrsausstellung 1953 in München präsentierten Bundesbahn und Fahrzeughersteller eine fast unglaubliche Palette von Neuigkeiten. Wer dies alles erlebte – und sei es auch mit dem neuartigen Schienenbus abseits der großen Städte –, der mochte durchaus an ein Wunder glauben.
Die neuen Triebfahrzeuge und Wagen der Bundesbahn repräsentierten eine beachtliche Breite

an Stilrichtungen: Die Neubaudampfloks erinnerten in ihrer Sachlichkeit an die Kriegsloks, die neuen Elektroloks der 50er-Jahre waren vergleichsweise bieder, die Dieseltriebfahrzeuge V 200 und VT 08 hingegen vermittelten das Flair von Flugzeugen. Wie auch immer, stets gelang eine eigene Handschrift an Stelle der Kopie von Reichsbahnherrlichkeit oder amerikanischem Stil. Eine glückliche Hand bewiesen auch die Architekten. Die Bahnhofsgebäude, die etwa in Heidelberg oder München anstelle zerstörter Gründerzeitpaläste neu entstanden, zeigten klare Linien und funktionelle Transparenz. Sie waren moderner und „demokratischer" als die immer noch konservative und autoritätsfixierte Gesellschaft.

Mit dem Wiederaufbau der Vorkriegsstruktur war es nicht getan. An nicht weniger als 56 Punkten endeten Gleise vor dem Stacheldraht der DDR (oder führten in deren scharf bewachte Grenzbahnhöfe). Anstelle alter Magistralen nach Berlin mussten die Nord-Süd-Verbindungen ausgebaut werden. Die Strecke Hamburg – Hannover – Göttingen – Bebra – Würzburg war einst in mehreren Abschnitten entstanden, ohne inneren Zusammenhang und in schwieriger Trassierung über die Mittelgebirge. Sie wurde nun zu einer europäischen Hauptstrecke zwischen Nordsee und Alpenraum, zwischen Skandinavien und Italien.

13. Dezember 1951
Verabschiedung des Bundesbahngesetzes

9. Januar 1952
Präsentation der ersten Doppelstockwagen für die DR

Kontraste im Brückenbau: Galt es nach 1945 im Schwarzwald, die beim Rückzug vollkommen sinnlos gesprengten Brücken wieder aufzubauen, konnte 1963 bereits die futuristisch wirkende Brücke nach Fehmarn als Glied der neuen Vogelfluglinie eröffnet werden.

Oben: In ganz Europa war um 1950 die komplette Ablösung der Dampflok technologisch wie finanziell noch kaum vorstellbar. Der zunächst vorrangigen Modernisierung und Straffung des unverzichtbaren Dampfbetriebes dienten Neukonstruktionen wie die Baureihe 23 der DB.

Unten: Weiterhin groß war die Breite des Schienenverkehrs auf nicht bundeseigenen Gleisen. Die Bahn des Donauhafens Regensburg hat sich bei Krauss-Maffei moderne Dieselloks zugelegt.

26. Mai – 2. Juni 1952

Die DDR befiehlt die Einstellung des Reisezugverkehrs von West-Berlin in die DDR und des regionalen Grenzverkehrs an der innerdeutschen Demarkationslinie.

1952/1953

Die DB erhält Prototypen neuer Elloks (E 10 001 – 005), die ersten neuen Großdieselloks V 80 und V 200 und neue Triebwagen für Fahrleitungs-, Akkumulator- und Dieselbetrieb (u.a. ET 56, ETA 176, VT 08, Serienausführung Schienenbus VT 95)

1954/1955

Die DR erhält erste Neubaudampfloks und beginnt mit dem modernisierenden Umbau („Rekonstruktion") vorhandener Maschinen.

1. September 1955

Inbetriebnahme der ersten wieder elektrifizierten DR-Strecke Halle – Köthen; weitere Abschnitte folgen, die Fahrzeugbasis besteht bis 1961 nur aus den von der Sowjetunion freigegebenen Vorkriegsfahrzeugen.

Kontinuität und Karrieren

Wie in Verwaltung, Wirtschaft und Wissenschaft der Bundesrepublik wurden auch bei der Bundesbahn Karrieren aus der Nazizeit bruchlos fortgesetzt. Hans Geitmann war als Präsident der RBD Oppeln für Massentransporte nach Auschwitz verantwortlich gewesen. Er wurde Präsident der Bundesbahndirektion Nürnberg und später Mitglied des Vorstands. Albrecht Zahn hatte bei der „Ostbahn" die Fahrplananordnungen für die Züge ins Vernichtungslager Treblinka unterschrieben. Kein Problem für den späteren Bundesbahndirektor in Stuttgart. Und Martin Zabel, einst Güterzug-Fahrplanreferent in Krakau, nun Vizepräsident der BD Kassel, erinnerte sich nur schwach an die Zuständigkeit eines „Herrn Meyer". Die vielen „Meyers" vollendeten gemäß einer im Grundgesetz verankerten Garantie ihre Laufbahn bei der DB, ohne dass Medien oder Gerichte der 50er- und frühen 60er-Jahre hieran ein Problem erkannten.

Schlagzeilen machten andere Themen. Seit 1948 drehte sich alles um die überaus harte D-Mark. Nach Kriegsende war man noch dankbar dafür gewesen, dass hungernde Eisenbahner auf notdürftig reparierten Strecken überfüllte Züge

fuhren. Nun blieb mancher Zug halbleer, weil man die Kartoffeln wieder im Laden holte statt mit dem Personenzug vom Bauern. Gewiss, der Güterverkehr der Bahn war volkswirtschaftlich unersetzbar, doch die Politik verlangte Tarifgestaltungen, mit denen nicht genug zu verdienen war.

Auf Einnahmen waren Westzonen-Reichsbahn und Bundesbahn jedoch angewiesen, allein schon weil sie Löhne und Gehälter zahlen mussten. Nicht nur für die aktiven Eisenbahner, die sie wirklich brauchten, sondern auch für die vielen aus östlichen Reichsbahndirektionen geflüchteten oder vertriebenen Arbeiter und Beamten. Auch die längst pensionierten Oberräte oder Inspektoren aus Königsberg, Breslau oder Dresden konnten von der BD Mainz oder Hamburg ihre Ruhestandsbezüge verlangen. Zeitweise gab die DB für Pensionen mehr aus als für die Gesamtheit ihrer aktiven Arbeiter und Beamten! Den Wiederaufbau ihrer Anlagen musste die DB aus eigener Kraft meistern und aus den laufenden Verkehrseinnah-

Rechts: Ein Werbebild der Bundesbahn aus den 50er Jahren. Die Macht der Bilder ist oft stärker als die Erinnerung – waren wir vor 50 Jahren wirklich bei jeder Zugfahrt so glücklich?

1955
Einführung des neuen DB-Symbols („Keks"), entworfen vom Münchner Grafiker Prof. Eduard Ege

1956
Mit dem Beginn der Serienlieferung von E 10, E 40, E 41, E 50 und V 200 beginnt bei der DB die systematische Ablösung der Dampflok

3. Juni 1956
Europaweit entfällt die luxuriöse Wagenklasse „1". Die 2. und 3. Klasse werden zu 1 und 2 hochgestuft

1. Januar 1957
Die Eisenbahnen des Saarlandes kommen zur DB.

2. Juni 1957
Start des Trans-Europ-Express (TEE) mit 14 Verbindungen zwischen sieben Ländern; die DB bietet Verbindungen nach Belgien, Frankreich, in die Schweiz und nach Italien an

Oben: Beide deutschen Staatsbahnen bewiesen eine glückliche Hand beim Umbau vorhandener Dampfloks. Ambitioniert war das Projekt der DB, mit einem Rauchgas-Vorwärmer nach den italienischen Patenten Franco-Crosti die Abwärme vor Austritt aus dem Schornstein besser zu nutzen. Die Idee scheiterte an der Aggressivität der bei Abkühlung kondensierenden Säure.

Ein Bild mit Symbolcharakter: Schon ist das Auto auf der Überholspur neben dem Zug der meterspurigen Walhallabahn östlich von Regensburg. Die Modernisierung hat nur einen kurzen Aufschub gebracht. 1968 wird die DB die Strecke stilllegen und 1969 die erst 17 Jahre alte Diesellok V 29 951 verschrotten.

men bezahlen. In früheren Jahren war es für die Bahn überlebenswichtig gewesen, viele Fahrzeuge betriebsfähig zu halten und große Vorräte an Werkstoffen und Ersatzteilen anzulegen – nur so hatte sie sich von einer lahmen Produktion und dem gefährdeten Import unabhängig machen können. Nun aber war Straffung angesagt: Manche Investition ließ sich nur mit dem Erlös für den Schrott bezahlen, den man der Stahlindustrie reichlich verkaufte – und so manches Stück Schrott war eine Lokomotive, die noch 1947 von frierenden und hungernden Eisenbahnern repariert worden war. Das Kupfer für die Fahrdrähte der ab 1950 neu elektrifizierten Strecken stammte aus den Feuerbüchsen ausgemusterter Dampfloks!

Moderne DB

So wenig Rationalisierung und Modernisierung die Hoffnungen der Politik auf eine finanzielle Gesundung der DB erfüllten, so unbestreitbar waren die Erfolge auf dem Weg zu einer moderneren Eisenbahn. Zum Beispiel ging die Bundesbahn den Traktionswandel im großen Stil an. Von 1950 bis 1958 verdoppelte sie die Länge des elektrisch befahrenen Netzes von 1.500 auf 3.000 Kilometer. Bis 1960 halbierte sie die Zahl ihrer Dampflokomotiven von 14.000 auf 7.250; sie verdoppelte die Zahl ihrer Elektroloks von 439 auf über 1.000 und erhöhte den Bestand von 146 meist nur für den Rangierdienst geeigneten Dieselloks auf einen Park von mehr als 1.000 Maschinen, die auch Aufgaben im hochwertigen Streckendienst übernehmen konnten. Die neuen Triebfahrzeugtypen (einschließlich der letzten Dampflok-Neukonstruktionen) hielten jedem internationalen Vergleich stand. Die dieselhydraulischen Lokomotiven und Triebwagen etwa fanden weltweit Beachtung, ihr Verhältnis von Leistung zu Gewicht wurde von der Dieselelektrik erst nach Jahrzehnten erreicht.

Für die verbleibende Dampflokzeit investierte die Bundesbahn noch in die entsprechenden Anlagen der Betriebs- und Ausbesserungswerke; diese erhielten bedienungsfreundliche, Personal sparende Ausstattungen, um die Maschinen zu unterhalten und zu reparieren. Daneben begann

1957

Inbetriebnahme des ersten DB-Zentralstellwerks in Frankfurt (Main) Hbf.

Die beiden von Krupp gebauten Prototypen 10 001 und 002 einer teilverkleideten Schnellzugdampflok werden zu einer Zeit vorgestellt, da der Abschied von der Dampflok längst besiegelt ist.

Gründung der OSShD als sowjetisch dominierter Parallelorganisation zur UIC.

Moderne DB in Ulm 1962! Die E10 231 ist erst ein Jahr alt, die 18 619 ist durch Umbauten vor gerade einmal sechs Jahren entstanden. Aber: Die Dampflok hat nur noch ein paar aktive Monate vor sich, während die Ellok noch 2010 fahren wird.

Rechts: Und so sah es im Führerstand der E10 aus. Fast jeder Dampflokführer oder -heizer freute sich auf die sitzende Tätigkeit in einer Ellok. Für heutige Augen wirken auch Handrad und Bremsarmatur schon wieder rührend rustikal. Der Führerstand des 21. Jahrhunderts ist ein Computerarbeitsplatz.

die Vorbereitung der Werke auf die Traktionsumstellung. Man wusste, dass vollständiger Elektro- und Dieselbetrieb deutlich weniger Betriebs- und Ausbesserungswerke erfordern würde. Doch allein schon im Hinblick auf das Personal musste ein Zeitplan mit der Dimension einer Generation eingehalten werden. Die Dampflokheizer und Schuppenarbeiter konnte man weder entlassen noch kurzfristig umschulen noch 100 Kilometer weit versetzen. Unbe-

1959
Ein neues Signalbuch der DB ersetzt die Signalordnung von 1907.
Die DB erhält die ersten Niederflurwagen für den LKW-Transport (Huckepackverkehr)

4. Dezember 1959
Mit der 23 105 erhält die DB die letzte neue Dampflok

1960
Erste Zweisystemloks E 320 für deutsches und französisches Netz

9. März 1960
Probefahrt der ersten in der DDR gebauten Großdiesellok V180 001

2. Oktober 1960
Beginn des Städteschnellverkehrs bei der DR

Oben: Im Jahrzehnt vor der Ausdehnung des Fahrdrahts bis zur Nordseeküste erlebte der Diesel-Schnelltriebwagen seine zweite Blüte. Die Vorkriegsfahrzeuge wurden ergänzt durch den VT 08, der hier vor Einführung des „DB-Kekses" noch das Flügelrad trägt.

Unten: 1963 griff der Verfasser dieses Buches zu seinen Buntstiften und gab in einem Panorama der DB-Triebfahrzeuge neben dem VT 08 auch der damals noch alltäglichen 38er, dem TEE und der neuen „Rheingold-E 10" Platz.

28. Dezember 1960
Mit der 50 4088 erhält auch die DR ihre offiziell letzte Dampflok; neue Schmalspurloks werden im Raw Görlitz unter Tarnung als Rekonstruktion noch jahrzehntelang gebaut.

4. Januar 1961
Die DR erhält die ersten in der DDR gebauten Elektroloks E 11 001 und 002.

13. August 1961
Mit dem Mauerbau in Berlin werden fast alle Strecken in den Westteil der Stadt unterbrochen; die dortige S-Bahn wird zum Inselbetrieb. Der Schnellzugverkehr zwischen Bundesrepublik und Berlin (West) wird vom Interzonenverkehr Bundesrepublik/DDR getrennt; die Züge fahren streng bewacht ohne Verkehrshalt von der innerdeutschen Grenze nach Berlin-Zoo.

1962
Als Güterzugpendant zum TEE werden TEEM-Verbindungen eingerichtet.
Die Strecke Bamberg – Nürnberg wird für Versuchsfahrten mit 200 km/h vorbereitet und erhält dabei als erste Strecke die Linienzugbeeinflussung (LZB).
Die DB wertet den F-Zug „Rheingold" mit neuer Lok ($E\ 10^{12}$) und neuen Wagen zum Spitzenprodukt auf; erstmals seit 1939 wird wieder fahrplanmäßiger Reiseverkehr mit 160 km/h angeboten.

14. Mai 1963
Eröffnung der „Vogelfluglinie" von Deutschland nach Skandinavien; wichtigstes Bauwerk ist die Brücke auf die Insel Fehmarn.

30. Mai 1965
Als Begleitprogramm zur Internationalen Verkehrsausstellung in München veranstaltet die DB mit Vorserien-E 03 Sonderfahrten nach Augsburg mit 200 km/h. Nach Japan (1964) ist Deutschland das zweite Land der Welt mit öffentlichem Verkehr in dieser Geschwindigkeit.

28. September 1967
Start der S-Bahn Rhein/Ruhr als erstes neues Netz nach 1945

quem für das fahrende Personal war ein immer weiträumigerer Einsatz ohne die bisherige Bindung an Strecken und Fahrzeuge. Auswärtige Übernachtungen und lange Fahrgastfahrten mussten hingenommen werden.
Mit der Modernisierung ging, entsprechend den politischen Vorgaben aus Bonn, eine Reduzierung der Belegschaft einher. Die Verminderung der Zahl der Eisenbahner von 540.000 bei der Eröffnungsbilanz 1949 auf 400.000 anno 1968 bewirkte aber kaum soziale Probleme, weil Arbeitskräfte seinerzeit knapp waren (und sogar in Millionenzahl vom Ausland angeworben werden mussten – unter anderem für die DB). Zudem wurden viele der verbliebenen Arbeitsplätze günstiger gestaltet, die Arbeitszeiten verkürzt, Personalräte eingesetzt. Die Löhne stiegen zwar auch, aber weniger als in der freien Wirtschaft.

„Wohlstand für alle" auch im Reiseverkehr
Große Fortschritte verbuchte der hochwertige Reisezugdienst, in dem die Bundesbahn bald schon wieder Anschluss an die Weltspitze fand. Dafür stehen neben dem blauen F-Zug-System die Mitwirkung beim internationalen Spitzenangebot „Trans-Europ-Express" (TEE, ab 1957), die planmäßige Höchstgeschwindigkeit von 160 km/h ab 1962 (zuerst realisiert mit dem neuen F-Zug „Rheingold") und der Vorstoß zu 200 km/h im Sommer 1965 (während der Verkehrsausstellung in München).
Im Jahr 1953 stellte die Bundesbahn ihre ersten 200 Neubauwagen in Serienausführung in Dienst. Diesen Wagen mit End- und Mitteleinstiegen folgten zahlreiche Typen für den Schnellzugdienst, sämtlich mit der genormten Länge von 26,4 Metern. Sie wurden Vorbild auch für Lieferungen an ausländische Bahnen. 1959 folgte das erste Exemplar des „Silberlings", mit dem die 26,4-Meter-Generation auf Minden-Deutz-Drehgestellen den Nahverkehr eroberte. Bis zur kompletten Erneuerung des Wagenparks behalf sich die DB mit dem Umbau alter Fahrzeuge. Auf insgesamt 6.172 Untergestelle von 16 Typen dreiachsiger Länderbahnwagen wurden von 1953 bis 1958 nach Abbau der verrotteten Holzaufbauten neue stählerne Wagenkästen gesetzt. Von 1955 bis 1960 folgten etwa 1.800 vierachsige Umbauwagen. Lange Zeit blieb es ein Geheimnis der Ausbesserungswerke, dass sie gegen Ende der Aktion auf die Sanierung alter

Rechts: DB in den Fünfzigerjahren: Im Ruhrgebiet – hier eine Aufnahme aus Gelsenkirchen – hat die Elektrifizierung eben erst begonnen, die V200 führt elegante blaue F-Züge – und die Kombination Kohle und Stahl ist Basis der Volkswirtschaft.

Manche Vertreterin der modernen Traktion war viel älter als die Masse der Dampfloks! Diese 116 war fast 50 Jahre alt, als sie im München Hbf fotografiert wurde ...

preußischer Fahrgestelle verzichteten und die Wagen komplett neu bauten, was ihnen wegen möglicher Konkurrenz zu den privaten Wagenherstellern eigentlich verboten war. Ein Stück „Demokratie auf der Schiene" repräsentierten die ab 1953 gebauten und zunächst von privaten Reiseveranstaltern bewirtschafteten Liegewagen, die 70 Jahre nach Einführung des „Orient-Express" endlich auch Normalverdienern die halbwegs komfortable Nachtfahrt ermöglichten. Zugleich wurden Holzbänke in Personenwagen immer seltener. Ab 1956 verzichtete die Bundesbahn ganz auf die 3. Klasse; fortan gab es nur noch zwei Reiseklassen, beide gepolstert. Doch der Reiseverkehr auf der Schiene hatte einen übermächtigen Konkurrenten: Allein von 1950 bis 1960 stieg die Zahl der in der Bundesrepublik zugelassenen PKW von 0,5 auf 4,5 Millionen.

Weniger öffentlichkeitswirksam als die neuen Wagen, aber mindestens genau so wichtig waren Maßnahmen im Netz: Fast alle Behelfsbrücken aus der Nachkriegszeit wurden durch dauerhafte Konstruktionen ersetzt – immerhin hatte es bei Kriegsende 3.149 beschädigte oder zerstörte Brücken gegeben. Der Oberbau wurde flächendeckend saniert, wobei man immer öfter lückenlos verschweißte Schienen verwendete und diese vielfach auf Betonschwellen bettete. Der Gleisumbau wurde von strapaziöser Handarbeit auf maschinelle Verfahren umgestellt. Die Indusi wurde auf alle Hauptbahnen erweitert, was die Sicherheit merklich erhöhte. Hinzu kamen die Installation von mehr als 1.000 Gleisbildstellwerken und die radikale Verminderung der Bahnübergänge. Aber trotz aller Maßnahmen hechelte die Bundesbahn dem Straßenverkehr hinterher: Al-

1. Jan. 1968/ 1. Juli 1970
Bei der DB und DR treten neue EDV-gerechte Bezeichnungssysteme für Lokomotiven in Kraft; europaweit systematisierte Wagennummern gelten bereits

3. März 1968
Start der S-Bahn Leipzig

26. September 1971
Die DB ersetzt das F-Zug- durch das zweistündlich vertaktete Intercity-Netz

1971
Die DB führt zur verbalen Kommunikation zwischen Lokpersonal, Zugpersonal und Stellwerken den Zugbahnfunk ein, zuerst auf der Strecke Lübeck – Puttgarden Thyssen-Henschel/BBC bauen die erste dieselelektrische Lok mit Drehstromantrieb

28. Mai 1972
Eröffnung der S-Bahn München im Vorfeld der Olympischen Spiele; Kern des Systems ist die Tunnelstrecke zwischen Hauptbahnhof und Ostbahnhof

25. September 1972
DB und DR schließen ein Eisenbahngrenzabkommen

10. August 1973
Baubeginn an der Neubaustrecke Hannover – Würzburg für Hochgeschwindigkeitsverkehr

13. September 1973
103 118 erzielt mit 252,9 km/h einen neuen Rekord für deutsche Schienenfahrzeuge

25. Oktober 1976
Die DR führt die Städteexpress-Züge ein

26. Oktober 1977
Ende der Dampftraktion bei der Bundesbahn; fortan gilt ein Dampflokverbot für DB-Strecken

27. Mai 1979
Die DB startet das zweiklassige Intercity-System „IC 79" nach dem Motto „ jede Klasse, jede Stunde"

1979
Die DB erhält fünf Prototypen der Elektrolok-Reihe 120 mit der neuen Drehstrom-Technologie

... während die wichtigste Dampflok-Gattung der DB, die Baureihe 50, erst 1939–1942 gebaut worden war. 1961 liefen noch 2.139 Exemplare, am 21. Februar 1977 wurde die letzte abgestellt.

Schon wieder „moderne DB" um 1970 in Bingerbrück – und doch ist 40 Jahre später alles anders. Anstelle des F-Zuges am Rhein fährt der ICE auf der Neubaustrecke Frankfurt–Köln, und der Rangierbahnhof ist ein Brachfeld.

lein von 1960 bis 1970 verlängerte der Bund sein Autobahnnetz von 2.551 auf 4.110 Kilometer, sank der Anteil der Schiene am Personenverkehr, gerechnet in Personenkilometern, von 16,6 auf 7,8 % und im Güterfernverkehr von 38,3 auf 33,2 %. Bis 1980 verlängerten sich das Autobahnnetz auf 7.292 km und das gesamte Straßennetz um fast 50.000 km auf 479.492 km, während das Eisenbahnnetz Jahr für Jahr schrumpfte. Von 1970 bis 1980 ging der Güterverkehr der DB von 75,3 auf 69,9 Mrd. tkm zurück.

Defensive im Güterverkehr

Um der starken Konkurrenz durch den Straßengüterverkehr zu begegnen, beschritt die DB viele Wege. Die vor dem Zweiten Weltkrieg begonnene Entwicklung des Verkehrs mit Behältern,

Oben: Der Trans-Europ-Express, sensationelles Reiseangebot des Jahres 1957 über nationale Grenzen hinweg, erlebte nur eine kurze Glanzzeit. Auf immer längeren elektrifizierten Strecken mit Diesel zu fahren, war unwirtschaftlich. Die Konkurrenz des Flugzeugs war gerade im first-class-Bereich groß. Doch der deutsche VT 11 war der solideste und komfortabelste Dieselschnelltriebzug Europas. Als MEDIOLANUM aus Mailand trifft er hier alsbald in München ein.

die mit wenigen Handgriffen zwischen Eisenbahnwagen und LKW umzuladen waren, wurde zügig fortgesetzt. Das „Haus-zu-Haus“-System wurde zum Vorläufer des weltweiten Containerverkehrs. 1954 begann die Bundesbahn mit dem „Huckepack“-Verkehr, bei dem LKW und Anhänger auf niederflurigen Eisenbahnwagen befördert wurden. Im Fahrzeugpark für den Güterverkehr sank der Anteil der klassischen „O-Wagen“ für Kohle, Rundholz und Zuckerrüben allmählich ab. Spezialgüterwagen bildeten eine immer größere Gruppe im Wagenpark; zu ihnen zählten die Doppeldecker für den Transport fabrikneuer Automobile, die Schiebedach- und Schiebewandwagen, die Behältertragwagen und die Kesselwagen für verschiedene Treibstoffe und Chemikalien. Doch erneut wiederholte sich das Spiel von Hase (Bahn) und Igel (Straße): Von 1948 bis 1960 stieg die Zahl der LKW von 266.000 auf knapp 700.000.

September 1980

Die DDR nimmt einen Streik der Reichsbahner in Berlin (West) zum Anlass für die weitgehende Stilllegung des dortigen maroden S-Bahn-Netzes. Am 8.1. 1984 wird die BVG den Betrieb übernehmen und allmählich wieder erweitern.

17. Oktober 1980

Die 120 001 erreicht bei Versuchsfahrten zwischen Augsburg und Donauwörth 265 km/h.

Die „privaten" Eisenbahnen

Neben der DB gab es aber noch weitere Bahngesellschaften, die „Nichtbundeseigenen Eisenbahnen". Ihre Bandbreite war groß und bot den wenigen reisenden Eisenbahnfreunden viele Überraschungen. Da bestanden ausgedehnte Regionalnetze wie bei den Westfälischen Landeseisenbahnen und den Osthannoverschen Eisenbahnen; es fanden sich leistungsfähige elektrische Vorortbahnen wie die Köln-Bonner Eisenbahn und die Oberrheinische Eisenbahn-Gesellschaft und vielerorts auch noch kurze Stichbahnen verschiedenster Spur und Traktion. Meist aus Kleinbahnunternehmen hervorgegangen und nun mehrheitlich im Eigentum kommunaler Gebietskörperschaften, hatten die „Privatbahnen" mit den Problemen des Schienenverkehrs in der Fläche ganz besonders zu kämpfen. Obwohl sie es bei ihrer Modernisierung nicht an Tempo und Originalität fehlen ließen, hatten die meisten Betriebe gegen Bus, Lkw und Pkw keine Chance. Letztlich überlebten nur Bahnen, die in den Nahverkehr von Ballungsräumen integriert werden konnten – oder die im Frachtverkehr eine großindustrielle Kundschaft mit hohem Güterwagenaufkommen besaßen.

Produktion für die Eisenbahn

Einen raschen Wandel erlebte von den 1940er- zu den 50er-Jahren die Fahrzeug- und Zulieferindustrie. In der ersten Nachkriegszeit (und weiterhin in der DDR) konnten die Firmen nicht ausreichend Stahl, Kupfer und Rotguss für die Aufträge ihrer Kunden heranschaffen. Der Kunde fand sich in der Rolle des Bittstellers. Mit der Währungsreform ging diese Rolle schlagartig an die Produzenten über. Sie mussten nun um Aufträge werben, die unter den Vorzeichen des knappen Geldes stets hinter ihren Wünschen zurückblieben.

Zu den wirtschaftspolitischen Fesseln der Bundesbahn gehörten immer auch ihre industriepolitischen Pflichten. Dampfloks kaufte sie nicht nur, weil sie damit fahren wollte, sondern auch, weil Maschinenfabriken wie Jung und Esslingen Aufträge brauchten. Die Fertigung jeder großen Fahrzeugreihe musste auf mehrere Hersteller verteilt werden. Dabei durfte man natürlich weder Berlin noch das Zonenrandgebiet „vergessen".

Technologisch war die Zusammenarbeit zwischen Industrie und Bahn fruchtbar. Von deutschen Firmen gebaut und vom Bundesbahn-Zentralamt Minden oder München getestet, hatten westdeutsche Loks und Wagen unsichtbare Gütesiegel für alle Welt. Glücklose Prototypen wurden von Privat- oder Werksbahnen übernommen, die auch selbst manchen Betriebsversuch in die Wege leiteten.

1985

Zur Feier „150 Jahre deutsche Eisenbahnen" setzt die DB erstmals seit 1977 wieder Dampflokomotiven ein.
Bei der Ausstellung in Nürnberg wird der „Intercity-Experimental" (ICE) als Prototyp eines neuen Hochgeschwindigkeitstriebzuges vorgestellt.

Die meisten automobilen Konkurrenten legten ihren ersten Weg auf der Schiene zurück, so hier 1958 die in vielen Farben glänzenden „Goggomobile", die zu den Wegbereitern der Massenmotorisierung zählen – ebenso die VW-Transporter (links unten), die den ländlichen Kleingüterverkehr von der Schiene auf die Straße verlagerten.

Um bessere Verkehrsangebote für den ländlichen Raum zu schaffen, ging die DB mit vielen Bussen auf die Straße. Auf dem Vorplatz des Starnberger Flügelbahnhofs zu München dominieren schwere Fahrzeugtypen; der Leichtbau ist noch Zukunft.

31. Mai 1987

Der zweiklassige Eurocity ersetzt den TEE; auch der traditionsreiche „Rheingold“ entfällt.

1. Mai 1988

Der ICE erreicht auf der Neubaustrecke Fulda – Würzburg 406,9 km/h; dieser Weltrekord für Schienenfahrzeuge wird vom französischen TGV bald überboten.

29. Mai 1988

Inbetriebnahme der Neubaustrecke Fulda – Würzburg, erste neue Fernbahn in Deutschland seit dem Ersten Weltkrieg.

25. September 1988

Im Rahmen der Umstellung des Reisezugangebots auf Taktverkehr startet die DB das InterRegio-Netz; der D-Zug wird selten.

29. November 1988

Die DB nimmt in Murnau das erste elektronische Stellwerk in Betrieb.

26. September 1989

Krauss-Maffei stellt den ersten Triebkopf des Serien-ICE („InterCityExpress“) vor.

„Jede Stunde, jede Klasse“ war das Motto des Systems IC 79. Die Züge in Rot-Beige und Blau-Beige stellten den DB-Fernverkehr auf eine neue Basis – und brachten endlich wieder Geld in die gebeutelten Kassen. Damit den auf der Basis von Arbeiter- und Schülermonatskarten betriebenen Nahverkehr finanziell zu sanieren, blieb freilich Illusion.
Wichtigste Lokomotive des IC war die 103. Die doppelte Forderung, vor schweren Zügen sowohl im Flachland mit 200 km/h als auch im Mittelgebirge mit bis zu 160 km/h zu fahren, begrenzte freilich die Lebensdauer der 145 Maschinen.

Idylle im „strukturschwachen Raum“: Anfang der 70er-Jahre fuhr in Ostbayern noch so manche Dampflok wie hier im Juli 1971 die 064 448 auf der Strecke Weiden–Eslarn. Am 31. Dezember 1969 besaß die DB noch 1865 Dampflokomotiven der Baureihen 001, 003, 011, 012, 023, 038, 041, 042, 043, 044, 050–053, 055, 057, 064, 065, 078, 082, 086, 094 und 098. Im Oktober 1977 stellte sie die letzte Dampflok ab.

Deutsche Bundesbahn zwischen Autoseligkeit und ökologischem Aufbruch

Die Ära Defizit

Keine Technologie bleibt ewig ohne Konkurrenz. Manche Technik passt sich an, manche feiert Erfolge in speziellen Segmenten, manche stirbt aus. Der Vergleich mit der von Darwin entdeckten Evolution des Lebens drängt sich auf. So genial die auf Räder gesetzte Dampfmaschine war, so sehr wirkte sie als Anreiz zur noch genialeren Alternative. Sollte es nicht gelingen, mit verfeinerten Brennstoffen die Umsetzung von chemischer Energie in Wärme und den Aufbau von Druck in den Zylinder einer Maschine selbst zu verlegen und damit auf sowohl auf den Brennraum Feuerbüchse als auch auf den Druckbehälter mit Wasser und Dampf zu verzichten? Ende des 19. Jahrhunderts war der mit gasförmigen Brennstoffen arbeitende Explosionsmotor serienreif. Er war leichter und kleiner zu bauen, er war damals zwar noch nicht in Sekunden, so doch in Minuten auf volle Leistung zu bringen – und konnte genau für jene Straßenfahrzeuge genutzt werden, auf denen zu Beginn des Eisenbahnzeitalters die Dampfmaschine als zu schwer und träge versagt hatte.

Im Ersten Weltkrieg war das Auto vom Spielzeug und Sportgerät reicher Leute zum alltagstauglichen Verkehrsmittel für Personen und Lasten geworden. Zahllose Soldaten hatten Routine in Bedienung und Reparatur von Kraftwagen erworben; viele Fabriken und Reparaturwerkstätten hatten sich durch die Arbeit an Maschinengewehren und Granaten zu jener Präzision emporgearbeitet, mit der ein Benzol-, Benzin- und Dieselmotor gebaut und gepflegt sein will.

In den USA brach die dadurch möglich gewordene Welle individueller Motorisierung bereits in den 1920er-Jahren los. Schon schwand die Monopolstellung der Eisenbahn. Auf einem Kontinent ohne ausreichende eigene Ölvorkommen verzögerten Kriegsfolgen, Wirtschaftskrisen, der nächste Weltkrieg und staatliche Zwangsverwaltung diese Entwicklung um eine ganze Genera-

Als die DB noch kein Geld für externe Berater ausgab, bewies sie im Design die glücklichste Hand. Sattes Grün für Personenwagen zweiter Klasse, aristokratisches Blau für die erste Klasse: das war jedenfalls plausibler und informativer als das „Ozeanblau-Beige" der 1970er-Jahre.

Die individuelle Motorisierung, mit Mopeds, Kabinenrollern und hier dem legendären Volkswagen so beschaulich beginnend, wurde zum kaum mehr beherrschbaren Problem für Städtebau und Landschaftsbewahrung, für Energiepolitik und Luftreinhaltung. Paradox genug zwang gerade der Autoverkehr zu der Einsicht: Die Eisenbahn ist unverzichtbar!

U-Bahn, S-Bahn, Stadtschnellbahn, Straßenbahn: Bis 1960 ließ man ihnen nur ein schwindendes Marktsegment für noch nicht motorisierte Rentner. Wenig später erkannte man sie als unverzichtbar für die Rettung urbaner Lebensqualität. Im Bild die soeben eröffnete S-Bahn München 1972 bei der ersten Bewährungsprobe durch die Olympischen Spiele. Prognostiziert hatte man für das System eine werktägliche Auslastung mit 220.000 Personen. Tatsächlich unterwegs waren 1973 pro Werktag 430.000 Fahrgäste und 2003 nicht weniger als 720.000!

tion, in Osteuropa und Ostdeutschland sogar um zwei Generationen.

Wirtschaftswunder und Autowunder

Um so schneller brachen die Dämme, als in Westdeutschland ab der Währungsreform 1948 die Teilnahme mit hartem Geld an einem freien Weltmarkt mit immer noch billigem Erdöl absehbar wurde und als die USA wichtigster Bündnispartner wurden – ein Land, in dem nicht nur das Autofahren längst zum Lebensstil gehörte, sondern das mit genau jener motorisierten Kriegführung gesiegt hatte, die Hitler nicht hatte durchhalten können. Wir mögen heute staunen und spotten über die Autoseligkeit der fünfziger und sechziger Jahre. Wenn unsere Großväter damals außer dem Hunger und den großen politischen Phrasen irgendetwas nicht mehr ertragen wollten, dann die Ellbogen des Nachbarn auf den Holzbänken von Baracken, Straßenbahnen, Wartesälen und Eisenbahnwagen. Man mag von intellektueller Warte Freiheit definieren als das Recht zur politischen, religiösen und künstlerischen Äußerung und Handlung. Der frisch gebackene Bürger der jungen Bundesrepublik verstand unter Freiheit ohne jede Ironie die Möglichkeit, ohne Schlangestehen an einem Schalter, ohne Grübelei über einem Kursbuch und ohne Wartezeit auf einem zugigen Bahnsteig einfach losfahren zu können, und sei es auch mit einem noch so altersschwachen oder kleinen Auto auf teilweise durchaus noch abenteuerlichen Straßen. Der Bürger der genauso jungen DDR hatte genau dieselben Sehnsüchte, musste ihre Verwirklichung jedoch um Jahre und Jahrzehnte aufschieben.

Auch der Güterverkehr drängte zur motorisierten Lieferung bis ins letzte Dorf. Man macht es sich zu einfach, wenn man den rasanten Zuwachs im Straßengüterverkehr ganz einfach einer mangelnden verkehrspolitischen Weichenstellung zuschreibt. Nach Jahrzehnten unter den Vorzeichen von Krieg, Krise, Mangel und Diktatur blühte endlich die Friedenswirtschaft auf, und das bedeutete die uferlose Diversifikation der Produkte. Ein Grundangebot von Mehl, Kartoffeln, gelben Rüben, Milch und eingelegten Heringen hatte man getrost am Güterbahnhof ausladen können; die unendliche Vielfalt raffinierter Lebensmittel, Haushaltsgerätschaften, Möbel und Modeartikel, Spielwaren und Freizeitprodukten verlangte nach feinerer Verteilung.

Unter all diesen Vorzeichen geriet die Eisenbahn in die Verteidigung eines immer noch riesigen, aber letztlich doch im Rückzug befindlichen Marktes der Reste. *Noch* fuhren Schüler und Rentner mit dem Zug, *noch* musste Kohle als wichtigster Energieträger zu jedem Ofen gebracht werden, *noch* waren das Autobahnnetz zu lücken- und das Bundesstraßennetz zu mangelhaft für die komfortable Fahrt mit dem Geschäftswagen und für den schweren Lastzug, *noch* konnte sich längst nicht jeder ein Auto leisten. Zu viele „*nochs*"! Die Tendenz sprach gegen die Bahn.

Die Politik der fünfziger Jahre agierte widersprüchlich. Verbal galt der Eisenbahn (und dies waren außer der DB auch die besonders bedrängten privaten Träger) als wichtige Dienerin des Gemeinwohls jede Solidarität. In der Praxis hatte die Straße Vorrang, und zwar im Einklang mit dem Wählerwillen. Vor etwa 1970 gab es keine Bürgerinitiative gegen irgendeine neue Betonpiste, kämpfte ganz im Gegenteil jeder Abgeordnete verbissen für neue Autobahnabschnitte und Umgehungsstraßen in seinem Wahlkreis, standen Landräte sowie Bürgermeister an der Spitze jener Bittprozessionen, die bei Bahndirektion und Verkehrsministerium um Erlösung von der lauten und qualmenden Schmalspurbahn und vom gefährlichen Bahnübergang flehten und jede Hilfe für die Einrichtung einer modernen Busverbindung zu-

Am Beginn unseres Überblicks „175 Jahre" war sehr viel über die Kohle zu schreiben. Der Niedergang dieses Energieträgers raubte der Eisenbahn ihr wichtigstes Geschäft im Güterverkehr; mit dem Aufstieg der Ölwirtschaft begann die unmittelbare Konkurrenz auf dem Verkehrsmarkt. Das Bild von der Zeche Konstantin in Bochum kündet zwar nicht vom „blauen Himmel an der Ruhr", aber doch von einer noch unangefochtenen Bedeutung der Eisenbahn.

sicherten. Die Wissenschaft half der Bahn nur mit leiser Stimme. War man im Vorbildland USA nicht auf dem besten Wege zu einem funktionierenden Verkehrssystem ohne Schienenwege? Bis etwa 1960 blieb die Zukunft der Eisenbahn insgesamt umstritten.

Die Entdeckung des Staus

Der Umschwung begann in den sechziger Jahren. Millionen Familien hatten sich an den Rändern der Großstädte und in den Umlandgemeinden angesiedelt. Die Autos der Berufspendler stauten sich jeden Morgen und jeden Nachmittag. Auch alle Hemmungslosigkeit, mit der Städteplaner bereits Wohnviertel und Grünanlagen für Stadtautobahnen opferten, gewachsene Quartiere im Schatten breiter Brücken verschwinden ließen und Parkhäuser neben Kathedralen klotzten, löste kein Problem. Die Staus wurden jedes Jahr länger. Endlich wurden die ersten Konzepte für die S-Bahn-Netze in den Großräumen München, Frankfurt (Main), Ruhrgebiet und Stuttgart zu Papier gebracht. Dass gleichzeitig Jahr um Jahr viele Nebenbahnen stillgelegt wurden, stand dazu nicht wirklich im Widerspruch. Das politische Bekenntnis zum Vorrang der Schiene wenigstens im Berufspendlerverkehr dicht besiedelter Räume folgte nämlich der Entwicklung der Eisenbahn vom Generalisten zum Spezialanbieter. Jeden einsamen Fahrgast und jeden Sack Kunstdünger in der tiefsten Provinz unbedingt auf der Schiene an eine Haltestelle zu bringen, die von der zugehörigen Ortschaft gar noch einen Kilometer entfernt lag, das war in dem Moment entbehrlich, in dem die bäuerliche Handelsgenossenschaft motorisiert war und die frisch ausgebaute Straße dem roten oder gelben Bus von Bahn oder Post bequeme Fahrt auf den Marktplatz ermöglichte, doch im Ballungsraum erwuchs der Schiene eine neue Zukunft. Ab Ende der 60er Jahre wurden S-Bahnen, U-Bahnen und Stadtschnellbahnen gebaut.

Politischer Handlungsbedarf staute sich immer mehr auf, weil die von der automobilen Konkurrenz und bald auch von Flugzeug bedrängte Bahn für Staat und Steuerzahler immer teurer wurde. Sie sollte ja auch allzu viele Forderungen und Wünsche erfüllen. Reparatur der Kriegsschäden aus eigener Kraft. Bedienung strukturschwacher Gebiete. Arbeitsbeschaffung für die Industrie durch Bestellung nicht mehr wirklich benötigter Dampflokomotiven. Aufträge nach West-Berlin. Freudige Aufnahme jedes aus der „Sowjetzone" geflüchteten Eisenbahners. Sondertarife für kinderreiche Familien. Den Fortbestand der umsteigefreien Eilzugverbindung vom eigenen Wahlkreis in die Landeshauptstadt. Die Beseitigung des ewig geschlossenen Bahnübergangs in der Kreisstadt. Den nur ganz gemächlich-sozialverträglichen Abbau eines Personalüberhanges, der nach Schließung eines Werkes verblieben war. Den Fortbestand möglichst jeden Arbeitsplatzes im Zonenrandgebiet ...

Und alle Jahre wieder genügten Fahrpreis- und Frachteinnahmen nicht, forderten die Medien Besserung, diskutierten Regierungskommissionen folgenlos strukturelle Änderungen, versprach die Bahn selbst Abhilfe durch noch entschlossenere Rationalisierung. „Gesundschrumpfung" wurde zum Zauberwort. Weniger Bahn: das sollte auch die bessere, die effektivere, die endlich rentable Bahn sein. Doch der Erfolg mochte sich nicht einstellen, auch wenn die Reduzierung des Netzes von dürrsten provinziellen Ästen nun allmählich ans Eingemachte ging, wenn man wichtigen Orten und großen Fabriken den Gleisanschluss nahm.

Neue Forderungskataloge: Ökologie

1973 stieß die Autoeuphorie an schmerzliche Grenzen. Die sprunghafte Ölpreiserhöhung infolge eines Krieges im Nahen Osten führte der Öffentlichkeit die Abhängigkeit von einem ausländischen Rohstoff vor Augen. Seit jenem Jahr sind „Energie" und „Energiepreis" feste Begriffe in deutscher Politik und Wirtschaft. Fast gleichzeitig konnten alarmierende Befunde und Prognosen der Wissenschaft über den Zustand von Luft und Wasser nicht mehr verdrängt werden. Blei in der Nahrung, vergiftete Atmosphäre, Ölfilme auf den Flüssen, Lärmschäden als Volkserkrankung, verätzte Fassaden und Risse in historischer Bausubstanz: die Beschwerden nahmen kein Ende; und für vieles war eindeutig der Autoverkehr verantwortlich. Der Baubeginn für neue Fernbahnen fällt in diese Zeit. Ein Hochgeschwindigkeitsnetz sollte Konkurrenzfähigkeit im Personenverkehr und neue Kapazität für Güterverkehr schaffen. Die Bundespolitik blieb jedoch im Zwiespalt: für die wachsende Fraktion umweltbewusster Wähler und Abgeordneter und erst recht für die 1979 gegründete Partei der „Grünen" konnten gar nicht genug Züge fahren – für den Haushaltspolitiker und den Finanzminister war fast jeder Zug einer zu viel, weil die DB immer noch nicht kostendeckend arbeitete, auch wenn doch nun der so schrecklich unwirtschaftliche Dampfbetrieb, das Kurbeln handbedienten Schranken und der Fahrkartenverkauf im hintersten Dorf des Bayerischen Waldes vorbei waren.

Gute alte Zeit?

Man muss nicht wie heute so oft üblich wohlfeil über die „Beamtenbahn" spotten, um die Situation der siebziger und achtziger Jahre als unbefriedigend zu erkennen. Die Bundesbahn bediente ein Spekrtrum von Marktsegmenten, in dem sich

Unverzichtbar war der Eisenbahn auch in Zeiten der Autoseligkeit für den verbindenden Verkehr im geteilten Deutschland. 03 135 bringt 1966 den D 135 in die DDR, wo sie auch beheimatet ist.

Unterforderung und Überforderung kurios ergänzten. Unterfordert waren ein Personen- und Güterfernverkehr, wenn man sie aus dem Nachweis einzelwirtschaftlicher Rentabilität entließ. Überfordert waren ein auf Zeitkartenbasis betriebener Nahverkehr und ein strukturfördernder Nebenbahnverkehr, wenn man von ihnen eben diese schlechthin nicht zu leistende Kostendeckung verlangte.

Nicht zuletzt die Eisenbahnfreunde waren es, die der DB immer wieder Bestrebungen nachwiesen, auf eigene Faust Wirtschaftlichkeit anzustreben und damit aus der Amtsstube heraus Verkehrspolitik zu betreiben. Vergraulte sie auf der einen oder anderen Nebenbahn absichtlich auch den letzten Reisenden, indem sie jeden Anschlusszug grade eben um 5 Minuten zu früh abfahren ließ? Gewiss doch! Mit welcher Freude auch erkannte der Baudienst gefährliche Anrostungen im Stahlträger einer Nebenbahnbrücke oder Lockerungen in einer Stützmauer! Flugs war die Strecke gesperrt, war der Busverkehr mit einem Fahrplan eingerichtet, der auf der Schiene merkwürdigerweise nie so freundlich darstellbar gewesen war. ●

Ein fast vergessenes Marktsegment der alten DB war auch der Gastarbeiterverkehr! D 410 „Hellas-Express“ hat an einem Sommertag in den frühen1980er-Jahren seinen langen Laufweg Dortmund – Athen gerade erst begonnen. Die Reise wird zwei Tage und zwei Nächte dauern. Von Billigflügen auf dem Balkan spricht noch niemand.

Deutsche Reichsbahn in der DDR und in Berlin

Gegenmodell zum Wirtschaftswunder

In den letzten Kriegstagen hatte die US-Armee Thüringen und Sachsen erreicht. Im Juli 1945 zog sie sich gemäß den alliierten Vereinbarungen auf „ihr" Gebiet zurück. Nun war die sowjetisch besetzte Zone, kurz SBZ, komplett. Ihr Eisenbahnnetz bestand vor allem aus den Strecken der DR; dazu kamen mehr als hundert Klein- und Privatbahnen. Abschottung sowohl gegenüber den Westzonen als auch gegenüber den Westsektoren von Berlin als auch gegenüber dem Nachbarn Polen an der neuen Oder-Neiße-Grenze war vom ersten Tage an sowjetische Besatzungs- und dann ostdeutsche Staatspolitik. Nur wenige aktiv bleibende Strecken überwanden die Demarkationslinien.

Am 18. Juli 1945 übernahm eine Generaldirektion der DR in Berlin die zentrale Leitung. Wenige Tage danach ging die Hauptverwaltung Reichsbahn in der Zentralverwaltung für Verkehr auf. Am 5. April 1948 wurde aus der Hauptverwaltung wieder eine Generaldirektion, deren Struktur sich im Laufe der Jahre mehrfach wandelte. Ab 7. Oktober 1949 unterstand sie dem Ministerium für Verkehrswesen (zeitweise Ministerium für Eisenbahnwesen) der DDR. Ihre Zuständigkeit hatte man inzwischen ausgedehnt: 1949/50 hatte sie die Betriebsführung auf fast allen Privat- und Kleinbahnen übernommen.

Die Reichsbahn war der größte Verkehrsträger und mit rund 240.000 Beschäftigten der größte Betrieb der DDR. Sie unterhielt ein Streckennetz von mehr als 14.000 Kilometern Länge und übernahm bis zu 75 Prozent des Binnengüterverkehrs. Auf 7.500 Kilometern Hauptbahnen fuhren vier Fünftel der Züge. Wie im Westen Deutschlands waren die Kriegsschäden enorm. Außer ihrer Beseitigung war als ein letztlich auf mehrere Jahrzehnte angelegtes Bauprojekt die Umgehung der Westsektoren von Berlin zu

Oben und Mitte: Die innerdeutsche Grenze durchschnitt dutzende Eisenbahnstrecken. 1952 sperrte die DDR alle Verbindungen außer wenigen Hauptbahnen, und im Zuge des Ausbaus des eigenen Staates zum Hochsicherheitsgefängnis beseitigte sie auch die hier noch gut erkennbaren Reste einstiger Schienenwege. Nur noch an wenigen Stellen war nach 1989 der „Lückenschluss" notwendig und mit vertretbarem Aufwand realisierbar.

Links: Die Selbstabgrenzung machte nicht nur Sperrung und Abbau nötig, sondern auch aufwendigen Neubau. Der Außenring zur Umgehung Westberlins, dem diese Dammschüttung dient, war eine der teuersten in Deutschland je gebauten Eisenbahnstrecken.

In Zeiten vor Projektor, Videopräsentation und Beamer wurden historische Ereignisse, exotische Dschungel, naturwissenschaftlicher Lehrstoff und gesellschaftspolitische Dogmatik in den Schulen mittels ausrollbarem Wandbild visualisiert. In den Traditionen religiöser Ikonographie wird hier die ideale Harmonie von geordneter Landwirtschaft, emsigem Güter- und Personenverkehr, Jungen Pionieren und treusorgenden Eltern rund um die 74er-Dampflok ausgebreitet.

meistern – ein schwieriges Unterfangen, hatten doch etwa die Berliner Stadtbahn, der Anhalter Bahnhof und der Rangierbahnhof Tempelhof zentrale Funktionen im Streckennetz zwischen Elbe und Oder.

Reparationen versus Wiederaufbau

Trotz erheblicher Materialschwierigkeiten und fehlender Fachkräfte wurden die Brückenbauprogramme erfüllt, die Fertigstellungstermine zum Teil unterboten. Bei Bahnhofs- und Dienstgebäuden reichten die Investitionen dagegen nie aus. Manche Provisorien hielten sich bis in die neunziger Jahre. Den schlimmsten Rückschlag erlebten die Eisenbahner durch die sowjetischen Befehle, Anlagen für Reparationsleistungen abzubauen. Das betraf nicht nur Gleise und ganze Strecken, sondern auch das gesamte System der elektrischen Zugförderung mit Wechselstrom zwischen Probstzella und Magdeburg mit allen Lokomotiven, Triebwagen und ortfesten Maschinen der Stromversorgung. Vieles konnte acht Jahre später teuer zurückgekauft werden. Die Verkehrsnot wuchs, zumal es kaum Lkw und Autobusse gab. Infolge des Gleisabbaus verzögerte sich der Wagenumlauf, verlängerten sich die Fahrzeiten; der Bedarf an Lokomotiven, Wagen, Personal und Kohlen wuchs. Zweigleisig trassierte Strecken mit nur einem Gleis und einem daneben brachliegenden Schotterbett wurden typisch für das Reichsbahnnetz bis in die Achtzigerjahre.

Langsamer als der DB gelang es der DR, den überalterten Fahrzeugpark durch Modernisie-

Ein Bahnbetriebswerk voller Dampflokomotiven: bis Mitte der Sechzigerjahre keine Seltenheit in der DDR. Wichtigstes technisches Detail ist der für Kohlenstaub umgebaute Tender der 58 1415 in der Bildmitte.

Eisenbahn-Alltag in der DDR: Die Dampflok 65 1011 dampft am 31. März 1976 mit dem Nahverkehrszug N 8042 die lange Steigung von Paulinzella den Thüringer Wald hinauf in Richtung Arnstadt. Gut erkennbar ist noch immer die leergeräumte Trasse des von der sowjetischen Besatzungsmacht nach dem Krieg demontierten zweiten Gleises.

5.000 Kilometer Hauptbahnen waren auf ein Gleis rückgebaut worden. Entgegen der Meinung mancher ihrer Freunde und Gegner muss die Dampflokomotive übrigens nicht auf jedem Kilometer ihres Laufweges den Himmel verfinstern. Geeignete Brennstoffe, gute Pflege der Lok und professionelle Heiztechnik erlauben einen weithin rauchfreien Betrieb.

22
8

Oben: Sieben Jahre nach der V 200 baute die „volkseigene" Industrie erstmals die ähnlich konzipierte V 180. Die Serienausführung erhielt ein strengeres Gesicht mit nur zwei Frontfenstern.

Oben links: Wie in so vielen Bereichen arbeitete die DDR auch bei ihrem internationalen Schnellverkehr auf dem schmalen Grat zwischen Leistung und Provokation. Leistung, weil sie zwischen den Fährhäfen an der Ostsee im Norden, Berlin in der Mitte und Prag, Wien und Budapest im Süden komfortable Züge anbot. Provokation, weil eigene Staatsbürger nicht nach Skandinavien, Berlin Zoo und Österreich fahren durften.

Links: Die DB und westeuropäische Bahnverwaltungen gründeten einen gemeinsamen Güterwagen-Pool EUROP, die DR und ihre östlichen Nachbarn das Gegenstück OPW. Ein offener Wagen erhält mittels Schablone die entsprechende Aufschrift.

Ölpreisschock, der die DDR in die Systemkrise stürzte. Und wieder forderte die hohe Politik riesige Sonderinvestitionen. Polen war ein Unsicherheitsfaktor im Bündnissystem geworden. Die Sowjetunion wünschte eine leistungsfähige Verbindung zu ihrem Musterschüler in Mitteleuropa ohne Berührung der Heimat des seit 1978 amtierenden Papstes und der seit 1980 aktiven ersten Gewerkschaftsbewegung Osteuropas. Daher begann 1980 auf der Insel Rügen der Bau eines weiteren leistungsfähigen Hafens und eines Fährbahnhofs mit Spurwechselanlage in Mukran. Er wurde am 2. Oktober 1986 eröffnet. Das Ziel, jährlich 5,3 Millionen Nettotonnen mit sechs Fährschiffen nach bzw. von Klaipeda (Memel) in der Litauischen Sowjetrepublik zu transportieren, wurde jedoch nicht erreicht. Ironie der Geschichte: ihre historische Rolle für den sowjetischen Militärverkehr erlangte die neue Verbindung nach 1990 beim Rückzug der russischen Besatzungstruppen aus Deutschland.

Eisenbahnland DDR

Länger als im Westen blieb die Reichsbahn für Lebenswelt und Alltag unersetzlich. Wo die Versorgung der Bevölkerung mit Autos über die Zwangsbewirtschaftung der Nachkriegszeit und das Straßennetz gar über die Vorkriegssubstanz nie hinauskamen, fuhren Berufspendler mit dem Doppelstockzug zur Arbeit, Studenten mit dem Eilzug in die Universitätsstädte, Urlauber mit dem Nachtschnellzug an die Ostsee oder mit dem „Tourex" nach Bulgarien und die Soldaten der aufgeblähten Volksarmee mit überfüllten D-Zügen in die Kasernen – nicht zu vergessen den Interzonenverkehr: Reisefreiheit nach Westen gewährte die Diktatur nur den Rentnern, an deren

Oben: Als die DB jede Entwicklungsarbeit an der Dampflokomotive längst eingestellt hatte, feierte die „Rekonstruktion“ vorhandener Maschinen durch die DR immer noch weitere Erfolge. Die 35 erst in den Sechzigerjahren aus alten 01ern weitgehend neu erstellten 01^5 gehörten unzweifelhaft zur europäischen Dampflokelite.

Unten: So wie DB und westdeutsche Industrie ihre V 200 „teilten“ auch die ostdeutschen Kollegen ihre V 180 antriebstechnisch zu einer V 100 für Nebenbahnen. Die Lackierung der Baumusterloks musste dem üblichen Dieselrot weichen.

10. November 1989

Das vom Volk bedrängte SED-Regime hat die Grenzen geöffnet. Ein beispielloser Ansturm auf die Interzonen-Züge und die Berliner S-Bahn stellt die beiden deutschen Bahnverwaltungen vor ungeahnte Herausforderungen, an Grenzübergängen für Güterverkehr werden auch Personenzüge eingesetzt, Lokomotiven und Wagen fahren bis weit ins Netz der jeweils anderen Seite.

27. Mai 1990

Erste innerdeutsche IC-Verbindung Frankfurt (M) – Leipzig; erster offizieller Lückenschluss Eichenberg – Arenshausen auf einer zwischen 1945 und 1961 unterbrochenen Verbindung.

1. Juli 1990

Mit dem Wegfall der innerdeutschen Grenzkontrollen wird der durchgehende S-Bahn-Verkehr auf der Berliner Stadtbahn wieder eröffnet.

2. Juni 1991

Start des planmäßigen ICE-Verkehrs; die DR übernimmt die Zuggattungen der DB; erstes gesamtdeutsches Kursbuch seit Kriegsende.

Rückkehr vom „Klassenfeind“ ökonomisch kein Interesse bestand. Und die Renten der DDR genügten am allerwenigsten für private Motorisierung. Aber auch unter den Besuchern in der Gegenrichtung überwogen ältere Semester, die noch von Verwandtschafts- und Freundschaftsverhältnissen aus alten Zeiten zehrten. Bis in die 1970er-Jahre untersagte ihnen die DDR die Einreise per Auto; und danach hatte auch nicht jeder das Fahrzeug und den sportlichen Ehrgeiz für eine Fahrt auf deren Straßen. Eine stets große betriebliche Leistung der DR war auch die Meisterung des scharf kontrollierten Transitverkehrs von Westdeutschland nach West-Berlin. Die 35 Exemplare der in Fachkreisen unvergessenen Schnellzugdampflok 01^5, Spitzenprodukt der unter „Rekonstruktion“ zusammengefassten Maßnahmen, bedienten größtenteils diesen Verkehr, führten also Züge, die für DDR-Bewohner gesperrt waren.

Die Deutsche Reichsbahn konnte sich ihrer Verkehrsleistungen rühmen, nicht aber hoher Geschwindigkeiten. Während Japan, Frankreich und die „BRD“ in Richtung 160, 200 und 250 km/h ausgriffen, war die Wissenschaft der DDR mit der gewünschten Erkenntnis zur Stelle, in dem kleinen Land sei eine Steigerung über 120 km/h hinaus nicht erforderlich. Die rückständige Sicherungstechnik, der Zustand der Gleisanlagen, die extreme Auslastung des Netzes und das technische Niveau des Fahrzeugparks erzwangen auf

vielen Strecken noch viel niedrigere Grenzen. Ab 1980 machten sich insbesondere die Alkalischäden des Oberbaus bemerkbar. Die fehlerhaft hergestellten Betonschwellen zerbröselten. Langsamfahrstellen und die Notwendigkeit sofortiger Auswechslung der geschädigten Schwellen ließen planmäßige und vorbeugende Instandhaltung zur Illusion werden. Wie in so vielen Bereichen der Volkswirtschaft fiel man hinter einen in den sechziger Jahren erreichten Zustand zurück. Wie stolz war man auf die „Zentrale Oberbau-Erneuerung" (ZOE) gewesen, mit der man die notdürftige Erhaltung in die planmäßige Pflege hatte überleiten wollen. Und nun improvisierte man wieder von Monat zu Monat und von Kilometer zu Kilometer.

Oben: Spruchweisheiten anstelle politischer Diskussion blieben der spätstalinistischen Ersatzreligion unverzichtbar. Zum 1. Mai 1975 und gleichzeitig zur 30. Wiederkehr des Kriegsendes wird der Bahnhof Radebeul Ost beschildert.

Unten: Ein „Trabi" lässt im Mai 1990 die Diesellok 110 867-9 am unbeschrankten Bahnübergang in Welfesholz an der Strecke Gerbstedt-Heiligenthal passieren.

Letzte Blüte der DR – und zwiespältige Erinnerung

Ende 1989 wuchs die Belastung der DR noch einmal schlagartig. Die Öffnung der Mauer und die Gewährung der Reisefreiheit ab 9. November 1989 löste eine beispiellose Reisewelle aus. Bereits am Wochenende 11./12. November brachen zwei Millionen DDR-Bürger nach Berlin auf, eine Million fuhr über die Grenze in die Bundesrepublik Deutschland. Das Verkehrswesen der DDR stand vor einem Kollaps. In der letzten Novemberwoche setzte die Deutsche Reichsbahn hunderte Entlastungszüge ein und vereinbarte mit der Deutschen Bundesbahn täglich 24 zusätzliche

Reisezüge. Alsbald gingen die Improvisationen in die Öffnung zusätzlicher Grenzübergänge und in spontane Vereinbarungen über Triebfahrzeugeinsätze bis weit jenseits der alten Grenze über. Schon 1990 wurde an den Grenzen in Deutschland und Berlin wieder gebaut – und zwar nicht mehr Mauern, Zäune und Wachtürme, sondern neue Schienen.

Doch wenig später ging es mit dem Eisenbahngüterverkehr rapide bergab. Bereits in den ersten fünf Monaten des Jahres 1990 transportierte die Reichsbahn 17,7 Millionen Tonnen Güter weniger als im Vergleichszeitraum 1989. Insbesondere der Kohlentransport ging wegen der Umstellung der Kraftwerke auf Erdgas zurück. Konsumgüter wurden jetzt mit dem Lkw transportiert, die Militärtransporte und die makabren Massentransporte von Betonelementen nach Berlin entfielen. Eine Zäsur bedeutete die Einführung der Wirtschafts- und Währungsunion zum 1. Juli 1990; nun galt in der DDR die D-Mark, der Markt in Osteuropa brach weg. Der Transportbedarf schrumpfte und wurde verstärkt auf die Straße verlegt, umso mehr, als die DR die Gütertarife erhöhte. Im privaten Reiseverkehr holten die frischgebackenen DM-Besitzer nun all jene Autoseligkeit nach, die ihnen ein politisches Zwangs- und wirtschaftliches Mangelsystem vier Jahrzehnte verweigert hatte.

Mit der Bahnreform endete zum 31. Dezember 1993 die Eigenständigkeit der „Deutschen Reichsbahn". Spott über ihre Bediensteten ist genauso unangebracht wie über die ach so verstaubte Beamtenbahn des Westens. Die DR arbeitete mit einem gut ausgebildeten Fachpersonal und erbrachte unter den nicht von ihr selbst zu verantwortenden Bedingungen staunenswerte Leistungen. Dem Eisenbahnfreund zumal aus dem Westen war sie sympathisch, weil sie in ihrer Selbstdarstellung auf die Peinlichkeiten der DB verzichtete, die schon in den 1970er Jahren ein „Image" als Beinahe-Fluggesellschaft anstrebte. Die Herkunft des von 1954 bis 1970 amtierenden Verkehrsministers Erwin Kramer musste anheimelnd wirken: Sein Großvater hatte vier Söhne und vier Töchter gehabt. Alle Söhne waren Lokführer geworden; alle Töchter hatten Lokführer geheiratet! Aber der dadurch genetisch zum Eisenbahner veranlagte anerkannte Fachmann war doch auch ein anpassungsbereiter stalinistischer Funktionär gewesen, der beispielsweise den gewaltsamen Tod und das anschließende jahrzehntelange Verschweigen seines kurz nach der Verhaftung gestorbenen Vorgängers Kreikemeyer stets gedeckt hatte. So darf denn der freundliche Blick auf eine bis zuletzt auch mit den geliebten Dampflokomotiven fahrende Deutsche Reichsbahn nicht das klare Urteil über den Staat trüben, in dem und für den sie fuhr. Die Breite und Systematik der Menschenrechtsverletzungen durch das SED-Regime werden durch eine schöne Schnellfahrlokomotive 18 201 genauso wenig relativiert wie durch sonnige Erinnerungen an liebenswerte Schmalspurbahnen. Den Reichsbahnern, die unter dem Unrechtsstaat nicht weniger zu leiden hatten als ihre Mitbürger, täte man mit einer solchen Relativierung keinen Gefallen.

Letzte Stufe sowjetischer Diesellokentwicklung für die DDR war die Typenreihe 130/131/132. Letztgenannte, hier vor einem Schnellzug in Thüringen abgelichtet, ist auch bei der DB und manchen privaten Verkehrsanbietern des Jahres 2010 noch ein geschätztes Zugpferd für schweren Güterzugdienst in ganz Deutschland.

Rechts: Umfangreiche Verkehrsbedürfnisse der im Lande stationierten sowjetischen Truppen und alljährliche breit angelegte Manöver bedingten einen weit höheren Aufwand der DR für den Militärverkehr als ihn vergleichsweise die DB erbringen musste. Der Mut des Volkes und die späte Einsichtsfähigkeit des Regimes sorgten dafür, dass das riesige Waffenarsenal nicht zur Aufrechterhaltung von Teilung und Diktatur eingesetzt wurde. Die Dankbarkeit dafür hat größeres Gewicht als die Beschwerde über manche Schieflage im vereinigten Deutschland.

Vom Defizit zur Bahnreform

Umstrittene Verkehrspolitik im vereinten Deutschland

Die moderne Gesellschaft braucht die Eisenbahn. Diese Erkenntnis ließ den Mut zu politischen Weichenstellungen wachsen. Schon die „alte“ DB blieb nicht untätig. Mit der deutschen Vereinigung wurde riesiger Handlungsbedarf unabweisbar. Die „neue“ Bahn von 1994, so ganz schlecht nicht konzipiert, wurde sogleich Opfer der Generation Unternehmensberatung. Das System Mehdorn provozierte die Öffentlichkeit und bewies das Versagen von Verkehrsministern. Privatisierung und Börsengang wurden zu Hassparolen. Erfolge werden kaum mehr wahrgenommen zwischen den Fronten im Glaubenskrieg, hier der Versuch von Bilanz und Ausblick.

Verwaltungszentrum und Verkehrsmittelpunkt der neuen DB ist Berlin. Zwei Jahrzehnte nach dem Fall der Mauer befährt sie in der Hauptstadt ein Fern- und Nahverkehrsnetz, von dem zwischen 1945 und 1989 niemand träumen konnte. Die Investitionen werden auch über die vom System Mehdorn verschuldeten Sicherheitsmängel der S-Bahn hinaus ihren Wert behalten. Im Bild der ICE im Hauptbahnhof, Symbol deutscher Einheit und moderner Technik.

Alte Bahn ganz neu

1986 begann in Bundesverkehrsministerium und DB-Hauptverwaltung planerisches Denken über einen Zug und eine Fahrbahnperiode hinaus. Wollte man dem wachsenden ökologischen Verantwortungsbewusstsein sogar einer seit 1982 wieder recht wirtschaftshörigen Regierung (Helmut Kohl mit einer Koalition aus Union und FDP hatte Helmut Schmidt mit dem Bündnis SPD und FDP abgelöst) gerecht werden und irgendetwas zur Entlastung des weithin überforderten Straßennetzes tun, auf dem die Geduld auch der treuesten ADAC-Mitglieder überstrapaziert wurde, dann musste man im Schienenverkehr offensiv werden. Angebotsorientierter Taktfahrplan trat im Personenverkehr an die Stelle defensiver Nachfragebeobachtung. Statt wie nun jahrzehntelang geübt eine oftmals kuriose Folge von Reisemöglichkeiten werktags um 5.52 h, um 6.28 h, um 8.17 h, um 11.04 h, um 14.12 h, um 17.59 h und um 19.03 h anzubieten, davon an Sams- und Sonntagen zwei wegfallen zu lassen und auf die Chance zu lauern, wegen mangelnder Auslastung auch am Werktag auf nur noch vier Züge herunterzugehen, wurden die Fahrpläne nun auf eine Bedienung im Ein- oder Zweistundentakt umgestellt, der die Wahrnehmung des frühesten Arbeitsbeginns in der Fabrik und die Rückfahrt nach dem spätesten Ende einer Theatervorstellung garantieren sollte.

So schlecht war sie wohl nicht, die „Bürokratenbahn", wenn sie noch tief in „alter Bundesrepublik" dieses Konzept „DB 90" verwirklichte. Der neuen Botschaft entsprach auch ein neues Design. Das Spitzenangebot des Fernverkehrs „Intercity" trug nun weiß und himbeerrot, die eigenwillig ausgestatteten Wagen des etwas gemächlicheren „Interregio" fielen durch freundliche Blautöne auf, der Nahverkehr brillierte mit dem Grünton eines Schwimmbads und der Sonderfall S-Bahn mit Orange und Gelb. Ob diese Palette nun zwanzig Jahre später noch jedem gefallen würde, mag dahinstehen, Signalwert für neuen Aufbruch hatte sie allemal. Verkehrsministerium und Bahnspitze hatten auch den Mut besessen, geistige Kapazitäten jenseits von Technik, Betriebswirtschaft und Parteipolitik in Anspruch zu nehmen. Karl-Dieter Bodack etwa, der Vater des Interregio, legte stets Wert auf die übergeordneten Dimensionen des Themas „Gesell-

Eine 103 in „Orientrot" vor dem blau-weißen „Interregio" in München Hbf erinnert noch zu Zeiten der DB AG an Innovationen der 1980er-Jahre vor der Privatisierung. Weil man diese vom Publikum bestens angenommene Zuggattung in der Spartentrennung zwischen dem zu eigenständiger Kostendeckung verpflichteten Fernverkehr und dem von den Ländern bestellten Nahverkehr nicht unterzubringen verstand, musste sie abgeschafft werden. Die vom Steuerzahler gekauften Wagen mussten vor dem Ankauf durch die Konkurrenz bewahrt werden – mittels Verschrottung.

Die moderne Drehstromtechnik macht den Bau elektrischer Triebfahrzeuge möglich, die jede Grenze zwischen den vier verschiedenen Stromsystemen europäischer Hauptbahnen überqueren können. Schon ein Klassiker der Zweisystemlok ist vergleichsweise die 181.2 der DB von 1974/75, hier aufgenommen in Koblenz-Güls auf dem Weg nach Luxemburg.

Im September 1989 fuhren die Prager Botschaftsflüchtlinge mit der Deutschen Reichsbahn über Dresden nach Hof in die Freiheit. Noch ahnte kaum jemand die geschichtliche Dynamik der nächsten Monate. Nur wenig mehr als ein Jahr später war Hof kein Grenzbahnhof mehr. Die Politik stand vor der Aufgabe, die beiden separaten Staatsbahnen in eine Rechts- und Wirtschaftsform zu überführen, die einem veränderten Verkehrsmarkt im zusammenwachsenden Europa gerecht werden musste.

Oben: Heiße Diskussionen um die Zulassung privater Verkehrsanbieter auf dem staatlichen Netz lassen manchmal vergessen, dass es immer Schienenverkehr außerhalb von Reichs- und Bundesbahn gab. Die Vielfalt war faszinierend. Die Gegensätze zwischen den beiden abgebildeten grünen Lokomotiven könnten nicht größer sein. Die zweiachsige Diesellok holt 2002 Torf aus einem Moor bei Bad Feilnbach und die vierachsige Ellok 2006 die mehr als tausendfache Menge Braunkohle aus dem Abbaugebiet westlich von Köln.

schaft und Mobilität“. Ein großer Tag in der deutschen Verkehrsgeschichte war der 2. Juni 1991. Der ICE nahm seinen Regelbetrieb auf. Die weißen Triebzüge fuhren zwar noch nicht auf langen Strecken so schnell wie die französische Konkurrenz, war dafür jedoch komfortabler eingerichtet. Hauptachsen des neuen Schnellverkehrs waren die Neubaustrecken Stuttgart – Mannheim und Würzburg – Kassel – Hannover. Endlich konnte die Bahn der Binnenluftfahrt Marktanteile wegnehmen.

Ins Hintertreffen geriet der Güterverkehr. Hatte so manche Nebenbahn die große Zeit der Stilllegung nur mit ein wenig Anschlussbedienung für Fabriken überlebt, so wurde gerade hier nun der Rechenstift umso schärfer angesetzt. Zum Verhältnis zwischen Schiene und Lkw hätte man sich geänderte Richtungsentscheidungen auf europäischer Ebene gewünscht; Brüssel ist aber noch heute der Lkw-Lobby freudig zu Diensten. Kostendeckung blieb aber in allen Segmenten Wunschtraum. Die Wettbewerbsvorteile von Pkw und Lkw, die ohne Kostenbeteiligung an der Trasse fahren durften, blieben unangetastet. Die Straßen wurden noch voller. Zwar täuschte sich die die öffentliche Wahrnehmung damals wie heute mit dem Befund, „niemand“ und „nichts“ fahre mehr mit der Bahn. Eine Stunde Beobachtung des Geschehens an der Verbindung München – Augsburg oder am Doppelpack der Rheinstrecken irgendwo zwischen Mainz und Köln lehrt(e) das Gegenteil. Aber der Zuwachs im Verkehrsvolumen ging weiter auf die Konten von Auto und Flugzeug. Ungelöst schließlich blieb das finanzpolitische Problem, das Defizit, schon aus Adenauers Zeiten. Vom Steuerzahler an jedem Jahresende den Fehlbetrag drauflegen zu lassen, damit konnte sich politischer Gestaltungswille nicht wirklich zufrieden geben.

Anstoß durch deutsche Einheit

Endgültig auf neue Wege besinnen musste sich Bonn, als über die wirtschaftliche Zukunft nicht mehr nur einer darbenden DB, sondern auch noch einer desolaten zweiten großen deutschen Staatsbahn zu befinden war. Ab 3. Oktober 1990 war auch die DR der erloschenen DDR ein Sondervermögen des Bundes. Der westdeutsche

Rechts: Die Bahnreform ließ Eisenbahn-Museumsvereine aus der Position des unerwünschten Bittstellers der 1970er Jahre in den Rang „ganz normaler“ Anbieter von Verkehrsdienstleistungen aufsteigen. Wer für seine Züge und sein Personal die notwendigen Zertifikate des Eisenbahn-Bundesamts vorlegt, kann im Schutze der Bundesnetzagentur damit auf DB-Gleisen fahren. Die abgebildete 01 066 des (privat getragenen) Bayerischen Eisenbahnmuseums ist längst in ganz Deutschland herumgekommen.

Eisenbahnfreund entdeckte damals ein noch liebenswert vielfältiges weit verzweigtes Imperium des Schienenverkehrs, in dem noch so manches eisenbahngeschichtliches Biotop seinen Platz hatte. Doch der technologische Rückstand im Gleis-, Fahrzeug-, Signal- und Fernmeldewesen gegenüber westdeutschem und westeuropäischem Standard und die Schäden einer vielfach vor dem Zweiten Weltkrieg letztmals wirklich reparierten Substanz waren beängstigend. In einem von planwirtschaftlichen Zwängen befreiten Verkehrsmarkt hatte eine Reichsbahn, die auf ihren besten Strecken gerade einmal mit 120 km/h fuhr, wegen schwerer Brücken- und Oberbausschäden auf vielen Abschnitten jedoch mit 60 oder 80 km/h dahinschlich, keine Chance. Zugleich holte Ostdeutschland im Eiltempo die Entwicklungen aus 40 westlichen Jahren nach. Auch in Sachsen und Mecklenburg bedeutete das bislang so schwer zu erwerbende Auto ein Stück Freiheit. Auch hier mussten sich Produktion und Verteilung von Waren an ein neues Tempo gewöhnen, für das in der strukturschwachen Provinz der Lkw besser sorgen konnte als die einmal tägliche Anlieferung am Güterbahnhof. Sofort nach Öffnung für den Weltmarkt scheiterte der kleine metallverarbeitende oder keramische Betrieb in einem engen Tal Sachsens oder Thüringens, dem die Wasserkraft aus dem Fluss mit einem Gleichstromgenerator von 1904 und die Produktionsengpässe andernorts bisher das Überleben gesichert hatten. Kleinräumiger Güterverkehr auf der Schiene entfiel.

Eisenbahnfreunde, Reichsbahner, intellektuelle Kritiker des Autoverkehrs, Medien und die linke Hälfte des politischen Spektrums waren sich seit 1990 stets einig über die Verwerflichkeit aller Eisenbahnpolitik in Ostdeutschland. Dass zwischen Büchen, Helmstedt, Bebra und Ludwigsstadt im alten Westen und Berlin, Leipzig und Dresden im alten Osten auf vorhandenen Trassen praktisch vollkommen neue Strecken für 160 und 200 km/h gebaut wurden, erschwert durch die Aufrechterhaltung des Betriebes und durch die Notwendigkeit, Schadstoffe aus 150 Jahren Eisenbahngeschichte aus dem Boden zu holen: geschenkt! Dass aber auf vielen Nebenbahnen Brandenburgs kein Zug mehr fährt: eine nie verzeihliche Todsünde! Das Netz von Fernbahn und S-Bahn in der Hauptstadt, spaßeshalber immer einmal zu vergleichen mit dem Status 1989? Ja, schön und gut ... aber da gibt es doch das willkürlich verkürzte Dach am Hauptbahnhof und eine wohl verfehlte U-Bahn-Planung zum Kanzleramt. „Typisch deutsch" ist bekanntlich vor allem das Nachdenken darüber, ob irgendetwas „typisch deutsch" sei. Daneben aber wohl auch die Scheu, eine eigene Leistung ohne jedes Pathos einfach mal als ganz gut zu befinden. Wenn das Gesamtvolumen des Güterverkehrs auf der Schiene sowohl im Kaiserreich 1913 als auch im kleineren Deutschland 1996 jeweils etwa 62 Milliarden tkm betragen hatte und sich dieser Wert bis 2008 auf 112 Mrd tkm fast verdoppelte, dann war wohl nicht alle Aktivität der DB AG in der Epoche der Bahnreform auf dem Markt verfehlt.

Auch wenn die 175-jährige Eisenbahn die Dampflok längst nicht mehr braucht, ist ihre Popularität weiter ungebrochen. Historische Dampfschnellzüge in Taktverkehr und elektronische Überwachung auf regulären Strecken einzugliedern, wird inzwischen immer schwieriger. Um so wertvoller werden die Reservate musealer Nebenbahnen. Manche alte Lok geht Jahr für Jahr auf anstrengende Tournee, so die 70 083 des Bayerischen Lokalbahnvereins, die wir 2006 vor Obing im Chiemgau und 2005 im fränkischen Wiesenttal sehen.

Neubaustrecken und ICE – ein Projekt der Kompromisse und der Erfahrungen

Die Kritiker machen es sich einfach. Der Schnellverkehr wurde nicht entschieden genug durchgesetzt – oder war eigentlich gar nicht nötig. Die Strecken sind zu teuer, die Haltestellen zu viele oder zu wenige, die Fahrzeuge überzüchtet – und natürlich ist in der Schweiz und in Frankreich alles besser. Das Milliardenprojekt „Neubaustrecken" verdient eine differenzierte Betrachtung

Nach 1960 hatte die DB ein Kapazitäts- und ein Geschwindigkeitsproblem. Am Rande des eisernen Vorgangs auf den Nord-Süd-Verkehr orientiert hatte sie immer größere Mühe, ihre Güterzüge von Rhein/Ruhr, Nordseehäfen und Skandinavien in Richtung Main/Neckar, Bayern, Brenner und Tauern zu leiten. Konventionell auch nicht lösbar war die Aufgabe einer deutlichen Geschwindigkeitssteigerung im Personenfernverkehr. Die fahrzeugtechnisch möglich gewordenen 200 km/h konnten auf den historischen Mittelgebirgsstrecken nicht ausgefahren werden. Die Baureihe 103 durfte auf ihren langen Wegen nur südlich von Donauwörth und Karlsruhe oder nördlich von Hannover zeigen, was sie konnte.

Das ICE-Netz im Jahre 2009 mit Takten und Höchstgeschwindigkeiten.

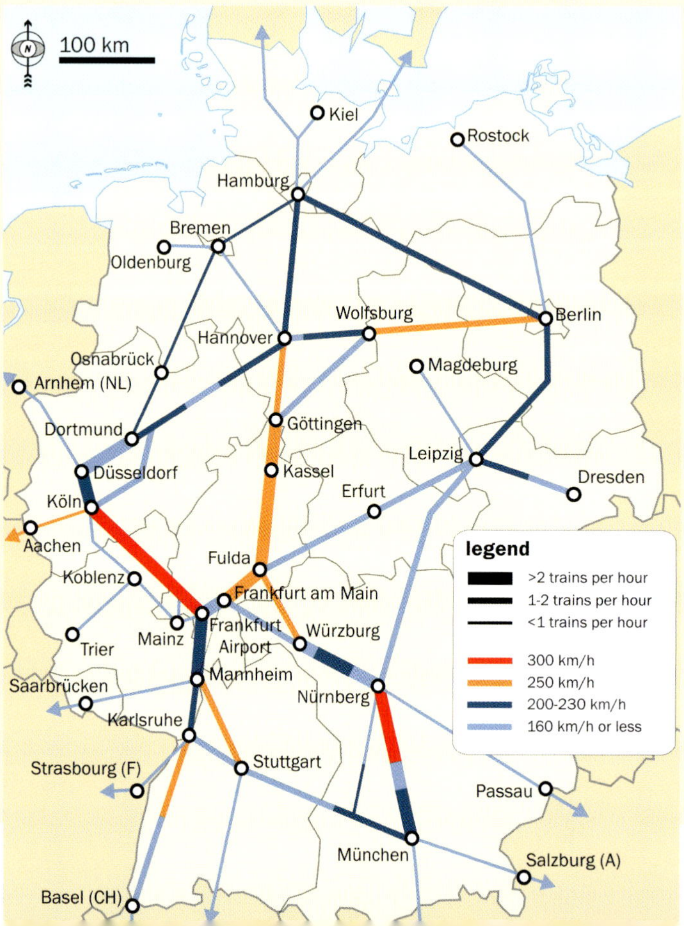

Hochleistungsachsen für die alte Bundesrepublik

Abhilfe sollten zwei Neubaustrecken Würzburg – Hannover und Stuttgart – Mannheim schaffen. Entsprechend der beschriebenen Bedarfslage wurden sie für kombinierte Nutzung durch schwere Güterzüge und schnelle Reisezüge ausgelegt. Damit wurde das Projekt überaus teuer, weil die für hohe Geschwindigkeiten notwendige schlanke Trassierung mit sanften Steigungen von höchstens 12,5 Promille kombiniert werden musste. Auf kaum einem Kilometer konnten die Gleise annähernd auf Geländeniveau verlegt werden; lange Tunnel, tiefe Einschnitte, hohe Dämme und gigantische Brücken prägen die Neubaustrecken. Projektierung und Bau waren von Skepsis begleitet, ob die Riesenwerke jemals fertig werden würden. 1991 waren sie vollendet. Niemand hatte vorhersehen können, dass die Verkehrsgeographie der Planung davonlaufen würde. Ab 1990 fehlten leistungsfähige Strecken von München, Frankfurt (Main), Hannover und Hamburg nach Berlin noch radikaler als man zuvor neue Verbindungen im alten Westen vermisst hatte. Erste Abhilfe leistete die Neubaustrecke Berlin – Hannover. Viel Zeit kostete eine politisch gewollte Blockade für den Ausbau der Strecke Berlin–Hamburg. Weil hier ursprünglich der Transrapid gebaut werden sollte, durfte die DB auf der Schiene zunächst nicht konkurrenzfähig werden. Seit langem im Bau befindet sich die Neubaustrecke Nürnberg – Erfurt – Halle/Leipzig, die mit schwierigem Gelände viele Probleme aufwirft.

Komplexer als gedacht: Der Mischverkehr

Techniker und Politiker waren sich darüber einig gewesen, dass landesweite neue Verbindungen weder erforderlich noch bezahlbar sein würden. Die neuen Fernschnellzüge – die erstaunlich lang hinausgeschobene Wahl fiel auf Komplettgarnituren mit Triebköpfen und motorlosen Mittelwagen – sollten weite Teile ihrer Wege auf konventionellen Strecken zurücklegen. Auf den Neubaustrecken mit 250 km/h dahinzueilen und anschließend auf windungsreichen Altbaustrecken ständig zwischen 120, 160 und 200 km/h zu wechseln, ist nun freilich für ein Hochleistungsfahrzeug ein Programm des großen Verschleißes. Dazu kommt die gemeinsame Nutzung der Gleise mit Güterzügen. Osteuropäische Güterwagen, die lange Zeit keine Werkstatt mehr gesehen haben und in ihrer Heimat mit 50 oder 60 km/h keine Probleme bereiten, entgleisen im Dauerbetrieb mit 80 oder 100 km/h in Deutschland zwar nicht, verformen aber im kaum messbaren Bereich die Gleise. Die unendliche Folge minima-

Den westdeutschen Schnellverkehr von 1970 bis 1991 beherrschte die Elektrolokomotive der Baureihe 103 (rechts). Die Nachfolge in ganz Deutschland trat der ICE an (links). Eine einmalige Besonderheit in München ist auch noch im Jahre 2010 ein in ICE-Farben lackiertes „Akku-Schlepp-Fahrzeug“ aus der Erbschaft der DDR-Reichsbahn.

Das Unglück in Eschede vom 2. Juni 1998 bleibt unvergessen, und gerade deshalb sind die beim ICE 3 aufgetretenen sicherheitsrelevanten Radsatzprobleme so skandalös. Dennoch ist und bleibt der 1991 in den Regelbetrieb gegangene ICE das bei weitem erfolgreichste Schnellverkehrssystem der deutschen Eisenbahngeschichte.

Die tägliche Fahrgastzahl aller Verbindungen reicht mit 180.000 Personen an die Jahresleistung der Vorkriegs-Dieselschnelltriebwagen heran.

Die Aufnahmen links und unten entstanden auf der Geislinger Steige und auf der Strecke München – Augsburg.

Die Absicht, den Verkehr vom Ruhrgebiet nach Südtirol zum 1. April 1997 auf freigewordene Kraftwagen aus den neuen Bundesländern umzustellen, wurde trotz viel versprechender Versuche nicht verwirklicht.

ler Abweichungen von der idealen Gleislage lässt dann zwar auch wieder den nachfolgenden ICE nicht entgleisen, gibt seinen Radreifen aber wiederum diskrete Zerrüttungen mit auf seine Hochgeschwindigkeitsfahrten. Osteuropäische Wagen? Die auf äußerste Kosteneinsparung bedachte Bahn AG sorgte dafür, dass auch eigene Güterwagen nach dem Maßstab der heute gefahrenen Geschwindigkeiten zur Problemfracht geworden sind.

Die Achterbahn

Frankreich war bei seinen TGV-Linien einen konsequent anderen Weg gegangen: Für ausschließlichen Reiseverkehr wurden Gefälle zugelassen, wie sie auf den ursprünglich auf die Leistungsfähigkeit von Dampflokomotiven abgestimmten europäischen Eisenbahnnetzen nie vorstellbar gewesen waren. Hatte sich die DB auf den zwischen 1973 und 1991 errichteten Neubaustrecken insoweit zurückgehalten, ging sie mit der Strecke Frankfurt (Main) – Köln noch über dieses Vorbild hinaus. Sie geriet mit einer größten Steigung von 40 Promille nun zu einer Verbindung, auf der genau ein Triebfahrzeugtyp einsetzbar ist: der ICE 3. Dieser besonders leichte und hochgezüchtete Zug reagiert nun wiederum auf den steten Wechsel zwischen Beschleunigungs- und Bremspartien auf der „Achterbahn“ mit 330 km/h und den Anschlussfahrten auf den von Güterzügen beanspruchten alten Strecken besonders empfindlich. Und wieder tut das atemlose Unternehmenskonzept seine Wirkung. Wenn man äußerste Anforderungen mit dem Ansinnen verbindet, möglichst wenig Material energieaufwendig durch die Landschaft zu fahren und deshalb ausgerechnet an den Radsatzwellen geizt, gerät man in die Risikozone.

Zwischen etwa 1980 und 2000 mussten sich die Politiker für den Bau der neuen Strecken gegen zwei Positionen verteidigen, die inzwischen gleichermaßen verstaubt sind. Eine mächtige Lobby sah die Zukunft schnellen spurgebundenen Verkehrs bei der Magnetschwebebahn und erklärte Investitionen in konventionelle Gleise für anachronistisch. Inzwischen ist der Transrapid ein Museumsstück. Und eine breite Fraktion glaubte, das „Pendolino“-Konzept mit Neigetechnik würde schnellste Fahrten auch auf den Windungen alter Strecken erlauben. Die Euphorie ist von Schweden bis Italien erloschen. Ein wirklich zuverlässiges, betriebssicheres und komfortwahrendes System wurde nicht gefunden.

Schnellverkehr wohin?

Das allein richtige Zukunftskonzept gibt es nicht. Fast schon amüsant ist der Vergleich zwischen Texten, die es zu kennen glauben. Die Forderung nach einer entschlossenen Verknüpfung zwischen den vorhandenen Neubaustrecken und der radikalen Beschleunigung, gerne auch ohne so provinzielle Zwischenhalte wie Göttingen oder Mannheim oder gar Limburg und Montabaur (DER SPIEGEL Nr. 23 vom 7.6.2010, S. 104 f.), liest sich genauso plausibel wie gnadenlose Abrechnung des „Schwarzbuchs Bahn“ (Ch. Esser und A. Randerath, Bertelsmann 2010) mit der Ausgabe von „Steuermilliarden für immer gigantische Hochgeschwindigkeitsprojekte“. Wie so oft im Leben sind Differenzierungen unverzichtbar. Ohne

Der ICE-Verkehr hat ganz neue Werkstätten in Frankfurt (Main), Hamburg und München notwendig gemacht, in denen die Züge von drei Arbeitsebenen aus an Stromabnehmern, Fahrgastraum und Drehgestellen umfassend geprüft und gewartet werden können. Außer Toiletten und Klimaanlagen hat auch die hier offen liegende Scharfenbergkupplung trotz jahrzehntelanger Bewährung nicht immer funktioniert.

die bisherigen Neubaustrecken könnte die Bahn noch heute auf Verbindungen wie Stuttgart – Köln oder Hannover – Berlin nicht mit dem Flugzeug konkurrieren und würde sich die gewagte Prognose des „Schwarzbuchs" über „bestenfalls stagnierende, wahrscheinlich aber weiter schrumpfende Fahrgastzahlen im Fernverkehr" (die Zahlen: 33,7 Mrd. Personenkilometer 1990 und 35,5 Mrd. Pkm 2008) unabwendbar erfüllen. Deutschland ist keine Schweiz mit ihrer kleinräumigen Ballungszone zwischen Zürich, Bern und Genf. Auf Distanzen wie Frankfurt (Main) – Hamburg oder München – Dortmund genügen 160 bis 200 km/h eindeutig nicht.

Aber Deutschland ist auch ein Land der vielen wichtigen Mittel- und Oberzentren und hat demgemäß eine völlig andere Verkehrsgeographie als das vom SPIEGEL zum Vergleich herangezogene Frankreich. Der von der Hauptstadt ausstrahlende Linienstern ist in Deutschland nicht darstellbar. Das Rheinland will mit den Nordseehäfen wie auch mit München verbunden sein; Halle, Leipzig und Dresden brauchen den Anschluss zur Hauptstadt genauso wie zu den Wirtschaftsräumen an Neckar, Rhein und Main. „Systemhalte" werden nicht nur aus Lokalpatriotismus eingerichtet. Wenn die Bewohner der bayerischen Donau- und Altmühlregion Landschaftsräume für die Neubaustrecke München – Nürnberg opfern mussten, dann konnten sie in einem demokratischen und föderativen Land auch den ICE-Halt für ein so wichtiges Zentrum wie Ingolstadt verlangen. Die Neubaustrecke außerdem für Regionalverbindungen mit zusätzlichen Haltepunkten zu öffnen, war ein schlichter Beweis für technische und wirtschaftliche Intelligenz.

Demokratie ist wichtiger als Föderalismus, und milliardenschwere Investitionen müssen außer von einer Wählermehrheit auch von solider Planung gestützt sein. Unter diesen Aspekten ist „Stuttgart 21" das wohl fragwürdigste Bauprojekt der Eisenbahn in neuerer Zeit. Der Wunsch einer Landesregierung nach einem futuristischen Tiefbahnhof unter der Hauptstadt wird von den Bürgern eben dieser Hauptstadt nicht geteilt. Das bauliche und betriebliche Konzept einer windungs- und steigungsreichen Tunnelbahn unter dem Stuttgarter Zentrum begegnet vielen fachlichen Bedenken. Das technische Argument, den zeitraubenden Richtungs- und Lokwechsel mit Bremsprobe im Kopfbahnhof einzusparen, ist in der Epoche der unverändert ein- und ausfahrenden Trieb- und Wendezüge genauso überholt wie die in fernen Boomjahren aufgestellten Berechnungen über den Gewinn aus dem Verkauf frei werdender Bahnflächen.

Nicht überzeugen kann der immer wieder aufgestellte Gegensatz zwischen Investitionen für gebündelten Fernverkehr und leistungsfähigen Regionalverkehr. Die Bahn der Zukunft braucht die nächste Generation ICE auf einem nach Möglichkeit verdoppelten Schnellfahrnetz. Und die Bahn braucht ertüchtigte Strecken zwischen attraktiven Bahnhöfen zwischen Niederbayern und Ostfriesland. Und deshalb braucht unser Land eine kompetente und entschiedene Verkehrspolitik. Wir haben sie von Minister Tiefensee nicht bekommen und wir bekommen sie vom Minister Ramsauer nicht. ●

Kein Ende abzusehen: Umfangreiche Investitionen sind auch auf den Ausbaustrecken notwendig. Diese riesigen Kräne beseitigen im Herbst 2005 eine Brücke bei Gernlinden auf der Strecke München – Augsburg.

Die Brücke steht der Erweiterung auf sechs (!) Gleise im Wege. Dabei hatte das Bauwerk 35 Jahre zuvor einen beschrankten Bahnübergang ersetzt.

Unterschätzt und überschätzt: Die Bahnreform

Für die bis heute gültige Struktur des deutschen Eisenbahnwesens lässt sich als Urheber am ehesten benennen Dr. Günther Saßmannshausen, Chef einer im Mai 1990 eingesetzten Kommission der Bundesregierung, weiß Gott nicht der ersten. Am 21. Dezember 1991 schlug er in einem 70 Seiten langen Bericht vor, beide deutschen Bahnen in eine privatrechtlich organisierte Deutsche Eisenbahn AG umzuwandeln. Er griff damit die Vorstellung des DB- und DR-Vorstandsvorsitzenden Heinz Dürr auf, der von den „Fesseln des öffentlichen Dienstrechts" befreit sein und einem Unternehmen, keiner Behörde vorstehen wollte.
Am 15. Juli 1992 beschloss die Bundesregierung, die Sondervermögen DB und DR sowie das sogenannte Vorratsvermögen in Berlin (West) in eine Aktiengesellschaft zu überführen. Mit der Terminwahl 1. Januar 1994 glückte auch der Trick, die Reichsbahner nicht mehr gemäß Einigungsvertrag in den Beamtenstatus übernehmen zu müssen. Nach Verhandlungen zwischen den Ministerpräsidenten, Verkehrsminister Wissmann und Bundeskanzler Kohl über die Finanzierung des Reformpakets wurden am 3. Dezember 1993 die Änderung des Grundgesetzes und das Bahnreform-Gesetz vom Bundestag gegen wenige Neinstimmen vom Bundestag verabschiedet. Und auch der Bundesrat stimmte mit der Gegenstimme von Hamburg zu.
Kernstücke der Reform waren die Herauslösung der Bahn aus dem öffentlichen Dienst- und Haushaltsrecht, die Sanierung durch Entschuldung, eine Bilanzbereinigung und die Übernahme der Mehrbelastung für Personal und Material der DR infolge des technologischen Rückstandes. Wichtig waren auch die Übernahme der ökologischen Altlasten und die Finanzierung des investiven Nachholbedarfs bei der Deutschen Reichsbahn sowie die Finanzierung von Neu- und Ausbau sowie Ersatzinvestitionen des Fahrwegs durch den Bund. Die Trennung von Fahrweg und Transport, die Öffnung des Schienenwegs für Dritte, die Einführung des Bestellerprinzips für gemeinwirtschaftliche Leistungen und die Regionalisierung des Schienenpersonennahverkehrs veränderten den Verkehrsmarkt grundlegend. Am 5. Januar 1994 ließ sich die Deutsche Bahn AG beim Amtsgericht Berlin-Charlottenburg in das Handelsregister eintragen.
Die Fachpresse der Eisenbahnfreunde pflegt bis heute die Reform in Bausch und Bogen zu verwerfen. Indes: Der Eisenbahn als Teil der Daseinsvorsorge einen Platz irgendwo in der Mitte zwischen streng hoheitlicher Staatsverwaltung und freier Entfaltung des Marktes zuzuweisen, war keine Todsünde. In einem solchen Mischsystem werden mit Erfolg Energie- und Telekommunikationsnetze bewirtschaftet und betreibt man Krankenhäuser und Abfallwirtschaftsbetriebe. Kein Naturgesetz lehrt, dass der Schul- und Linienbus, das Müllauto oder die Personenfähre unbedingt von einem Beamten gefahren werden muss; warum also sollte die gute Erfahrung mit privaten Betreibern nicht auch auf der Schiene genutzt werden. Wir haben in diesem Buch die gelungene Kombination öffentlicher und privater Eisenbahnträgerschaft schon im 19. Jahrhundert kennen gelernt.
Plausibel auch der Gedanke einer thematisch getrennten Finanzwirtschaft. Der Güter- und der Personenfernverkehr sollten in Konkurrenz mit den Mitbewerbern Rentabilität oder sogar Gewinne erreichen, während man den Nahverkehr aus dieser nicht realistischen Aufgabe endlich entließ. Für ihn wurde das Modell eingeführt, wonach genau die Bundesländer, die ihre Straßen von allzu großen Autofluten befreien wollen und die ihren touristischen Paradiesen eine Erschließung per Triebwagen sichern wollen, diese Angebote „bestellen" – und bezahlen mit der Konsequenz, dass der vom Fahrgast zu entrichtende Preis nur noch als Kostenbeitrag zu Buche schlägt. Die Lkw-Maut verringerte die Subventionierung des Straßengüterverkehrs.
Grundsätzlicher Webfehler war es, der Bahn AG die volle Verfügungsgewalt über jenes Schienennetz einzuräumen, das doch nun auch für private Verkehrsunternehmen verschiedensten Zuschnitts geöffnet werden sollte. Die Liegenschaften aller deutschen Supermärkte bei Aldi zu konzentrieren und dann zu hoffen, dieses Unternehmen würde

31. Mai 1992
Inbetriebnahme der ersten „Pendolino"-Triebzüge in Deutschland (Baureihe 610 mit Neigetechnik für Gleisbögen)

1. Januar 1994
Die Gesetze zur Bahnreform treten in Kraft: Die Behörden DB und DR gehen auf die unternehmerisch zu führende Deutsche Bahn AG (DB AG) über; hoheitliche Aufgaben übernimmt das Eisenbahn-Bundesamt; Dienstherr der Beamten und Verwalter der nicht betriebsnotwendigen Anlagen wird die Behörde „Bundeseisenbahnvermögen". Der Bund übernimmt jahrzehntealte Schulden der DB und die besonderen Investitionslasten für das DR-Netz

ab 1994
In einer auch für Fachwelt und eigene Bedienstete unübersehbaren Schnelligkeit werden Eisenbahn-Kompetenzen zwischen immer neuen Geschäftsbereichen und Subunternehmen der DB-AG umhergeschoben; Politik und Medien reagieren zunehmend gereizt. Private Betreiber agieren auf staatlichen Gleisen mit höchst unterschiedlichem Erfolg

2. Juni 1998
Entgleisung eines ICE bei Eschede in Niedersachsen; das schwerste Unglück der Bahn seit 1945 fordert 101 Todesopfer.

auch Tengelmann eine angemessene Präsentation seiner Waren erlauben, wäre genauso realistisch. Wenn man nun schon den schwierigen Weg der Aufspaltung in Geschäftsbereiche wählte, so hätte man auch das Netz beispielsweise beim Bundeseisenbahnvermögen ansiedeln müssen und die DB AG in die Reihe gleichberechtigter Trassenbesteller einreihen müssen.

Firmen vergehen, Berater bestehen

Die Bahnreform fiel genau in jene neoliberale Epoche der weltweiten Wirtschafts- und Ideologiegeschichte, in der sich Beratungsfirmen über Firmen und Behörden des grenzenlos gewordenen Erdballs hermachten. Kurzfristig realisierter Gewinn für die Eigentümer, der „shareholder value", galt nun alles. Langfristige Behauptung am Markt, die Motivation der Mitarbeiter, der Beifall der Öffentlichkeit, die Forschung für das Produkt von morgen und die Ausbildung des Nachwuchses: das alles sollte nichts mehr gelten. Weil nun aber Schokoladenfabriken, Banken, Hotelketten und Buchverlage genauso wenig wie Reiseanbieter, Straßenbahnen, Lokomotivschmieden und Eisenbahnbetreiber auf seriöser Basis jährlich zweistellige Zuwachsraten an Umsatz und Gewinn erzielen können, musste ein Glaubenssatz angewendet werden, dessen Rang in der Religionsgeschichte irgendwo in der Nähe der 70 Jungfrauen im Paradies anzusiedeln ist, nämlich der Glaube, dass Umstrukturierungen und Umbenennungen alleine schon Wert und realisierbaren Gewinn erzeugen. Was musste da nicht alles über Kontinente und Ozeane hinweg unter der Zauberformel „Synergieeffekte" fusioniert werden, während genau dieselben Berater mit genau derselben Überzeugungskraft nachwiesen, in wie viele einzelne Sparten die Funktionen auf einem einzigen Schreibtisch, in einem einzigen PC – und auf einem einzigen kleinen deutschen Bahnhof zerlegt werden müssen. Und jede neue Struktur muss(te) unbedingt einen amerikanischen Namen haben. Das Ergebnis für die DB war das Chaos. Wohl längst nicht jeder Mensch, der einst in Ost oder West „bei der Bahn" angefangen hatte, wusste in den neunziger Jahren auswendig, ob sein Arbeitgeber nun gerade DB Reise & Touristik, Bayern-Express & P. Kühn Berlin GmbH, DB-Autozug GmbH, DB-Dialog Telefonservice GmbH, DB-France Voyages & Tourisme S. A. R. L., German Rail UK Ltd., MITROPA AG, S-Bahn Berlin GmbH, DB-Zug-Bus Westfalen Holding GmbH, BME Bahnhofs-Management- und Entwicklungs-Gesellschaft mbH, Kunden-Service-Zentrum Duisburg, BTT Bahn-Tank-Transport GmbH, Transfracht Internationale Gesellschaft für kombinierten Güterverkehr mbH, DB-Bahnbau GmbH, Deutsche Gleis- und Tiefbau GmbH oder Planungsgesellschaft Bahnbau Deutsche Einheit

Das wichtigste Triebfahrzeug für lokbespannte IC, heute in aller Regel als Wendezüge gefahren, ist die 1996 erstmals gebaute 101. Hier nutzt der Lokführer des IC 2027 Hamburg – Passau den Zwischenhalt in Köln zur Reinigung der Scheiben seiner 101 005.

hieß. Es lohnte sich auch nicht, die Bezeichnungen auswendig zu lernen, denn schon morgen hieß alles wieder anders.

Gespaltene Wahrnehmung

Während sich die Reformgegner der ersten Stunde in ihrer Skepsis bestärkt sahen, lobten die Wirtschaftsredaktionen die Erfolge: modernisierte Bahnhöfe, neue Wagen, umfangreiche Investitionen, ein veränderter Ton des Personals gegenüber den Kunden. Dabei war vieles davon längst Standard auch der Behörden-DB gewesen. Bis heute auch verzichtet keine Wirtschaftsredaktion auf den Spott für die alte „Beamtenbahn", auch dies gerade so, als habe sich der Reisende noch bis 31. Dezember 1993 als Bittsteller vor dem uniformierten Herrn Bundesbahnobersekretär verbeugt. Anlässlich von Mehdorns Rücktritt konnte man in einer einzigen Ausgabe der „Süddeutschen Zeitung" (Nr. 75 vom 31. März 2009) lesen, die Bahn sei, als Mehdorn 1999 zu ihr kam, „eine Mischung aus Behörde und sozialistischen Kombinat" und „eine miefige Transportbehörde" gewesen. Wie denn? Zehn Jahre nach der Wende in der DDR und fünf Jahre nach der Bahnreform immer noch ein sozialistisches Kombinat und eine Behörde?

Die Meister der Umstrukturierung scherten sich um Kritik so wenig wie um Beifall, sondern schufen schnell neue Fakten. Wo sich nun „alles rechnen musste", wurde eingestellt, was keinen Gewinn abwarf. In erster Linie traf das den Güterverkehr. Anschlussbahnen wurden geschlossen, Rangierbahnhöfe stillgelegt, der Stückgutverkehr auf die Straße verlegt. Mit derselben Überre-

Links: Ästhetik der Eisenbahn auch lange nach dem Dampflokzeitalter: An einem Januarmorgen 2009 fährt 120 130 mit einem IC durch den Bahnhof Wuppertal-Vohwinkel.

dungskunst, mit der man jahrzehntelang wacklige Kunden von den Vorteilen des Güterzuges überzeugt hatte, drängte man nun die verladende Wirtschaft in Richtung Straßenverkehr. Dieselbe Bahn, die einst Verladeanlagen für Zuckerrüben subventioniert hatte, kaufte sich nun für teures Geld von der Notwendigkeit frei, zu diesen Anlagen noch Güterwagen zu schicken. Die Schnittstelle der Rentabilität wurde hoch angesetzt: alle Aufträge unterhalb ganzer Züge erklärte man für uninteressant. Ein paar Güterwagen pro Woche im Anschlussgleis bereitzustellen und wieder abzuholen: unmöglich! Wie in so vielen Bereichen von Verwaltung und Wirtschaft bedeutete Reform auch Personalabbau. Die Stärke ging von 377.471 zum Ende des Jahres 1993 auf 217.372 Ende 1998 zurück. Nicht jede Verminderung war vom anerkannten Personalüberhang im alten Reichsbahnnetz gerechtfertigt. Der weltweit propagierten Weisheit der Berater entsprach es auch, anstelle von ausgebildetem und tendenziell lebenslang verpflichtetem Fachpersonal auf ungelernte oder angelernte Teilzeitkräfte zu setzen, an deren Löhnen sich sparen lässt.

Zum trüben Kapitel geriet sogleich der Umgang mit den privaten Mitbewerbern. Ihre Züge in den immer noch als „amtlich" empfundenen Kursbüchern unterzubringen, per Aushangfahrplan und Lautsprecherdurchsage auf sie zu verweisen, Fahrkarten zum nahtlosen Übergang zu verkaufen, all das kostete viele Kämpfe und Prozesse. Gerne hätten private Anbieter Lokomotiven und Wagen aus jenem Überhang gekauft, den eine um Schlankheit bemühte DB AG großzügig ausmusterte. Doch Fehlanzeige! Um der Konkurrenz kein Material zu gönnen, kontrollierte die DB aufs strengste die Verschrottung der abgegebenen Fahrzeuge, die doch zuvor der Steuerzahler finanziert hatte. In kurioser Weise bewährte sich

Für den Eisenbahnfreund brachte die Bahnreform überraschende neue Vielfalt auf das Schienennetz. Private Anbieter setzen hier ausländische Triebfahrzeugtypen und dort maßgeschneiderte Varianten von Baukastenmodellen ein, hier Erwerbungen aus altem Kleinbahnfundus und dort Oldtimer von Reichs- oder Bundesbahn. Wer hätte in den Achtzigerjahren gedacht, dass man die allmählich aussterbenden Schienenbusse der DB-Baureihe 798 im 21. Jahrhundert in der Oberlausitz (oben) und im nördlichen Brandenburg (unten) wieder treffen würde!

nun das Hintergrundwissen mancher Eisenbahnfreunde: Sie wussten, welche vom Eisenbahnbundesamt im Prinzip zugelassenen Lokomotivtypen noch in Bulgarien, Polen oder der Ukraine liefen oder im Arbeitsvorrat des einen oder anderen Museumsvereins rosteten. Mit diesem Know-how konnten dann Verkehrsunternehmen sowjetische Dieselloks aus den siebziger Jahren unangefochten auf DB-Gleisen laufen lassen. Mit ökologischen Zielvorgaben hatte und hat ein solcher historischer Dieselbetrieb unter Fahrdraht freilich nichts zu tun. Endgültige Zerstörung betreibt die DB beim Abbau von Anlagen nach dem Motto: „Wo wir nicht mehr fahren, soll auch die Konkurrenz nicht mehr fahren." Erlebnisse eigenster Art hatte die Kundschaft. Ein Unternehmen in Oberbayern sprach im Regionalbereich in München mit einem Konzept zur Verlagerung seines Verkehrs auf die Schiene vor. Man wollte ihm dort nicht recht glauben, dass die notwendigen Gleise und Weichen wirklich noch vorhanden seien. Doch, der Bittsteller hatte die Anlagen heute früh noch gesehen. Nur: bis zum nächsten Morgen hatte der Schneidbrenner die zu Unterbindung des Geschäfts nötigen Lücken geschnitten.

Die Bahnreform hatte der Eisenbahn sowohl die Pflicht als auch den Handlungsspielraum öffnen sollen, die ihr von den politischen Willensträgern zwecks Umweltschutz und Energieeinsparung erteilten Aufträge zu erfüllen. Kalte Streckenstilllegungen und Angebotsausdünnungen sollte es nicht mehr geben. Doch nun beobachtete eine allmählich auch wieder kritischere Öffentlichkeit mit Staunen, dass die Bahn selbst weit mehr als vor der Reform selbst Verkehrspolitik machte. Die Konzernzentrale entschied über Güterver-

kehrsangebote und den Bestand von Strecken, über Personalstruktur und über das Schicksal von Mitbewerbern.
Die Konjunktur der Berater stieg auch dann noch, als die Rolandbergerisierung der Republik auf breiter Ebene längst an Glanz verloren hatte. Einsamer Höhepunkt war im Dezember 2002 die Verkündung eines neuen Tarifsystems im Fernverkehr. Tragendes Prinzip war die Möglichkeit einer verführerisch billigen Fahrt unter der Voraussetzung langfristig vorheriger Buchung bei Beseitigung nahezu aller anderen Sparmöglichkeiten. Vergessen war die uralte und 15 Jahre zuvor bei der Einführung des Taktverkehrs berücksichtigte Erfahrung, dass es doch zu den besonders angenehmen Möglichkeiten des Bahnangebots gehört hatte, nach Ende von geschäftlicher Konferenz, Fachvortrag oder Familienfeier zum Bahnhof zu schlendern und den nächsten Zug zu nehmen, sei es nun mit etwas Glück gleich in fünf Minuten, sei es nach einem Spaziergang oder einer Erfrischung erst in 55 Minuten. Davon wusste die 120 Personen starke Projektgruppe freilich nichts, hatte Hartmut Mehdorn sie doch von der Lufthansa übernommen. Zum Glaubenssystem der neoliberalen Berater

Oben: Von Ost nach West gingen Rangierloks der DR-Type 106, die heute einem privaten Fahrzeugvermieter gehören und in München Containertragwagen rangieren.

Unten: Eine frühere DB-Diesellok hat Besitzer und Farbe gewechselt! Die 1965 erstmals gebaute 216 gehört inzwischen der Firma H. F. Wiebe. Aufgenommen wurde sie im Juli 2008 bei Traunstein in Oberbayern zwischen Oberleitungsmasten der mehr als achtzig Jahre alten Erstausstattung.

gehört es ja auch, dass eine vorhandene Struktur nur dann so richtig auf den Kopf gestellt werden kann, wenn die neuen Kräfte von den ach so veralteten Eigengesetzlichkeiten des umzustülpenden Ladens nichts wissen. Ein Vierteljahr später war der Spuk vorbei, doch die vergraulten Fahrgäste kamen nicht wieder. Kein Grund zum Selbstzweifel für einen echten Berater. Sein Honorar ist bezahlt.

Fehlanzeige Verkehrsminister

Bevor nun das lange Sündenregister des Bahnvorstands fortgeschrieben wird, muss auf das etwas seltener erwähnte Defizit an politischer Kontrolle hingewiesen werden. Wenn Steuerzahler und Bundestag der Bahn und bestimmte Aufträge erteilen, dann kann deren Erfüllung nur erwartet werden, wenn die Bundesregierung ihrer Aufsichtspflicht nachkommt. Es ist so bedauerlich wie unverständlich, dass ausgerechnet Sozialdemokraten, deren Selbstverständnis doch die Bereitschaft und Befähigung zu gemeinwirtschaftlicher und ökologischer Inpflichtnahme allzu forscher Unternehmer erwarten ließe, hier so vollkommen versagt haben. Ob Bundeskanzler Schröder im beträchtlichen Zeitraum 1998 bis 2005, ob die lange Reihe großenteils schon zu Recht vergessener Verkehrsministern wie Klimmt, Bodewig, Stolpe oder Tiefensee: sie alle interpretierten das Verhältnis zum Bahnchef nicht als eines der Aufsicht, sondern als „Männerfreundschaft".

Nur so ist es zu erklären, dass der Bahnvorstand unangefochten die DB als sein eigenes mittelständisches Unternehmen führte. Wie jeder Herrscher über geerbtes Eigenkapital konnte ein Hartmut Mehdorn „Tafelsilber" verkaufen, das Kerngeschäft verdünnen, dafür im Ausland neue Tochterunternehmen erwerben, die eine Gewerkschaft (Transnet) durch Umarmung erdrücken, sich von der anderen (GDL) mit der albernen Intimfeindschaft alter Männer einen Streik einhandeln, all dies ganz so, als gehöre ihm der Laden selbst. Nicht nur der Transnet-Vorstand, sondern auch die SPD ließ sich vom Bahnvorstand die Sprachregelung aufdrängen, die Zurückbehaltung wenigstens des Netzes unter öffentlicher Kontrolle als „Zerschlagung" der Bahn zu verteufeln. Minister Tiefensee hielt an dieser Formel sogar nach Mehdorns Abschied fest („Vorwärts" Nr. 6/2009). Es mag heute Prinzip deutscher Politik sein, an die nationalsozialistischen Verbrechen zu erinnern und ihre Opfer zu ehren. Eine DB AG konnte ohne ministerielle Beanstandung den „Zug der Erinnerung" für teures Geld auf Randgleise drängen und seine Betreiber schikanieren.

Journalismus und Eisenbahn: Eine sprachliche Verweigerung

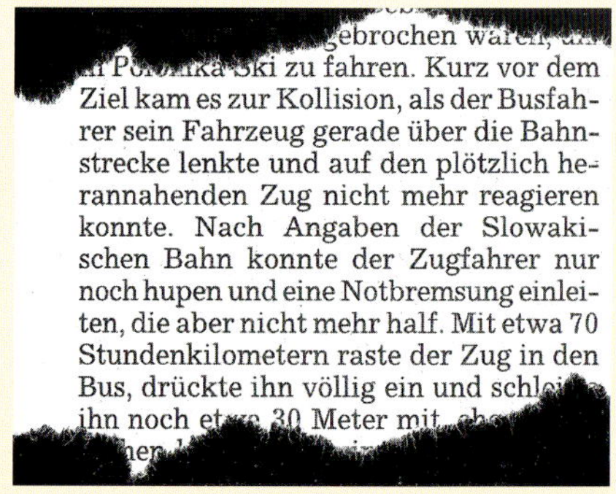
…gebrochen waren, … Ski zu fahren. Kurz vor dem Ziel kam es zur Kollision, als der Busfahrer sein Fahrzeug gerade über die Bahnstrecke lenkte und auf den plötzlich herannahenden Zug nicht mehr reagieren konnte. Nach Angaben der Slowakischen Bahn konnte der Zugfahrer nur noch hupen und eine Notbremsung einleiten, die aber nicht mehr half. Mit etwa 70 Stundenkilometern raste der Zug in den Bus, drückte ihn völlig ein und schl… ihn noch [illegible] 30 Meter mit, …

Ja, der Zugfahrer konnte nur noch hupen. Wahrscheinlich hatte seine Ampel ja Grün gezeigt. Und dann entgleisten auch noch die Anhänger ...

Würde derselbe Reporter beim Bericht über ein Unglück anderswo im Verkehrswesen vom Aeroplanlenker, vom Kraftdroschkenführer, vom Omnibuskapitän oder vom Schiffsfahrer schreiben? Würde er das auf seinem Schreibtisch stehende Gerät als Elektronengehirn bezeichnen? Natürlich nicht. Er würde ganz im Gegenteil einen laienhaften oder veralteten Sprachgebrauch als peinlich empfinden. Als peinlich gilt es heute aber auch, von einem so uncool-verstaubten Instrument wie der Eisenbahn verdächtig viel Sachkenntnis zu beweisen. So, wie es ja auch nicht ganz political correct ist, einen Rittmeister von einem Sturmbannführer unterscheiden zu können. Da wird doch nicht einer als Kind noch vom Beruf des Lokführers geträumt haben oder im Keller eine Modellbahn betreiben, was dem psychologisierenden Feuilleton mit nie versiegender Fantasie als Inbegriff persönlicher Unreife, sexueller Impotenz und politischer Autoritätsfixierung gilt? Nein, dann schreibt und spricht man doch lieber demonstrativ unkundig von Fahrern, Hupen und Ampeln ...

Schwierig wäre es ja in Wirklichkeit nicht. Den Mann (es ist auch heute noch sehr selten eine Frau), der die Lokomotive führt, bezeichnet man noch immer recht sachgemäß als Lokführer, auch wenn er im Hinblick auf die heute auch vielen Triebwagen offiziell Triebfahrzeugführer heißt. Hinten im Zug amtiert der Zugführer, heute auch Zugchef genannt, und beschäftigt sich mit Fahrgastwünschen und Reservierungsproblemen, verständigt sich mit dem nächsten Bahnhof wegen der Erreichbarkeit von Anschlusszügen – und braucht bestimmt für keine Gerichtsverhandlung die von der Presse immer wieder gelieferte Bestätigung, dass er vom fünften Wagen eines Zuges aus ein Hindernis auf dem Bahnübergang oder ein Signal nicht erkannt hat. Der zitierte Triebwagen enthält selbst die Abteile für die Fahrgäste; hinter einer Lokomotive läuft ein Zug aus Wagen, die man schon seit dem 19. Jahrhundert nicht mehr mit möglichst guter französischer Aussprache als „Waggons" bezeichnen muss. Und die Wagen sind nicht angekoppelt, sondern angekuppelt. Das ganze fährt dann nicht auf der Schiene oder der Spur, sondern auf dem Gleis, das hauptsächlich aus Schotter, Schwellen und Schienen besteht. Wenn der Lokführer ein Hindernis sieht, betätigt er die Pfeife. Unter diesen Oberbegriff fallen dann auch Zeitungs- und Rundfunkjournalisten, wenn sie konsequent den Gebrauch moderner Alltagssprache verweigern.

Eine Lokomotive der Schweizerischen Bundesbahnen auf der rechten Rheinstrecke zwischen der Braubach und St. Goarshausen! Auf dem auch über die Grenzen hinaus geöffneten Verkehrsmarkt heute genauso selbstverständlich wie deutsche Loks auf der Brennersüdrampe.

Von der Bahn zum Wahn: Börsengang!

Wenn Kanzler und Minister kein Ziel der Eisenbahnpolitik mehr formulierten, Mehdorn formulierte eines: den Gang an die Börse. Wir haben beim Blick auf die frühe Industrialisierung vor mehr als 200 Jahren zu Beginn dieses Buches gesehen, dass die Verteilung von Aktien ein überaus wirksames oder gar unersetzliches

Instrument zur Beschaffung von Investitionskapital ist. Ich hüte mich auch davor, diese Methode zu verwerfen und stattdessen die längst überzogene Finanzierung neuer Eisenbahntechnik auf das Konto weiterer Staatsverschuldung zu propagieren. Aber der Gang an die Börse darf doch nicht Hauptzweck des unternehmerischen Handelns sein. Wenn die Deutsche Bahn mit DB-Schenker als neuester Formation der Güterverkehrssparte 2008 der größte Transporteur auf den *Straßen* (!) Europas, die Nr. 2 im weltweiten Fracht*flug* (!) und die Nr. 3 im weltweiten *See*transport (!) war, solche Erfolge jedoch mit dem Verkauf von Eisenbahnverkehrsflächen in Deutschland finanziert und dafür den Zugverkehr in Deutschland leiden lässt, indem man das notwendige Geld an den sicherheitsrelevanten Achsen der eigenen Hochgeschwindigkeitszüge einspart, dann hat doch wohl ein nationales Eisenbahnunternehmen bei aller Börsenfähigkeit seinen Zweck verfehlt. Nur langfristig wiedergutzumachen ist die Verschlankung an personeller Kompetenz, kaum heilbar ist der Kahlschlag an Streckenkapazitäten. Auch noch so attraktive Aufträge müssen abgewiesen werden, wenn Lokführer fehlen und Stellwerke nachts nicht besetzt werden können, wenn es für Sonderzüge keine Wagen, keine Abstell- und Ausweichgleise mehr gibt. Umkehr im Einzelfall kostet teures Geld. Kaum hatte die DB die eingleisige südbayerische Strecke Tutzing – Garmisch-Partenkirchen durch radikalen Rückbau der Bahnhöfe zur Tauglichkeit nur noch für starren Triebwagentakt rückgebaut, überraschte sie die Politik mit dem Vorschlag des zweigleisigen Ausbaus, zahlbar durch den Steuerzahler.

Wenige Minuten nach dem schweizerisch bespannten Zug folgt ein Transport des konzerninternen BASF-Verkehrs. Zu Beginn des Buches wurde die einheitliche Verantwortung für Fahrweg, stationären Betriebsdienst und Zugpersonal als ein Strukturprinzip für 150 Jahre Eisenbahngeschichte dargestellt. Die moderne Kommunikationstechnik macht es möglich, Zügen verschiedenster Anbieter elektronisch ihren Korridor zu sichern. Das nächste Signal hat der Lokführer längst auf dem Bildschirm gesehen, bevor es am Rand der Strecke auftaucht.

Die DB hat sich mit allem Fernverkehr aus den riesigen Regionen östlich der Hauptbahnen Passau – Regensburg – Nürnberg – Leipzig einschließlich des europäischen Verkehrs München – Prag zurückgezogen. Der private Anbieter Arriva beweist, dass hier attraktive und gut ausgelastete Züge fahren können. Hier wartet der „ALEX" in Hof. Im Süden fährt er bis Oberstdorf.

Im 175. Jahr: Große Feiern, große Fragen

Auf den Seiten 122 und 123 habe ich eine Pause von der Chronik eingelegt und habe mir und dem Leser ein paar alltägliche Eindrücke vom Erlebnis Eisenbahn im tiefsten 20. Jahrhundert vorzustellen versucht, unterhalb der Ebene großer Daten zur politischen und technischen Geschichte. Auch heute kümmert sich nur eine Minderheit von Nutzern und Nachbarn der Bahn um Streckengeschichte, Verkehrspolitik oder Triebfahrzeugumläufe. Das gleichmütig oder bewusst hingenommene, gefeierte oder beschimpfte „Erlebnis Eisenbahn" gibt es auch in Zeiten ohne Holzbänke und Abteilwagen.

Das **akustische** Erlebnis der Eisenbahnreise wird nicht mehr bestimmt von Schienenstößen und Bremsen, Lokomotivpfeifen und Flachstellen einzelner Wagenräder oder schleudernden Triebwerken. Und auch nicht mehr von Abteilbesatzungen im lärmenden Kartenspiel oder von vergeblicher Pädagogik auf Langstreckenfahrten mehrköpfiger Familien in Richtung Meer oder Gebirge.

Eine Reihe hinter mir im ICE nach Leipzig hat eine attraktiv-gestylte Dame Platz genommen. Eine Managerin? Eine Anwältin? Eine Journalistin? Ihr Handy klingelt. Ob ich mitbekommen werde, was nun einem Kunden zugesäuselt, einem Mandanten verbindlich empfohlen oder einer Redaktionsassistenz in den Leitartikel diktiert wird?

„Nigoll? Was'n nu schon wieder los? ... Wieso nischts zum Ässen da? Im Diefgielfach is' doch noch die Bizza Meeresfrischte, die missde doch noch gut sein! ... Was hässd'n hier Gelumbe, gannst Dir ja was anderes koofen, aber von Deinem eigenen Geld. ... Ach, das heer'sch mehr doch ne länger an ..."

Ich schon, denn der Dialog mit ausreichender Lautstärke geführt. Aber ich kann mich auch auf das Gespräch eine Sitzreihe weiter vorne konzentrieren: „ ... dann sagen Sie New York, dass wir mit unserer Kalkulation wirklich schon am ultimative low level sind. ... Nochmal hinfliegen kann ich aber frühestens nächste Woche Mittwoch. ... Wieso nicht aktuell? ... Das bisschen Updaten werden Sie doch noch selbst hinbekommen ..." Ein Gespräch dieser Art wird erfahrungsgemäß sehr lange dauern. Der absolut korrekt gekleidete echte oder gefühlte Chef verfügt über ein untrügliches visuelles Gedächtnis, wo diese Klarsichthülle liegt und in welchem Ordner jene Präsentation abgespeichert ist. Aber ihre tatsächliche Auffindung und die Abarbeitung aller Aufträge im Büro dauern ihre Zeit. Untrüglich jedoch das Fazit: Kein Projektierungsbüro und keine Werbeagentur sind zu groß, um nicht am besten fernmündlich geleitet zu werden.

Ebenfalls mit einer für den halben Wagen genügenden Phonetik werden in S-Bahn, RE oder IC die jugendtypischen Beziehungs- und Cliquendiskussionen geführt. Die Anmache von Philipp, die Eifersucht von Sabine, der Geiz von Marc, die Untreue von Cati, die Fahrprüfung von Stefan, das Bike von Mike, der Urlaub mit Chris, die Frisur von Babsi ... eine unendliche Vielfalt von Motiven macht uns mit der Lebensgestaltung nach dem Muster von Vorabendserien des Privatfernsehens vertraut.

Die meisten vor etwa 1970 geborenen Menschen empfinden eine

Im Stuttgarter Hauptbahnhof treffen sich der lokbespannte deutsche IC und der französische TGV auf seinem Weg zwischen Paris und München. Wenn das Projekt „Stuttgart 21" Wirklichkeit wird, besitzt auch Stuttgart anstelle eines voll ausgebauten Fernbahnhofs mit Kapazitäten für Ersatz-, Verstärkungs- und Sonderzüge nur noch eine unterirdische Station für schnellen Fahrgastwechsel.

Im Jubiläumsjahr 2010 erreicht der Widerstand gegen das Großprojekt neue Dimensionen. Zahllose Bürger fürchten: Hier werden kommerzielle Hintergründe verschleiert, Zahlen manipuliert, Risiken klein geredet, Veränderungen in den Vorbedingungen ignoriert. Nicht zum ersten Mal wird kollektive Intelligenz zum letzten Korrektiv gegen Fehlplanungen gut bezahlter Fachleute.

gewisse Peinlichkeit beim Telefonieren in Anwesenheit Dritter. Mit einem Partner auf Entfernung nur akustisch zu kommunizieren, dabei aber anderen im Raum nebst meinem Sprechpart auch Gesichtsausdruck und Körpersprache zu offenbaren? Irgendwie komisch. Doch diese Mentalität stirbt mit ihren Trägern aus. Wir mögen uns darüber mokieren, können und müssen es aber nicht ändern, dass sich die jüngere Generation im mobiltelefonalen Gemeinschaftsbad wohl fühlt. Die erfolgreiche Ausblendung der Umgebung mag daran genauso großen Anteil haben wie die der Genuss der öffentlichen Vorführung des eigenen Beziehung- und Bedeutungsgeflechts. Beide Elemente haben ihre älteren Wurzeln. Eine der wichtigsten Tugenden jedes Soldaten war es, in jeder nur denkbaren Kriegslage, Körperposition, Geräuschkulisse und Gefahrensituation schlafen zu können; eine der wichtigsten Bedeutungen jeder Uniform bestand darin, der Umgebung die eigene Bedeutung zu signalisieren. Vergleichsweise ist die Kunst, beim eigenen Telefongespräch das Publikum abwechselnd zu ignorieren oder zu beeindrucken, nicht weiter verwerflich. So hat denn die moderne Bahn mit ihrem Übergang vom abgeschlossenen Sechserabteil zum Großraum noch vor Einführung des Mobilfunks unbewusst jenes Großsprechzimmer geschaffen, das dem heutigen Bedürfnis nach radikaler Kombination von körperlicher Nahgemeinschaft und stimmlicher Ferngemeinschaft perfekt erfüllt.

Griebnitzsee überall

Bis 1990 fuhr man mit einer gewissen Beklemmung in die Kontrollbahnhöfe der DDR. Griebnitzsee bei Potsdam war das beste Beispiel eines rundum eingemauerten Bahnhofs. Ohne Gleichsetzung moderner Gebrauchsarchitektur mit den baulichen Auswüchsen eines menschenfeindlichen Regimes fällt doch die **optische** Ähnlichkeit der Ergebnisse auf. Immer mehr Bahnhöfe und Streckenabschnitte werden kilometerlang von hermetischen Wänden begleitet, die in Metall oder Kunststoff, Holz oder Beton doch jeweils die Sicht nehmen und die Eisenbahnfahrt zur Tunnelreise machen. Für Gemeinden und Anwohner scheinen die Lärmschutzwände eindeutig erstrebenswert zu sein. Doch die Vorrichtungen rauben der Nachbarschaft doch Licht und Sonne und Aussicht auch, wenn kein Zug lärmend vorbeifährt. Ist das Leben im optischen Hinterhof der Bahnstrecke wirklich schöner als mit dem Blick auf Strecke und Züge bei gelegentlichem An- und Abschwellen von Fahrgeräuschen? Das Lärmproblem ist doch von anderer Art als bei der Nachbarschaft des Straßenverkehrs, der einen dauernden Geräuschpegel mit der zusätzlichen Überlagerung etwa durch erschreckende Beschleunigungsvorgänge von Motorrädern und scharfe Bremsmanöver von LKW erzeugt. Kaum je liest man eine Zeile über Sicherheitsrisiken. Werden alle Reisenden rechtzeitig die Türen in den Wänden erreichen, wenn Rauch oder Feuer das Verlassen des Zuges erzwingen? Wird in einem solchen Fall der Gegenzug rechtzeitig gestoppt, bevor er den schmalen Kanal zwischen zwei hohen Wänden erreichen wird?

Die Bahn feiert sich

Ich hätte dieses Buch nicht geschrieben und Sie hätten es nicht gekauft, wenn sich nicht in den letzten vier Jahrzehnten eine stabile massenhafte Zuwendung zur Eisenbahn etabliert hätte. Bei Fahrten historischer Züge, bei großen Festveranstaltungen, an den Betriebswochenenden der Museumsbahnen, in den Fachgeschäften für Modellbahnen und auf den

1935 in Nürnberg lässt sich der Generaldirektor der Deutschen Reichsbahn Julius Dorpmüller aus einem Wagen des nachgebauten Adlerzuges helfen. Er tritt dort als Repräsentant des deutschen Eisenbahnwesens und als Gastgeber Hitlers auf, der ihn 1937 zum Reichsverkehrsminister ernennen wird.

Die Eisenbahn und ihre Gedenkliteratur: 1935

Alle Eisenbahner erhielten 1935 als Geschenk das 570 Seiten dicke Werk „Hundert Jahre deutsche Eisenbahnen", das 1938 für neue Mitarbeiter nochmals aufgelegt wurde. Die zugrundeliegende geschichtsphilosophische These wird schon im Vorwort bekannt gegeben. „Die Pionierleistungen der Eisenbahnen der Frühzeit" standen „im Dienste der deutschen Einigung". Die Gegenwart der 1930er-Jahre wird als „Krönung der hundertjährigen Geschichte im Zeichen der nationalsozialistischen Verkehrspolitik des Dritten Reiches" gefeiert. Die fachlich durchaus fundierten Kapitel gehorchen nur stellenweise einem solchen hochpolitischen Anspruch. Den meisten Autoren kann man eine zeittypische Kombination aus deutsch-nationaler Gesinnung und nüchternem Berufsethos zusprechen.

Internetseiten der Fangemeinde treffen sich kompromisslose Fotografen und Sammler, leidenschaftliche Reisende mit Erfahrungen aus allen Kontinenten, Familien mit staunenden Kindern, gerührte Rentner und ökologisch motivierte Fürsprecher der Eisenbahn. Jahr um Jahr sind dampfbespannte „Nikolauszüge“ und Nostalgiefahrten rund um die Großstadt bis auf den letzten Platz ausgebucht. Die Liebe zur ganz alten Eisenbahn verbindet sich fugenlos mit dem Interesse an der ganz neuen Bahn.

Deshalb verwundert es nicht, dass das nur „viertelrunde“ Jubiläum 7. Dezember 2010 schnell breite Berücksichtigung gefunden hat. Jahrestage haben ihre eigene Konjunktur. Ein Jahrhundert zuvor, anno 1910, kam niemand auf den Gedanken, „75 Jahre Eisenbahn“ zu feiern. Die offiziöse Erinnerung hatte genug zu tun mit den Kämpfen des napoleonischen Zeitalters, die sich zum 100. Male jährten. Wenn „Eisenbahn“ öffentlich präsentiert wurde, dann rückwärtsgewandt in den soeben gegründeten Museen in Berlin und Nürnberg und vorwärtsgewandt auf internationalen Messen, etwa in Turin 1911, die der Selbstdarstellung des modernen Deutschland und der Exportwerbung dienten.

Seddin 1924

Auf den Gleisen des noch nicht eröffneten Rangierbahnhofs Seddin südwestlich von Berlin sah man 1924 eine legendär gewordene Ausstellung. Sie bot einen breiten Überblick über den letzten Stand der Lokomotiv- und Wagenentwicklung und vergaß auch nicht elektrische Lokomotiven und Triebwagen, frühe Triebfahrzeuge mit Verbrennungsmotor und Exportmodelle. Federführend war nicht die Eisenbahn, sondern die Industrie, die wieder auf dem Weltmarkt Fuß fasste, übrigens mit ausgezeichneten Erfolgen, die in eigenartigem Widerspruch zu der in Deutschland populären Selbstwahrnehmung eines durch „Versailles“ geächteten Außenseiters standen. Polen, Jugoslawien und Rumänien bezogen über die Reparationsverpflichtungen hinaus gern neue Lokomotiven aus Deutschland. Auch die Türkei, Persien, die neu gegründete Sowjetunion und mehrere Staaten Lateinamerikas setzten auf deutsche Technik.

100 Jahre: Nürnberg 1935

1935 herrschte in Deutschland ein Regime, das in der Vergangenheit Beispiele für jenen Mut und jene Tatkraft suchte, die angeblich 1933 zur Errichtung des „tausendjährigen Reiches“ unter Adolf Hitler geführt hatten. Barbarossa, Bach und Goethe, Bismarck, Benz und Hindenburg: Alle sollten Vorkämpfer des „Führers“ gewesen sein! Die Propaganda arbeitete aber nicht nur mit Motiven aus glorreicher Vergangenheit, sondern auch mit moderner Methodik und Symbolik. Machtergreifung und Beliebtheit des neuen Systems wären nicht möglich gewesen ohne den Einsatz von Rundfunk und Film, ohne die zur Schau gestellte Dynamik von Autos, Flugzeugen und Luftschiffen.

Den Gedenktag „100 Jahre deutsche Eisenbahnen“ ließ man sich in diesem Sinne nicht entgehen. Er wurde zeittypisch pompös begangen. Eine Ausstellung in Nürnberg feierte aktuelle Dampf-, Elektro-, Diesel-, Wagen- und Gleisbautechnik als ein vom „Aufbauwerk des Führers“ möglich gemachtes deutsches Optimum der Welttechnologie. Hatten 1924 die scharf miteinander konkurrierenden Hersteller von Eisenbahntechnik ihre Ausstellung organisiert, so wurde nun „das Reich“ in Reichsbahn ganz groß geschrieben. Der Legende von der Auflösung aller gesellschaftlichen Widersprüche in der Volksgemeinschaft diente die Ausstellung mit der Botschaft von der nur dem Gemeinwohl dienenden Arbeit auch des Straßen-, Schiffs- und Luftverkehrs fernab jeden egoistischen Kampfes um Marktanteile.

Schon wenige Jahre nach 1935 hatten die deutschen Eisenbahnen nichts mehr zu feiern. Die Räder rollten für Angriffskrieg und Völkermord, die Schienen barsten im Bombenkrieg.

Hundert und ein Viertel: Jubiläum 1960

1960 feierte man in beiden deutschen Staaten ein wenig rundes Jubiläum. An große Präsentationen zu Rückblick und Bilanz dachten weder Bundes- noch Reichsbahn. Wie schon zu Kaisers Zeiten konnte man Eisenbahn einerseits ganz alt in den Museen (weiterhin in Nürnberg und neuerdings auch in Dresden) sehen und andererseits ganz neu auf diversen Industriemessen etwa in Hannover und Leipzig oder auf örtlichen Ausstellungen zu Wirtschaft, Wiederaufbau und Verkehr wie 1951 in Essen oder 1953 in München. Mit einigen Fahrten des 1935 als Replik entstandenen ADLER-Zuges auf Straßenbahngleisen zu Nürnberg und einer kleinen Fahrzeugschau hatten die Festlichkeiten des Jahres 1960 auch schon wieder ihr Ende gefunden.

150 Jahre: DB und DR 1985

Vier Jahrzehnte nach Kriegsende waren sich die Beobachter über die Endgültigkeit der deutschen Teilung einig. Die Feier der 150. Wiederkehr der ersten deutschen Eisenbahnfahrt kam ohne Bezugnahme auf jene deutsche Einheit aus, die nur fünf Jahre später Wirklichkeit werden sollte. Honeckers DDR, in der nicht

Die Eisenbahn und ihre Gedenkliteratur: 1960

Die DB begnügte sich 1960 mit einem „Jubiläums-Bildjahrbuch“. Reproduktionen von Gemälden aus alter Zeit und aus moderner Kunst rahmten Porträt- und Textseiten ein, auf denen wieder einmal „Wegbereiter der deutschen Eisenbahnen“ von Friedrich List bis Julius Dorpmüller (!) geehrt wurden. Mag sein, dass sich Bundesverkehrsministerium und Bundesbahn mit einem bis in die Gegenwart reichenden Blick auf das Eisenbahngeschehen schwer taten. Alle durchaus vorzeigbaren technischen Errungenschaften der Wiederaufbauepoche standen aktuell im Schatten der Diskussionen über das Bundesbahn-Defizit bei ständig anwachsendem Autoverkehr.
Von solchen grundsätzlichen Problemen und Bedenken völlig frei gab sich das Konkurrenzwerk „Uns gehören die Schienenwege“ vom VEB Transpress Verlag in Berlin (Ost). Die „Festschrift des Ministeriums für Verkehrswesen der Deutschen Demokratischen Republik“ bürstete widerspruchslos alle Fakten und Dogmen von der industriellen Revolution bis zur „Erfüllung des Siebenjahrplans und der sozialistischen Rekonstruktion“ auf Zielgerichtetheit der Geschichte von finsterem Feudalismus bis zu dem von Walter Ulbricht lichtvoll gelenkten Arbeiter- und Bauernstaat. Von wirtschaftlichen und politischen Problemen scheint die DDR ein Jahr vor dem Mauerbau völlig unbeeinträchtigt.

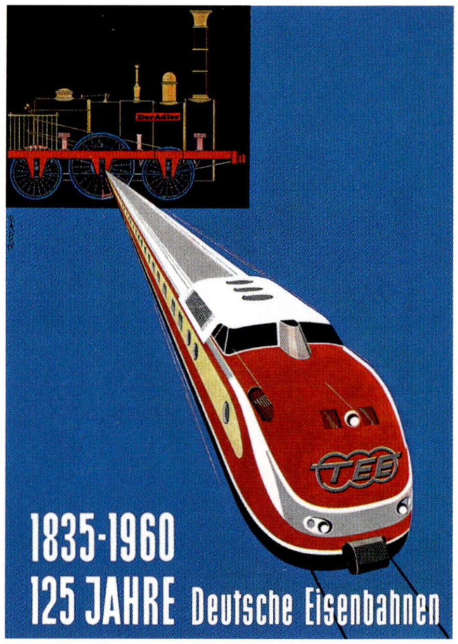

1960 verdeutlichte die DB den Abstand zwischen dem „ADLER“ und dem TEE. Die Nachfahren der ersten deutschen Dampflokomotive erbrachten damals noch mehr als die Hälfte der Verkehrsleistungen auf deutschen Schienen.

**Das Jubiläum 1985 brachte den Durchbruch für die Zulassung von Dampflokomotiven auf staatlichen Strecken.
Damals reaktivierte die DB die 01 1100, 23 105, 50 622 und 86 457. Drei davon sind hier zu sehen, zusätzlich als Vertreterin vieler Maschinen aus Vereinsbesitz die 01 118. Ein Vierteljahrhundert später sind außer dem ADLER-Nachbau nur noch privat betreute Dampfloks betriebsfähig. Das massenhafte Interesse an großen Dampfereignissen ist 2010 aber eher noch größer als 1985.**

einmal mehr die eigene Hymne gesungen werden durfte, weil sie „Deutschland, einig Vaterland" beschwor, maß einer jetzt im „Ausland" liegenden Eisenbahnstrecke Nürnberg – Fürth keine Bedeutung bei. Als Zeichen der Entspannung wurde dankbar bewertet, dass die Schnellfahrdampflok 18 201 samt Personal ein Ausreisevisum nach Bayern erhielt. In Nürnberg wurde auf stillgelegtem industriellem Grund eine interessante Ausstellung mit reichen kulturellen Beiprogrammen organisiert. Federführend war nicht die DB, die zu dieser Zeit ihre mediale und wissenschaftliche Selbstdarstellung schon radikal einschränkte. Immerhin unterstützte man eine eigenständige „Eisenbahnjahr Ausstellungsgesellschaft mbH" unter Vorsitz des Oberbürgermeisters der Stadt Nürnberg. Und doch lieferte die DB den Paukenschlag zum „150.": Endlich sprang sie über ihren Schatten, reaktivierte repräsentative Dampfloks und setzte mit passendem Wagenmaterial klassisch schöne Züge im Stile der 1930er- bis 1950er-Jahre ein. Ein Star war die 01 150, die nicht nur mit ihrer Ordnungsnummer zum Jubiläum passte, sondern die fabrikneu schon 1935 in Nürnberg mit von der Partie gewesen war. Eine große Parade zeigte historische Zuggarnituren in großer Vielfalt; in Bochum sah man eine riesige Lokomotivausstellung.

Vier Jahre nach dem gesamtdeutschen 150er-Jubiläum feierte die DDR ihren entsprechenden Jahrestag mit einer großen Fahrzeugparade bei Riesa auf der 1839 eröffneten Strecke Leipzig–Dresden. Noch im selben Jahr ging die Geschichte über die deutsche Teilung hinweg. Mit der Ankunft von Flüchtlingszügen in Hof, mit den ersten provisorischen neuen Zugläufen nach dem 9. November 1989,

Die Eisenbahn und ihre Gedenkliteratur: 1985

Das bei Siedler herausgebrachte zweibändige Werk „Zug der Zeit – Zeit der Züge" zum Jubiläum „150 Jahre Deutsche Eisenbahn 1835 – 1985" lässt „Eisenbahn" auf fast 800 Seiten als vielfarbiges Kaleidoskop erscheinen. Bezüge zu Architektur, medialer Wahrnehmung, Kunst, Mode und Ästhetik haben ihren Platz. Die Auswahl der Autoren und Themen freilich verrät eine gewisse Zufälligkeit. Eine ordnende Hand der Redaktion ist kaum erkennbar; vermeidbare Fehler sind nicht korrigiert. Die Fülle der Fakten ist unüberschaubar. Im Jahr von Bundespräsident Weizsäckers historischer Rede zum 40. Jahrestag der Befreiung wurde endlich auch die Rolle der Eisenbahn für Nazidiktatur und Judenmord zur Sprache gebracht.
Vielleicht weil der Transpress-Verlag in Berlin (Ost) inzwischen in hohem Maße zum devisenträchtigen Buchabsatz im Westen verpflichtet war, beteiligte er sich am Jubiläumsgeschäft. Und vielleicht aus demselben Grund pflegte das Autorenkollektiv in „150 Jahre deutsche Eisenbahnen" unbeschadet eines „marxistisch-leninistischen" Geschichtsbildes einen politisch relativ zurückhaltenden Stil. Alles in allem wirkte das Werk im Vergleich zur Nürnberger Publikation hausbacken.

mit den Lückenschlüssen im ersten Halbjahr 1990 und der Wiedereröffnung des durchgehenden S-Bahnverkehrs auf der Berliner Stadtbahn am 1. Juli 1990 erlebte die deutsche Eisenbahngeschichte *Feierstunden bewegender Gegenwart*, neben denen die Rückbesinnung auf ADLER und SAXONIA verblasste.

Zwischenbilanz 2010

Zur Mitte des Jubiläumsjahres blicken wir bereits auf bemerkenswerte Festivals des Eisenbahnbetriebes im angenähert historischen Stil zurück. Doch bei aller Freude an schwarzen Schönheiten mit roten Rädern erschöpft sich Eisenbahngeschichte doch nicht in dem Thema „01 bis 99"! Die Hoffnung auf eine nicht nur von Museumsvereinen und Publizistik getragene ernsthafte Bestandsaufnahme auch auf wissenschaftlicher und politischer Ebene zum staatlichen und privaten deutschen Schienenverkehr hat sich bisher nicht erfüllt.

In Fortsetzung der Traditionen aus Kaisers Zeiten wie auch aus der Zwischenkriegszeit und den beiden deutschen Staaten der Nachkriegszeit ist Deutschland auch heute ein geschätzter Exporteur hochwertiger Schienenfahrzeuge. Vossloh hat 2007 die D 100 100 für Italien gebaut und auch die grün-weiß-rote Banderole am Auspuffrohr nicht vergessen.

Hochleistung ohne Atemreserve

Ein so überaus komplexes System wie die Eisenbahn ist anfällig für viele Risiken. Kein noch so ausgefeiltes Sicherheitsmanagement kann ausreichende Bremswege vor jedem Hindernis auf dem Gleis garantieren, jedes individuelle Fehlverhalten im Dienst neutralisieren und das Versagen auch bewährter Technik gänzlich ausschließen. Ungerecht ist es, der

Auch der versierteste Kenner wird kaum alle privaten Schienenverkehrsanbieter mit befahrenen Strecken, Fahrzeugpark und Farbkonzept benennen können. „Eisenbahn" ist im 21. Jahrhundert viel bunter und überraschender als im Jubiläumsjahr 1985. Hier verlässt im Juni 2007 ein „Talent" der Ostseeland-Verkehr Putbus in Richtung Bergen auf Rügen.

Seefahrt, Privatbahnen und DB, vertreten durch die vom Ellokwerk Dessau zum Versuchsträger aufgerüstete und mit einer Sonderlackierung versehene 110 511, arbeiten Hand in Hand. 17 Mai 2007, Seehafen Rostock.

Im Jubiläumsjahr 2010 sind es gerade die Museumsbahnen und private Eisenbahnmuseen, die es so richtig dampfen lassen. Wie hier beim Dresdner Dampfloktreffen Ende März im ehemaligen Betriebswerk Dresdner Altstadt, wo sich die Rekolok 41 1144 schnaufend auf die Drehscheibe schiebt. Mit 03 001, 62 015 und 01 037 hat sich weitere Dampflok-Prominenz im Schuppen versammelt.

Bahn das abenteuerliche Verhalten von Autofahrern an Bahnübergängen anzulasten. Von den Folgen für die Pünktlichkeit der Züge ganz abgesehen, bedingen Tag für Tag die Selbsttötungen auf Gleisen eine schauerliche Traumatisierung des Lokpersonals. Die fast einhelligen Bekundungen größter Ehrfurcht für den Fußballspieler Robert Enke, der am 10. November 2009 seinem Leben auf diese Weise ein Ende setzte, wurden nur ganz gelegentlich einmal durch einen Gedanken an den hierfür missbrauchten Lokführer und die anschließend an einen solchen Ort gerufenen Einsatzkräfte ergänzt. Kaum erwähnt wurde die makabere Vorbildwirkung: Die tagtägliche Zahl von zwei bis drei Suiziden auf Schienen verdoppelte sich nach dem November 2009 für Monate. Unabweisbare Fragen oder sogar schon Antworten ergeben sich jedoch aus der nicht enden wollenden Reihe von Unfällen und Betriebsstörungen, die nicht unbedingt Menschenleben kosten, jedoch allesamt einem Unternehmenskonzept angelastet werden können, das in planmäßiger Atemlosigkeit mit immer weniger Kosten immer mehr Gewinn ermöglichen will. Kompliziertere Züge gehen mit weniger Erprobung in Betrieb als man es früher für gut hielt und werden seltener gewartet als es vorgeschrieben ist. An den langen Laufwegen der Züge gibt es immer weniger Ausweichgleise, Fahrzeugreserven und vor allem immer weniger Personal, das für Zwischenfälle welcher Art auch immer mit Sachkunde und Entscheidungskompetenz zur Verfügung steht.

Die Eisenbahn und ihre Gedenkliteratur: 2010

Sie blättern gerade darin!

26. April 2008: ICE 885 fährt am Nordportal des Landrückentunnels mit 220 km/h in eine Schafherde. 401 011 und neun Wagen entgleisen im Tunnel. Eine Vorwarnung durch den Lokführer des Gegenzuges war ohne Reaktion geblieben. Ein herbeigerufener „Notfallmanager“ ist so wenig orientiert, dass er zunächst am falschen Tunnelportal eintrifft. Der erste Tunnelrettungszug kommt nach einer Stunde, der zweite nach drei Stunden. Ein Lokführer war wegen Trunkenheit nicht einsatzfähig.
9. Juli 2008: Als ICE 518 aus Köln Hbf abfährt, entgleist er nach dem

Neue Dieseltriebzüge auch bei der DB: 648 311 und 307 sind im Juli 2008 auf der schönen Pegnitztalbahn von Neuhaus nach Nürnberg unterwegs.

Bruch einer Treibradsatzwelle des Mittelwagens 403 710. Die Frage drängt sich auf, welche Folgen der Bruch bei der vorangegangenen Schnellfahrt ab Frankfurt (Main) gehabt hätte.
1. Mai 2009: In Berlin-Kaulsdorf entgleist der S-Bahn-Zug 481 503 + 482 603 wegen eines gebrochenen Rades. Ein chaotischer Sommer für den Nahverkehr der Hauptstadt ist die Folge. Am 20. Juli 2009 sind mit 160 betriebsbereiten Viertelzügen weniger Fahrzeuge einsetzbar als am Tiefpunkt 10. Januar 1946 nach Kriegszerstörungen und sowjetischem Zugriff. Kaum sind die Radsatzprobleme halbwegs bewältigt, muss die DB eingestehen, dass ausgerechnet an den Bremsen vorgeschriebene Kontrollen und Wartungen aufgrund zentraler Weisung unterblieben waren. Am 8. September 2009 fahren noch 100 Viertelzüge.
17. April 2010: ICE 105 verliert auf der Fahrt von München nach Dortmund bei Montabaur eine Tür. Sie trifft den entgegenkommenden IC 612.
11. und 12. Juli 2010: Bei hochsommerlichen Hitze versagen in mehreren ICE die Klimaanlagen. Viele Reisende sind Temperaturen bis zu 50° C ausgesetzt. Türen und Fenster können bekanntlich nicht geöffnet werden. In Bielefeld müssen 44 Fahrgäste, darunter 27 Schüler, aus dem ICE 846 Berlin – Köln medizinisch behandelt werden. Bundesverkehrminister Ramsauer plädiert am 12. Juli im Bayerischen Rundfunk, man solle „auf dem Teppich bleiben. Deutschland hat andere Probleme."

Aufsicht durch einen Fachminister sieht anders aus. ●

Ein Fahrsimulator im nachgeahmten ICE 3-Führerstand fasziniert technikbegeisterte Kinder bei den 175-Jahr-Feierlichkeiten.

Die 2008 in die Schlagzeilen gelangten Anfälligkeiten der ICE-Radsatzwellen machen es notwendig, jede Welle alle zwei Wochen mit Ultraschall zu untersuchen. Aufwand pro Radsatz im Routinefall: acht bis zwölf Minuten; wenn am Bildschirm Unregelmäßigkeiten auftauchen, deutlich länger. Ein ICE 3 hat 16 angetriebene Radsätze. Die Aufnahmen entstanden im August 2010.

20 ICE der Reihe 605 mit Dieselantrieb aus den Jahren 1999 – 2001 blieben mit störanfälliger Neigetechnik und einer im Verhältnis zum Platzangebot aufwändigen Bauart Sorgenkinder der DB. Zunächst zwischen Nürnberg und Dresden eingesetzt wurden elf Züge 2007 nach Dänemark vermietet, so dass wir diesen Zug auf der Fehmarnsundbrücke beobachten können.

System Mehdorn

Wohl gemerkt, auch die genannten Betätigungen und Erwerbungen außerhalb Deutschlands und außerhalb des Sektors Schiene sind nicht Sünden gegen den reinen Geist der Eisenbahn. Wenn dergleichen zum Aufbau einer Transportkette USA – Hamburg – Russland nützlich und rentabel ist, dann bitte! Die Unternehmenspolitik einer der Allgemeinheit gehörenden und ihr verpflichteten Einrichtung muss jedoch von öffentlicher Diskussion und Willensbildung getragen sein. Das Jahr 2009 hat ein Bündel von Skandalen zu Tage gefördert, das bei Formulierung der ersten Seiten dieses Buches noch nicht absehbar war. Wie ein autoritäres Staatssystem hat Mehdorns Bahn seine Mitarbeiter und externe Kritiker des eigenen Kurses bespitzelt. In den potentiellen Bündnispartnern, als da wären Naturschutz- und Fahrgastverbände, Presse, Rundfunk und Fernsehen, Wissenschaftler, Eisenbahnfreunde sowie Kommunen und ihre Nahverkehrsunternehmen, erkannte und bekämpfte die halb privatisierte DB nur Feinde. Eigentlich unfreiwillig komisch, mit Blick auf dafür aufgewendete öffentliche Gelder dann freilich auch wieder nicht ganz so lustig, ist die Mitteilung, dass die DB auch zustimmende Leserbriefe bestellt und positive Umfrageergebnisse gekauft hat. Mitten im neoliberalen 21. Jahrhundert lässt uns ein Großmanager des Kapitalismus einen kalten Hauch von SED spüren.

Offene Zukunft

Die Weltwirtschaftskrise, weithin verursacht von der Generation „Beratung", rückte für die DB AG nun die Möglichkeit in weite Ferne, als börsenorientierte Kapitalgesellschaft das ganz große Rad überall außer auf der deutschen Schiene zu drehen. Eisenbahnpolitik und Eisenbahnwirtschaft werden sich auf absehbare Zeit in jenem Rahmen zu bewegen und bewähren haben, den der Gesetzgeber von 1993 – daran sei noch einmal erinnert – so schlecht nicht gezimmert hat. Effektive politische Kontrolle der DB könnte jeden Tag beginnen. Ein permanenter runder Tisch (er muss nicht so heißen) aus Verkehrsministerien von Bund und Ländern, Städtetag, Verbänden, Hochschulinstituten, Eisenbahnindustrie, DB und privaten Anbietern könnte jeden Tag seine Arbeit aufnehmen. Die personelle und technologische Basis deutschen Eisenbahnwesens ist nach 175 Jahren nicht schlecht. Nicht wegen und nicht trotz der Bahnreform wurde in den eineinhalb Jahrzehnten seit 1994 eine Generation hervorragender Triebfahrzeuge beschafft. Kennzeichen sind Drehstromantriebstechnik und modulare Bauweise. DDR-Technologie hat beste Fortsetzung mit modernen Doppelstockwagen gefunden. Die Neubaustrecken Frankfurt (Main) – Köln und Ingolstadt – Nürnberg waren teurer als geplant, aber wir wollen das Kind nicht mit dem Bade ausschütten. Planungsfehler gibt es auch anderswo.

Hartmut Mehdorn wurde als Vorstandsvorsitzender der DB zu einer der umstrittensten Persönlichkeiten in Deutschland. Emsige Arbeit mit der für einen Manager des 21. Jahrhunderts wohl unverzichtbaren robusten Mentalität kontrastierte mit Selbstherrlichkeit und kommunikativen Defiziten. Zunehmend totalitäre Praktiken gegenüber Mitarbeitern und Öffentlichkeit verhalfen ihm 2009 zur „Rente mit 67".

Kaum ein Nahverkehrssystem hat sich so einen festen Platz in den Herzen einer Stadtbevölkerung erobert wie die Berliner S-Bahn. Luftangriffe, Häuserkampf, Besetzung durch vier Mächte, Teilung und Blockade und schließlich der Mauerbau brachten ihren Verkehr bis auf vier Wochen des Jahres 1945 nie ganz zum Erliegen. Die Schließung der Lücken ab 1990 hatte große symbolische Bedeutung. Ausgerechnet das Profitdenken der modernen Manager ist für eine der größten Krisen des Betriebes 2009 verantwortlich.

Den Rückweg zur reinen zentral verwalteten Staatsbahn muss und wird es nicht geben. Nicht ganz sachlich ist der immer wiederkehrende Hinweis auf die idealen Eisenbahnzustände in der Schweiz. In einem kleinen Land, in dessen dicht besiedelter Hälfte verkehrstechnisch geradezu Innenverhältnisse eines Großraums herrschen, während sich die extrem gebirgige andere Hälfte dem großen Straßenbau kaum erschließt, erfreut sich Schienenverkehr leicht größter Akzeptanz. Vergleichen wir mit der Schweiz einfach den benachbarten Alpenraum: auch im Viereck Bregenz – München – Wien – Triest – Bregenz gibt es hervorragende Neubaustrecken, ökologische Entlastung durch Güterverkehr auf der Schiene, Schmalspurbahnen auf dem Niveau des 21. Jahrhunderts und intelligent organisierte Verkehrsverbünde. In Ostbrandenburg oder Niederbayern jedoch, mit wenig Menschen und umso mehr Platz für Straßen, täte sich auch eine SBB schwer. Zu erinnern ist an unsere Diagnose einer jahrzehntelangen erfolgreichen Spezialisierung. Zum Kerngeschäft der Eisenbahn gehören heute

- Güterverkehr vorrangig mit großen Lasten auf langen Strecken,
- schneller Personenverkehr auf Distanzen bis etwa 600 km
- und Pendlerverkehr in Ballungsräumen.

Unter den Zwängen der Energieeinsparung und des Klimaschutzes gibt es zur Verstärkung des Schienenverkehrs keine Alternative. Ein Marktanteil im Güterverkehr von 17,3 % neben 70,4 % des Lkw (2008) ist zu gering. Bei der Kanalisierung des Autoverkehrs wird die Politik den Vorwurf des „Dirigismus" nicht scheuen dürfen. Das Fahren und das Parken werden und dürfen und müssen teurer werden. Schon heute stößt die Bahn, die entgegen aller öffentlichen Wahrnehmung steile Verkehrszuwächse verbuchen kann, an Kapazitätsgrenzen. Wer es mit dem Vorrang für die Schiene ernst nimmt, darf gegen Neubaustrecken und neue Logistikzentren nicht wie gegen Kernkraftwerke polemisieren.

Das System Eisenbahn ist jung geblieben und bedarf keiner grundsätzlichen Alternative. Dass die Magnetschwebebahn gescheitert ist, hat mit deutscher Verzagtheit genauso wenig zu tun wie mit linker Technikfeindlichkeit. Nicht jede geniale Erfindung wird auch gebraucht. Der Transrapid hat einen genauso würdigen Museumsplatz verdient wie das Überschall-Verkehrsflugzeug, der Wankel-Motor oder der Senkrechtstarter. **Fahren wird weiterhin, und gewiss auch noch für die nächsten 175 Jahre die Eisenbahn!**

Ökologisch verträgliche Verkehrswege bleiben in unserer engräumigen Kulturlandschaft unverzichtbar. So wie hier im Mai 2008 bei Fridingen im oberen Donautal wünsche ich Euch gute Fahrt, Ihr deutschen Eisenbahnen in den nächsten 175 Jahren!